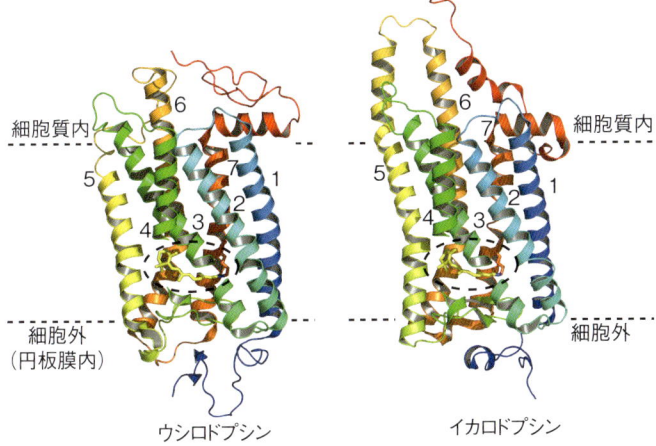

口絵1　ウシとイカロドプシンの結晶構造モデル　→ p.10 参照

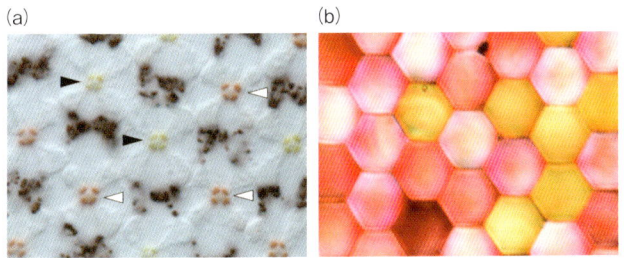

口絵2　ナミアゲハ個眼の色フィルター　→ p.67 参照

口絵3　ナミアゲハの色覚の証明 (a), 色の恒常性 (b), 色誘導 (c)　→ p.80 参照

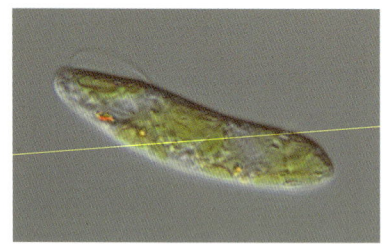

口絵4　ミドリムシ　→ p.99 参照

口絵5　ヤツメウナギの松果体窓 → p.140 参照

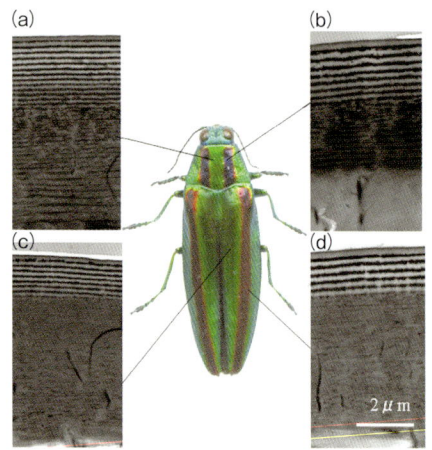

口絵6　タマムシの体色を決定している
　　　表角皮周辺の透過型電子顕微鏡像 → p.226 参照

口絵7　タマムシのモデル呈示実験　→ p.230 参照

動物の多様な生き方 1

見える光, 見えない光

動物と光のかかわり

日本比較生理生化学会 編
担当編集委員：寺北明久・蟻川謙太郎

共立出版

執筆者一覧（担当セクション）

寺北　明久（1-1）大阪市立大学大学院理学研究科生物地球系専攻
塚本　寿夫（1-1）大阪市立大学大学院理学研究科生物地球系専攻
小柳　光正（1-2）大阪市立大学大学院理学研究科生物地球系専攻
七田　芳則（1-3）京都大学大学院理学研究科生物科学専攻
山下　高廣（1-3）京都大学大学院理学研究科生物科学専攻
蟻川謙太郎（1-4）総合研究大学院大学先導科学研究科
木下　充代（1-5）総合研究大学院大学先導科学研究科
渡辺　正勝（1-6）総合研究大学院大学先導科学研究科
鈴木　武士（1-6）総合研究大学院大学葉山高等研究センター
岡野　俊行（2-1）早稲田大学理工学術院先進理工学研究科
保　　智己（2-2）奈良女子大学大学院人間文化研究科共生自然科学専攻
鳥居　雅樹（2-3）東京大学大学院理学系研究科生物化学専攻
深田　吉孝（2-3）東京大学大学院理学系研究科生物化学専攻
富岡　憲治（2-4）岡山大学大学院自然科学研究科
沼田　英治（2-5）大阪市立大学大学院理学研究科生物地球系専攻
小島　大輔（3-1）東京大学大学院理学系研究科生物化学専攻
白木　知也（3-1）東京大学大学院理学系研究科生物化学専攻
針山　孝彦（3-2）浜松医科大学医学部総合人間科学講座

■ ■ ■ ■ ■

日本比較生理生化学会出版企画委員会
小泉　修・酒井正樹・曽我部正博・寺北明久・吉村建二郎

動物の多様な生き方
刊行にあたって

　私たちにとってかけがえのないこの地球上には，動物・植物などさまざまな生物が生きている．これらはそれぞれ姿，形も大きさも違い，また，生きる場所も色々に違うように，さまざまな仕方で命の営みを行っている．このように生物の営みは，多様性に満ちている．

　また，これらの生物はお互いに色々な形でかかわりあっている．地球上で大繁栄している昆虫類（現在同定されている全動物種の7～8割は昆虫が占めている）は，蜜を得る代わりに受粉を助け，花をつける植物とともに栄えてきた．海の動物たちに貴重な生育場所を与えるサンゴは，共生する藻類が光合成でつくりだすエネルギーをもらっている．多くの哺乳類は植物に依存して命をつないでいるが，同時に彼らは肉食哺乳類の糧となっている．

　このように，地球上の生物はそれぞれに棲み分けて，お互いに他とかかわり合い，広い意味で共存しながらそれぞれの命を長らえている．これが生物の本質であり，この共存は生物の理解にとって欠かせない視点である．

　一方，これらの生き物を対象にする新しい生命科学は20世紀なかばに勃興した分子生物学を基盤に急速な発展を遂げてきた．その進歩はとどまることなくむしろ加速している．生命科学のすべての分野で，今日この時点でも，研究者たちは興奮に満ちた日々のまっただなかにいる．

　このような生命科学の発展に，大腸菌，ウイルス，ショウジョウバエ，線虫，ゼブラフィッシュ，マウスなど，いわゆるモデル生物とよばれる特殊な生物が果たした役割は大きい．しかし，生命現象の理解にモデル生物による研究だけでは不十分で，多様性の視点が大切であることが認識されはじめている．

　日本比較生理生化学会は，対象動物を用いて，異なる研究手法で，異なる階層（遺伝子，分子から細胞・個体・社会のレベルまで）で動物の示す生理現象を研究している人びととの集まりである．その結果，同じ生命現象を扱っても得

られる研究結果は多様なものになる．共通性がみえてくると同時に，独自性もみえてくる．比較することは特定の生物現象をより多くの視点から眺めることができ，理解を深めることができる．さらには，今あるしくみの理解のみにとどまらず，どのようにして現在の姿になったかという系統進化的な観点から眺めることも可能にする．そのようにして生物学はますますおもしろくなる．

　私たちには，こうした比較生物学のおもしろさをぜひともより多くの方々に知っていただきたいという強い願いがあった．またそうすることが，学会の社会的責務でもあり，本学会の理解と信頼を得る道であると考えてきた．

　その結果が，本学会の総力を結集して取り組んだ今回の全5巻シリーズ「動物の多様な生き方」である．日本比較生理生化学のカバーする領域は広範であるが，本学会は特に「神経系」の研究に携わる多数の研究者を擁し，世界のこの分野の研究をリードしている．そのことを反映して，本シリーズでは「光と動物のかかわり」，「昆虫の行動の神経生物学」，「動物の運動」，「動物の学習」，「神経系と行動」など本学会が得意にする分野について，動物の生理現象の多様性のおもしろさが詰め込まれたものになっている．

　読者の方々がこのシリーズ「動物の多様な生き方」を読まれ，動物がもつ驚くべき能力，適応の巧みさ，そして多様性のすごさを実感していただければ幸いである．

2009年2月吉日

日本比較生理生化学会出版企画委員会
小泉 修・酒井正樹・曽我部正博・寺北明久・吉村建二郎

序　文

　動物はさまざまな環境に生息し，その生息環境からいろいろな情報を得ている．多くの動物にとって光は最も重要な情報源の1つであり，たとえば人間は，外界の情報の80％以上を，光を介して得ているといわれている．

　本書のタイトルは『見える光，見えない光：動物と光のかかわり』とした．「見える光」とは，動物が"見えた"と知覚できる光，言い換えれば，視覚系でとらえられる光情報をさす．一方の「見えない光」というのは，人間には見えないがほかの動物には見えている光という意味ではない．視覚系とは関係しないところでとらえられ，"見えた"という感覚の生じない光という意味である．動物は視覚以外でもさまざまな場面で光の情報を利用している．たとえば，魚類や鳥類は脳の松果体という部分で光を受容し，生体リズムの調節に利用している．少し矛盾するようだが，眼の中に「見えない光」を受容する細胞が存在する場合もある．本書では，こういうさまざまな光情報が，どのような細胞や器官で，どのようなメカニズムで受容され，どのようにそれが行動に結びついているのかを，微生物から脊椎動物まで，さまざまな例をとりあげて解説している．

　眼以外にも光を受容する器官があるとはいえ，最も発達した光受容器官が眼であることはいうまでもない．その構造は非常に多様で，ダーウィンも眼の進化の説明には苦しんだようである．脊椎動物のカメラ眼と昆虫や甲殻類の複眼とでは，その基本的デザインと起源がまったく異なっている．軟体動物の眼もカメラ眼で，光学系の基本構造は脊椎動物の眼とそっくりだが，網膜や視細胞の構造はかなり違っている．こちらは長い進化の過程で収斂した結果である．分子生物学の手法が広く用いられるようになっておよそ四半世紀，遺伝子に関する情報が眼の進化に関する理解を格段に深めた．本書ではここにも力点をおいている．

生物と光のもう1つのかかわりは，自身を他の動物にどう「見せるか」ということ，いわゆる体色の問題である．体色には，動物の生理状態によって頻繁に変化するものと，いったん決まったら一生変化しないものがある．背景に合わせて体色を変え，自身の姿を消す魚の保護色は前者，モルフォチョウやタマムシのキラキラした構造色は後者である．それぞれに適応的な意味と複雑な発色メカニズムがあり，光を受容する側（眼）との深い関係がある．

　本書の特色は，「比較」である．生物学の目的の1つは，生物界全体を貫く共通原理を解明することである．共通原理を探るということは，裏を返せば種特異性を探るということで，そのためにはさまざまな種を比較研究しなければならない．とはいっても種の数は膨大で，すべての種を等しく研究することはとても不可能である．そこでわれわれは，予備的研究のなかから対象とする現象を絞り込み，注意深く選んだいくつかの種について調べて比較をし，そのなかから新しい問題を見つけ，さらに対象とする種や調べる項目を増やして研究を進めていく．この過程で特に大切なのは，どのような問題をどの種で調べるかということで，そこに研究の成否がかかっているといっても過言ではない．またそこが比較生物学の本当におもしろいところだろう．本書は，動物と光のかかわりに関する比較生物学を，特に専門的な知識をもたない方々にも理解していただけるように努力した．そのために，各セクションの著者には自身の研究内容にこだわることなく，それぞれの分野を広く概観した内容で執筆していただいた．本書が，これからこの分野を本格的に学ぼうと考えている学生諸君，生物の多様性に興味をもつ多くの方々の入門書となれば幸いである．

　最後に，本書を出版するにあたり，共立出版の信沢，松本両氏には大変お世話になった．この場を借りてお礼申し上げる．

2009年2月

担当編集委員：寺北明久・蟻川謙太郎

目 次

第1章 光と感覚　　1

1-1 光を受容する分子：視物質の仲間　　1
1. ロドプシン類の構造　　2
2. ロドプシン類の多様性　　4
3. マウスとショウジョウバエがもつロドプシン類　　14
4. ロドプシン類の分子進化と多様化　　15

1-2 光センサーの進化　　22
1. 眼の進化　　23
2. 光受容細胞の進化　　27
3. 光受容タンパク質・オプシンの進化　　31

1-3 脊椎動物の視細胞が光を受けるしくみ　　37
1. 脊椎動物の視細胞と視物質（ロドプシン類）　　38
2. 視細胞における情報伝達メカニズム　　42
3. 色覚と錐体視物質　　48
4. 桿体と錐体の違い　　50
5. Gタンパク質を介した情報伝達メカニズムのモデル系としての視細胞　　53

1-4 複眼という眼　　57
1. 複眼の構造　　58
2. 視力　　68

3. 色覚　　　　　　　　　　　　　　　　　　　　　　　　　　　*69*

1-5　昆虫の見る世界　　　　　　　　　　　　　　　　　　**78**

　　　1. 色覚　　　　　　　　　　　　　　　　　　　　　　　　　　　*79*
　　　2. 形態視　　　　　　　　　　　　　　　　　　　　　　　　　　*86*
　　　3. 偏光視　　　　　　　　　　　　　　　　　　　　　　　　　　*90*

1-6　単細胞生物の「目」　　　　　　　　　　　　　　　　**98**

　　　1. ミドリムシの青色光センサー分子，光活性化アデニル酸シクラーゼ（PAC）　*98*
　　　2. クラミドモナスの緑色光センサー分子，チャネルロドプシン　*103*
　　　3. 光による生体機能の制御　　　　　　　　　　　　　　　　　　*108*

第2章　光と生体リズム　　　　　　　　　　　　　　　**114**

2-1　クリプトクロムの光反応と生理機能　　　　　　　　**114**

　　　1. クリプトクロムの構造　　　　　　　　　　　　　　　　　　　*115*
　　　2. クリプトクロムの進化　　　　　　　　　　　　　　　　　　　*121*
　　　3. クリプトクロムの機能　　　　　　　　　　　　　　　　　　　*125*

2-2　「第3の目」松果体　　　　　　　　　　　　　　　　**134**

　　　1. 松果体研究の歴史　　　　　　　　　　　　　　　　　　　　　*135*
　　　2. 松果体と松果体細胞の多様性　　　　　　　　　　　　　　　　*137*
　　　3. 松果体の役割　　　　　　　　　　　　　　　　　　　　　　　*149*

2-3　時を刻む体内時計　　　　　　　　　　　　　　　　**154**

　　　1. 地球の自転と同期する体内時計　　　　　　　　　　　　　　　*155*
　　　2. 概日時計と光受容　　　　　　　　　　　　　　　　　　　　　*162*

| 2-4 | 昆虫の体内時計 | **174** |

    1. 日周リズムとそのしくみ　　*176*
    2. 体内時計を利用した行動　　*179*
    3. 季節への適応　　*185*

| 2-5 | 光周性における「光」 | **193** |

    1. 光周性のしくみ　　*194*
    2. 光周性における日長　　*198*
    3. 光周性と光の強さ　　*201*
    4. 光周性と光の波長　　*204*
    5. 脳の光受容物質　　*207*

第3章　光と多様な生体応答　　**209**

| 3-1 | 光による体色のコントロール | **209** |

    1. 眼球の光受容による体色の制御　　*211*
    2.「眼外」光受容体の寄与　　*214*
    3. 色素胞の光感受性　　*216*

| 3-2 | 光る構造色 | **222** |

    1. ハムシの鞘翅の多層膜干渉　　*223*
    2. タマムシの鞘翅の多層膜干渉　　*225*
    3. タマムシの生殖行動と翅色　　*228*
    4. タマムシの視覚器　　*232*

索引　　**237**
    Key Word 索引　　*241*

column コラム

動物以外の光センサー　25
眼以外の光センサー　30
レンズタンパク質の多様性　33
トカゲの頭頂眼―第3の目―　51
古細菌型ロドプシン様タンパク質　107
植物の光センサー　128
月の光　184
夜明けと日暮れの2振動体説　190
光と日焼け　219

第1章 光と感覚

1 光を受容する分子：視物質の仲間

寺北明久・塚本寿夫

　視覚は最も重要な動物の光受容機能の1つで，光受容タンパク質として視物質が用いられている．現在2000種類程度同定されている視物質ロドプシンとその類似光受容タンパク質（ロドプシン類）は視覚の光受容タンパク質として機能するだけでなく，生体リズムの光調節など視覚以外の光受容にも関与している．ロドプシン類はタンパク質部分であるオプシンと発色団レチナールからなる．オプシン遺伝子の重複により多様化したロドプシン類は，大きく8種類に分類される．そのなかには，トランスデューシン，Go，GqのGタンパク質を介して光情報を細胞情報としてとらえるもの，光異性化酵素として機能し発色団を供給するものなどが知られている．

はじめに

　動物は外界の光をキャッチして，視覚・光感覚や生体リズムの光調節に利用している．そのため，これらの光をキャッチするために光受容タンパク質が存在している．視覚で機能する光受容タンパク質は**視物質**（visual pigment）とよばれている．また，視物質と類似した光受容タンパク質は生体リズムの調節などにも関与しており，視覚と生体リズム（視覚以外）というまったく異なる機能をよく似た分子が担っている．本稿ではこれらの視物質や視覚以外ではたらく視物質の仲間を，視物質の代表でもある**ロドプシン**（rhodopsin）にちな

みロドプシン類と総称する．一方，光を受容する分子は，ロドプシン類以外にも存在する．たとえば，可視光を利用して紫外線により損傷したDNAを修復する光回復酵素がある．2-1で紹介されているようにショウジョウバエでは，光回復酵素の仲間であるクリプトクロムが概日リズムの光調節のための光情報をキャッチしている．また，単細胞生物においては，ロドプシン類とは異なる分子が光受容分子としてはたらき，走光性を制御している（1-6参照）．本稿では，これらさまざまな光受容分子のなかで，動物の視覚や生体リズム制御にかかわるロドプシン類に焦点を当てる．

　脊椎動物の視物質とイカ・タコや昆虫などの無脊椎動物の視物質の性質が大きく異なることは古くから知られていた．後述するように，ホタテガイに第3の視物質が同定され，また脊椎動物にもイカ・タコや昆虫などの視物質と類似したロドプシン類が見いだされたことから，いまではロドプシン類の多様性は動物種の違いによるのではなく，いわゆる遺伝子重複により多様化したサブグループであることが広く知られるようになった．また，左右相称動物（三胚葉動物）には，7種類のサブグループに分類されるロドプシン類が見いだされ（図2），最近，刺胞動物（二胚葉動物）に見いだされたロドプシン類と合わせると，少なくとも8種類のロドプシン類サブグループが存在している（図3）．本稿では，これらのロドプシン類の機能や性質の違いなどを解説するとともに，ロドプシン類の多様化のメカニズムについて具体例をあげながら解説していく．

1 ロドプシン類の構造

　脊椎動物の視物質の一種類であるロドプシンは，最もよく研究が進んでいるロドプシン類（視物質ロドプシンとその類似の光受容タンパク質の総称）の1つである．後述するようにロドプシン類はこれまでに2000種程度がさまざまな脊椎動物や無脊椎動物において同定されているが，それらはタンパク質部分であるオプシンと発色団レチナール（ビタミンAのアルデヒド誘導体）からなる（図1）．光を吸収するのは，発色団レチナールであり，オプシン部分だけでは光を吸収して機能することはできない（1-3：図2参照）．視物質など多くのロドプシン類の発色団レチナールは11シス型であるが，後述するよう

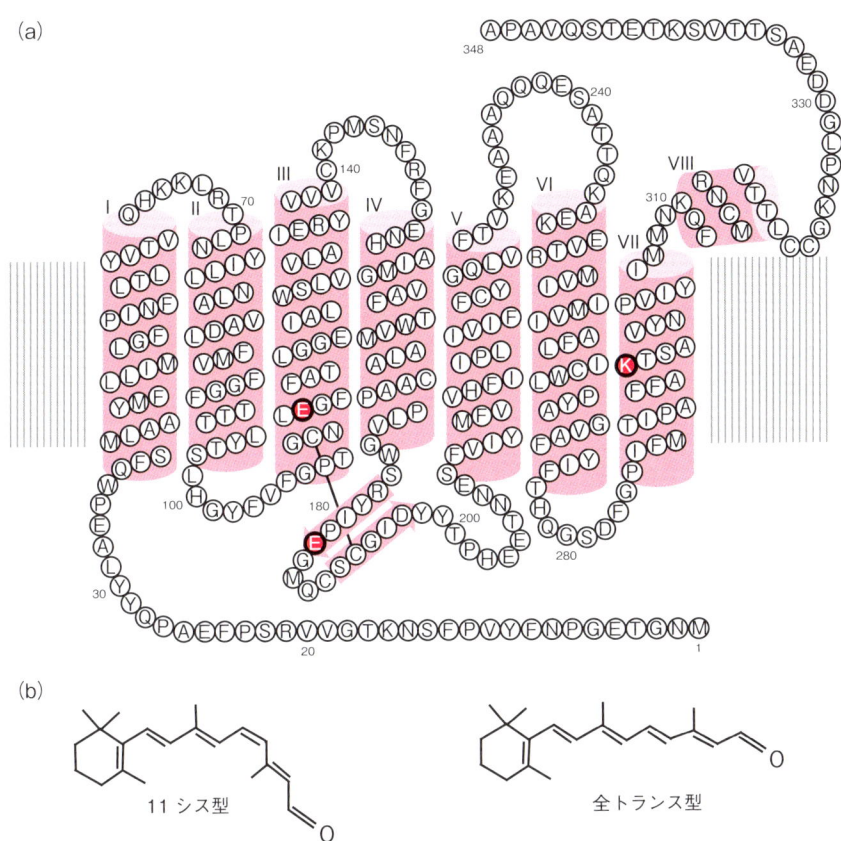

図1　オプシンの2次構造モデル（a）と発色団レチナール（b）
(a) ウシロドプシンのタンパク質部分オプシンを示し，図中の太線で囲まれたアミノ酸は，Gt共役型視物質とそれ以外のロドプシン類の対イオンであるGlu113，Glu181，そして発色団レチナールが結合しているLys296を示す．(b) 詳細は本文参照．

に，なかには全トランス型を発色団としているものもある．11シス型の発色団は，光吸収により全トランス型に異性化される．その異性化したレチナールが周りのアミノ酸残基に作用し，タンパク質部分の構造変化をもたらし，後述するようにGタンパク質（**Key Word** 参照）を活性化する．ロドプシン類の多様性はオプシンの多様性（アミノ酸配列の多様性）と発色団の多様性によりもたらされる．これまでに，自然界では4種類の発色団レチナールが同定されている．淡水の硬骨魚類やザリガニでは，季節変化などにより同じオプシンに

異なる発色団が結合して異なる性質を生み出すこともあるが，オプシンの種類によって結合する発色団の種類はおおむね決まっているので，ロドプシン類の多様性は基本的にはオプシン部分によりもたらされると考えてよい．図1と図4に示すように多様なオプシンの基本構造は7本の膜貫通ヘリックス構造である．発色団レチナールは7番目のヘリックスに存在する高度に保存されたリジン残基に結合している．タンパク質中のレチナールを取り囲む部分の多様性は「吸収する色」などの多様性にかかわり，タンパク質の細胞質側の多様性は活性化するGタンパク質の種類などの情報伝達の多様性とかかわると考えられる．

2 ロドプシン類の多様性

これまでに同定された2000種類以上のロドプシン類は，ロドプシン（オプシン）ファミリーとしてまとめられている．アミノ酸配列の一致度に基づき分子系統樹を作製すると，ロドプシン類は大きく7種類のサブグループをつくり（図2），それに刺胞動物（二胚葉動物）のロドプシン類を加えると8種類のサブグループに分けられる（図3）．それぞれのサブグループ間のアミノ酸配列の一致度は20～25％程度である．構造（アミノ酸配列）の違いに基づく8種類のサブグループ分けは，後述するようにロドプシン類の機能的な分類によく一致する．

多様なロドプシン類はどのようにして進化の過程で獲得されたのであろうか．その最も重要なメカニズムは遺伝子重複である．タンパク質Aの遺伝子

Key Word

Gタンパク質

ロドプシンはGタンパク質共役型受容体（GPCR）の一種で，光受容するとGタンパク質を活性化する．GPCRにより活性化されるGタンパク質は，α，β，γの3つのサブユニットからなり，GPCRにより情報を受けとると結合していたGDPをGTPに交換し，αと$\beta\gamma$に分かれて活性化される．Gタンパク質はGi, Gq, Gs, G12の大きく4つのサブグループに分けられ，GtやGoはGiサブグループに属する．

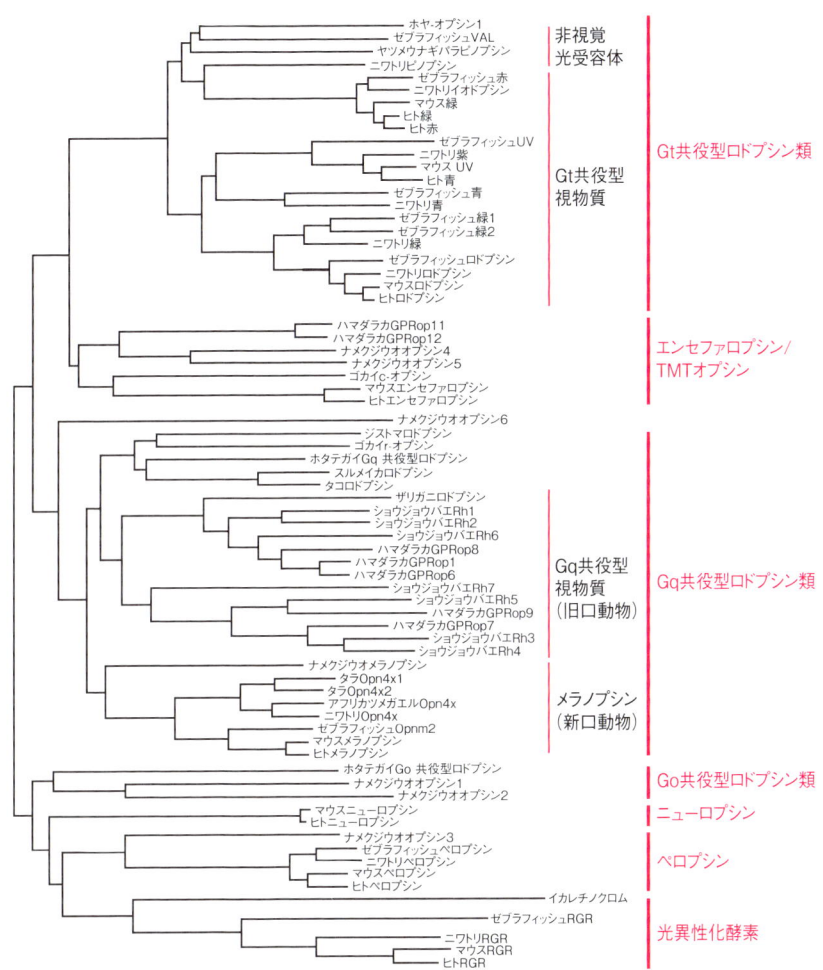

図2 ロドプシン類（左右相称動物）の分子系統樹

aの遺伝子重複により出現した2つの遺伝子a1とa2を例に考えてみよう．遺伝子a1の産物であるタンパク質A1は重複前とまったく同じ重要な機能を担っているが，遺伝子a2の産物であるタンパク質A2はタンパク質A1の補助的な役割のみを果しているか，または発現（機能）しないとする．タンパク質A1は生体内で重要な機能を担っているので，遺伝子a1の塩基配列に生じた

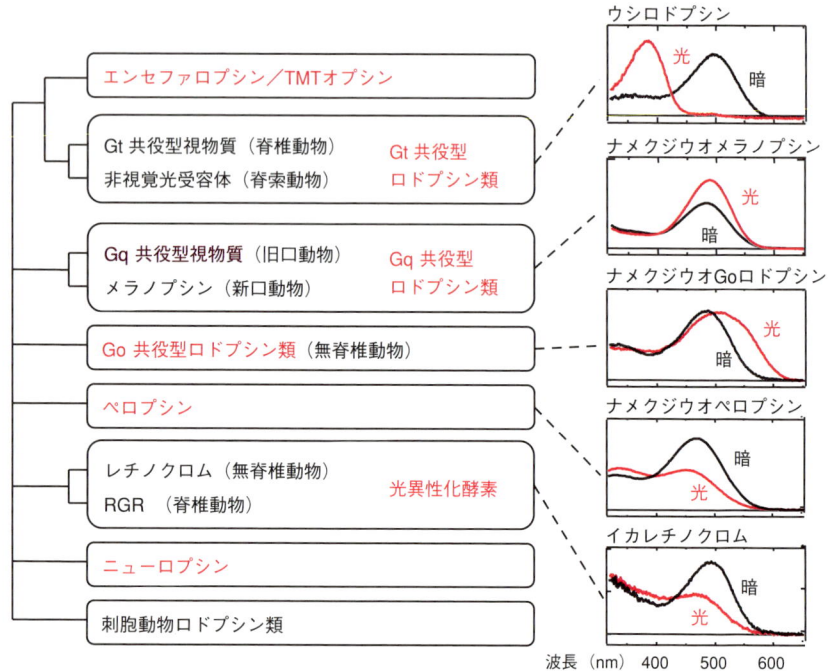

図3 刺胞動物ロドプシン類を加えた分子系統樹と多様なロドプシン類の吸収スペクトル

変異が生存に不利益なアミノ酸置換を伴う場合は，その変異が子孫に受け継がれる確率が低くなる．すなわち機能が大きく変わることはなくa1は子孫へと受け継がれていく．a2については，どのようなアミノ酸置換を伴う塩基配列の変異が起こったとしても，ほとんど不利益にならないので，a2の変異は子孫へと受け継がれる．このような過程を経て，a1とa2の塩基配列の違いが大きくなっていく．その結果，新たな機能や性質が備ったタンパク質A2が出現することがある．分子進化の過程でa2に変異が積み重なり新たな機能や性質が備わる場合もあるが，生じた決定的な1ヵ所の変異により新たな機能が備わる場合もある．このように，遺伝子重複を伴って獲得された**ホモロガス**（homologous）遺伝子を**パラロガス**（paralogous）遺伝子とよぶ．一方，遺伝子重複を伴わないホモロガス遺伝子を**オルソロガス**（orthologous）遺伝子とよぶ．ロドプシン類の8種類のサブグループの多くは，さまざまな解析から新

口と旧口動物の分岐前に遺伝子重複して多様化したと考えられている．次に，ロドプシンファミリーの8種類のサブグループについて比較する．

2.1 トランスデューシン（Gt）共役型ロドプシン類グループ

このグループには，脊椎動物の視細胞に存在する視物質が含まれるGt共役型視物質グループと，脊索動物（脊椎動物と原索動物）の，視覚以外（非視覚）で機能する非視覚光受容体グループが含まれる．このグループに含まれるロドプシン類はホヤに見いだされている2種類のロドプシン類を除けば，すべて脊椎動物から同定されたものである．したがって，脊索動物の分岐前に，エンセファロプシンの祖先遺伝子からトランスデューシン（transducin：Gt）共役型ロドプシン類グループの遺伝子が獲得され，また脊椎動物の分岐前に脊椎動物視物質グループと非視覚光受容体グループの多様性が生じたと考えられる（図2，図3）．

1-3で述べられているように，Gt共役型視物質グループは，桿体に含まれ薄明視（明暗視）にかかわる視物質ロドプシングループ（Rh）と，色覚にかかわり錐体に含まれ4種類の吸収する「色」に多様化した錐体視物質グループ（S，M1，M2，L）に分けられる（図2，1-3：図6）．これらの脊椎動物の視物質はともに光を受容すると，Gタンパク質としてGtを活性化し，cGMP分解酵素であるホスホジエステラーゼ（phosphodiesterase：PDE）を活性化し，セカンドメッセンジャーであるcGMP濃度を低下させ，最終的に視細胞は過分極応答する．このGt共役型視物質グループはGtを活性化する視物質を含むので，次に述べる非視覚光受容体グループと合わせて，Gt共役型ロドプシン類グループとして分類される．

非視覚光受容体グループには，頭頂眼に含まれるパリエトプシン[1]，松果体に存在するピノプシン[2]，パラピノプシン[3]，硬骨魚類の水平細胞などに含まれるVA（vertebrate ancient）オプシン[4]などが含まれている．ピノプシンはGtと共役することが明らかになっている．一方，パリエトプシンはGo型Gタンパク質（Go）を介してPDEを不活性化することが明らかになっている[1]（1-3：コラム参照）．ほかのロドプシン類の情報伝達系はわかっていない．このように，非視覚光受容体グループのロドプシン類にはGt以外のGタンパ

ク質を活性化するものも含まれているが,脊椎動物視物質とのアミノ酸配列の一致度から,Gt 共役型ロドプシン類グループに含まれる.非視覚光受容体グループに含まれるロドプシン類はそれぞれ機能や性質が異なっており,視物質の分子進化を知るうえでも重要なことから,たいへん興味深い.

2.2 エンセファロプシン／TMT オプシングループ

　エンセファロプシン／TMT オプシングループに含まれるロドプシン類は,Gt 共役型ロドプシン類と近縁であるが,明らかに区別される.脊椎動物はエンセファロプシン,非視覚光受容体,Gt 共役型視物質のすべてをもっているので,これら3つのロドプシン類は遺伝子重複により多様化したパラロガス遺伝子である(図2).Gt 共役型ロドプシン類と異なる点として,エンセファロプシンの仲間は脊椎動物のみならず無脊椎動物,新口動物と旧口動物の両方に見いだされていることをあげることができる.最初に,マウスの脳(encephalon)で見いだされたため,エンセファロプシンと名づけられた[5]が,のちに,硬骨魚類でも見いだされ,脳を含むさまざまな組織に遺伝子の発現が認められたために,TMT(teleost multiple tissue)オプシンともよばれている[6].しかし,ここでは,エンセファロプシンとよぶことにする.エンセファロプシンは,哺乳類から魚類の網膜にも発現している.また,魚類では,肝臓や心臓といった光受容とは無縁な器官にもその発現が確認されている.無脊椎動物では,ショウジョウバエのゲノムには存在していないが,ハマダラカやコクヌストモドキのゲノムに見いだされている.また,ミツバチの脳内やゴカイの脳内光受容器[7]に存在していることも報告されている.一般に,哺乳類では眼以外に情報としての光の受容能はないと考えられていたために,エンセファロプシンの機能はたいへん注目され,現在でも本当に光受容タンパク質なのか？といった興味がもたれている.後述するように,ロドプシン類にはGタンパク質を活性化し,細胞の光応答をひき起こすタイプと,ロドプシン類が機能できるように発色団レチナールを供給するタイプがある.エンセファロプシンが光受容タンパク質であった場合,どちらのタイプなのか？　または新規の機能をもつのかなど,最も注目されているロドプシン類である.

2.3 Gq共役型ロドプシン類グループ

このグループには，無脊椎動物のGq共役型視物質とメラノプシンが含まれる（図2, 図3）. 軟体動物や節足動物など多くの無脊椎動物の視細胞は，細胞膜構造が変化した微絨毛が集まった感桿構造をもち，それらは感桿型視細胞とよばれている（1-2, 1-4参照）. 感桿型視細胞には，脊椎動物の視物質とはかなり異なる性質をもつ視物質，Gq共役型視物質が存在している. 光を受容すると，この視物質はGq型Gタンパク質（Gq）を活性化し，つづいてGqはホスホリパーゼCβ（PLCβ）を活性化し，最終的に陽イオンチャネルが開いて，視細胞は脱分極する. ショウジョウバエにおいては，PLCの産物であるジアシルグリセロールの代謝産物がチャネルを開くと報告されている[8]が，それ以外の動物では確認されていない.

昆虫のGq共役型視物質は，吸収する光の波長に対して多様化しており，分子系統樹において，長波長感受性（吸収型），青感受性，紫外感受性の3つのサブグループに分かれる（1-4：図6）. また，青と紫外感受性視物質のアミノ酸配列はよく似ているが，その違いは，わずか1つのアミノ酸残基により決定されることが明らかになっている[9].

Gq共役型視物質と近縁で，脊椎動物の網膜神経節細胞や松果体などで発現しているメラノプシンが知られている. メラノプシンは最初，アフリカツメガエルの色素細胞（melanophore）で見いだされ，存在場所にちなんでメラノプシンと名づけられた[10]. 哺乳類の光感受性網膜神経節細胞（1-2, 2-3参照）に存在しているメラノプシンは生体リズムの光調節に関与していることがよく知られているが，下等脊椎動物の松果体などほかの場所に存在しているメラノプシンの機能については現在精力的に研究されている段階である（2-3参照）. 脊椎動物のメラノプシンはさらに2つのサブグループに分かれ，哺乳類は1種類のメラノプシンのみをもち，ほかの脊椎動物は2種類以上のメラノプシンをもつ[11]. すなわち，哺乳類は一方のメラノプシン遺伝子を失ったことになる. なぜ哺乳類以外の脊椎動物は2種類のメラノプシン遺伝子をもち，なぜ哺乳類は1種類のメラノプシン遺伝子しかもたないのかを解明することは，2つのメラノプシン遺伝子の機能の多様性を知るうえで興味深い問題である.

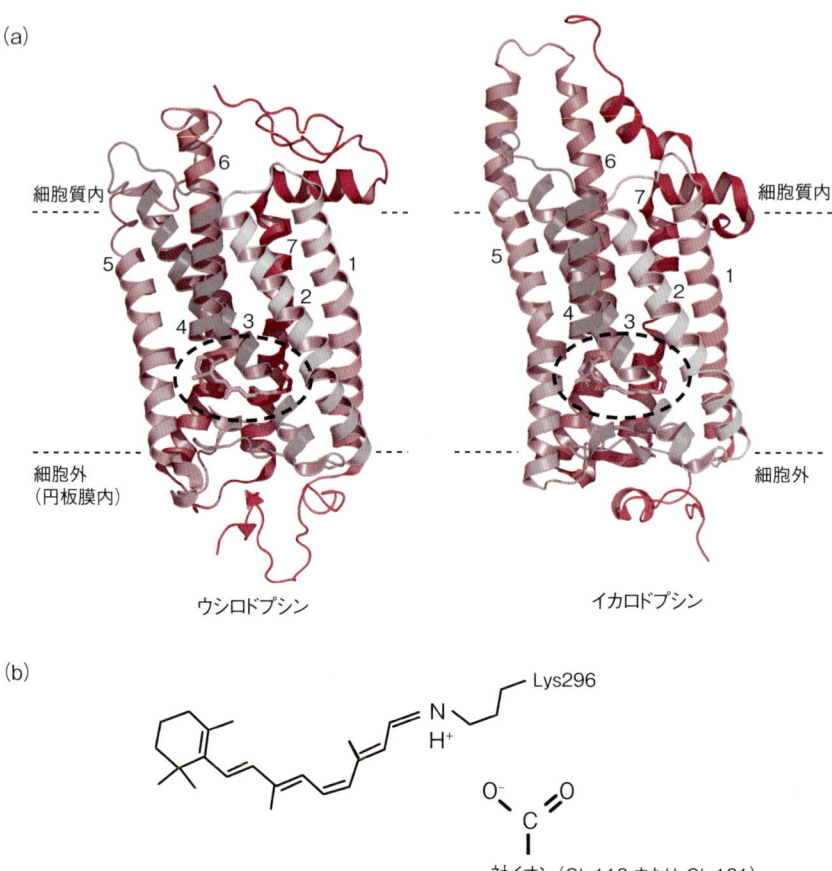

図4 ウシとイカロドプシンの結晶構造モデル(a)とレチナールシッフ塩基結合の模式図(b)
→口絵1参照

　メラノプシンは，現在では円口類から哺乳類のすべての脊椎動物で同定されているばかりでなく，ウニやナメクジウオなどの新口無脊椎動物にも見いだされている．つまり，新口動物にはメラノプシンが，旧口動物にはGq共役型視物質が存在しており，Gq共役型視物質とメラノプシンは旧口動物と新口動物のオルソロガス遺伝子である．

　ウシの視物質ロドプシン（Gt共役型ロドプシン類）の結晶構造は2000年に発表されていた[12]が，これに加えて2008年にスルメイカの視物質ロドプシン

(Gq 共役型視物質）の結晶構造が発表されたことで[13]，高分解能の構造を比較できるようになった．この歴史的な構造決定には日本人研究者が多大な貢献をした．

ウシロドプシンとイカロドプシンの間のアミノ酸残基の一致度はおよそ25％であるが，**図4a**に示されたように，両者における7本の膜貫通構造の配置はほぼ同じである．ヘリックス構造を比較すると，イカのロドプシンの第5，第6ヘリックスはウシロドプシンよりもかなり長い．この第6ヘリックスの細胞質側はGタンパク質との相互作用部位でもあるので，この第6ヘリックスの長さの違いは，GtとGqの活性化にそれぞれ重要である可能性が議論されている．また，両者における発色団レチナール（点線内）の構造は，ねじれ方が異なっているものの，おおむね似ている．構造と機能の関係を論じるにはさらなる研究が必要であるが，立体構造の比較がロドプシン類の多様性の理解を促進することは間違いない．膜タンパク質の立体構造解析は困難であるが，今後の進展が期待される．

2.4　Go 共役型ロドプシン類グループ

先に述べたように，1980年代のなかばまでは脊椎動物のGt共役型視物質と無脊椎動物のGq共役型視物質しか知られておらず，これらが動物種による違いであるオルソロガス遺伝子なのか遺伝子重複を伴ったパラロガス遺伝子なのかが明らかでなかった．これらのロドプシン類遺伝子がパラロガス遺伝子であることが広く認められたのは，1つはメラノプシンの発見，つまりGq共役型ロドプシン類（メラノプシン）が脊椎動物にも発見されたことであり，もう1つはここで紹介するGo共役型ロドプシン類がホタテガイの網膜にGq共役型ロドプシン類とともに見いだされたためである[14]．

一般に軟体動物は感桿型の視細胞をもつが，ホタテガイは感桿型に加えて繊毛由来の膜が変形した繊毛型視細胞ももっている（**1-2：図2**参照）．Go共役型ロドプシン類は，ホタテガイの繊毛型視細胞に見いだされた新規ロドプシン類で，Goと共役し，細胞内cGMP濃度の上昇をひき起こすカスケードを駆動させると考えられている．これと類似したロドプシン類遺伝子は，脊椎動物に最も近縁なナメクジウオには見いだされているが，これまで明らかになった

ヒトを含む脊椎動物のゲノムには存在しない．

2.5 レチノクロムグループ（光異性化酵素グループ）

　レチノクロムは，多様化したロドプシン類のなかで，視物質の機能（視覚への光情報の伝達）とは異なる機能をもつロドプシン類として初めて発見された．視物質が，11 シス型のレチナールを光によって全トランス型に異性化するのに対し，レチノクロムは全トランス型のレチナールを 11 シス型に異性化する[15]．11 シス型レチナールは非常に不安定で食物などから得ることは不可能なため，動物は体内でこれを生成する必要がある．レチノクロムはこの役割をもった「光異性化酵素」である．イカの視細胞において，視物質（Gq 共役型ロドプシン類）は視細胞のレンズ側（外節）の微絨毛に，そしてレチノクロムはおもに核のそばの内節のミエロイド小体というラメラ構造に存在し，視物質から離れて存在している．実際は，これら 2 つの膜タンパク質の間を，水溶性のレチナール結合タンパク質が輸送タンパク質として，全トランス型レチナールを外節から内節へ，11 シス型レチナールを内節から外節へと輸送していると考えられる（図 5）．レチノクロムと類似のロドプシン類は，哺乳類の色素上皮細胞にも同定されており，RGR（retinal G-protein-coupled receptor）とよばれて，レチノ

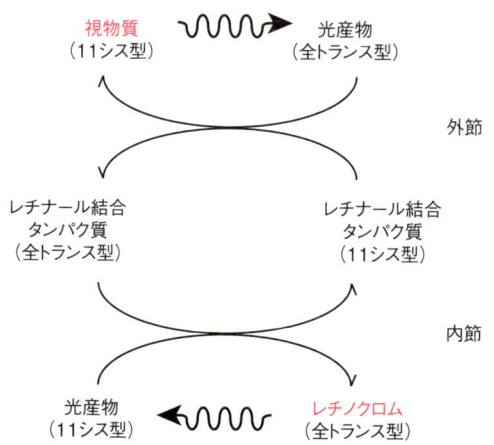

図 5　イカ視細胞におけるレチノクロムのはたらき

クロムと同様にレチナールを全トランス型から 11 シス型へと光異性化する．イカの場合とは異なり，視物質とは異なる細胞に存在しているが，RGR の遺伝子を破壊したマウスでは，視覚の維持に影響が現れることが報告されている．

このレチノクロムは G タンパク質を活性化しないので，今後その構造を解析し，G タンパク質を活性化する視物質の構造と比較することにより，機能と構造の連関が明らかになると期待される．

2.6 ペロプシングループ

ペロプシンはマウスの色素上皮細胞に存在しているロドプシン類遺伝子として初めて同定された[16]．哺乳類のペロプシンは，培養細胞などでの発現がなされていないので，どのような分子特性をもつロドプシン類であるのかは明らかになっていない．一方，ナメクジウオからペロプシン類似遺伝子が同定され，こちらでは培養細胞系での発現と解析が行われた．その結果，レチノクロムと同様に全トランス型レチナールを発色団とし，光受容により 11 シス型レチナールに異性化することが明らかになった．この発色団の異性化方向は，情報伝達にかかわるロドプシン類ではなく，レチノクロム同様に異性化酵素として機能していることを示唆している．ペロプシンは脊椎動物では，視細胞ではなく 11 シス型レチナールの供給に重要である色素上皮細胞に存在していることも，光異性化酵素としての機能を示唆している．しかし，レチノクロムでは保存されていない G タンパク質の活性化に重要なアミノ酸配列モチーフがペロプシンでは保存されている．したがって，ペロプシンが異性化酵素としてのみ機能しているのか，G タンパク質の活性化には無関係であるのかは明らかではない．

2.7 ニューロプシングループ

ニューロプシンはマウスとヒトから遺伝子が同定されている[17]が，機能は不明である．mRNA が脳や網膜などに同定されている．培養細胞でのニューロプシンの発現や解析は成功しておらず，光受容タンパク質として機能しているという証拠もない．今後の解析が待たれる．

2.8 刺胞動物ロドプシン類グループ

ヒドラ，イソギンチャク，ヒドロクラゲからロドプシン類様遺伝子が単離され，これらは刺胞（二胚葉）動物ロドプシン類グループを構成している．ヒドラには，数十種類以上のロドプシン類が存在することが示唆されており，このサブグループが光受容タンパク質として機能しているのかについてはわかっていない．刺胞動物のなかには，脊椎動物やホタテガイと同じ繊毛型視細胞をもつものもあるので，最近，アンドンクラゲの繊毛型視細胞のロドプシン類の解析が行われ，Gs型Gタンパク質（Gs）を介してcAMPの増加が起こることが報告された[18]．さまざまな動物の繊毛型視細胞は，cAMPやcGMPなどの環状ヌクレオチドをセカンドメッセンジャーとしており，多様な動物の繊毛型視細胞の進化的な関係が示唆される．

3 マウスとショウジョウバエがもつロドプシン類

先述のようなロドプシン類が実際にはどのように使い分けられているのであろうか．マウスとショウジョウバエを例にみていこう．

マウスは，Gt共役型視物質3種類，エンセファロプシン1種類，メラノプシン1種類，ペロプシン1種類，RGR1種類，ニューロプシン1種類をもっている．3種類の視物質は，網膜の桿体（1種類）や錐体（2種類）に存在し，形態視や色覚などの視覚を担っている．網膜の光感受性神経節細胞に存在しているメラノプシンは生体リズムの調節や瞳孔反射のための光受容を担っている．網膜色素上皮細胞にはRGR（光異性化酵素）やペロプシンが存在し，全トランス型から11シス型レチナールを光異性化により生成し，視細胞の視物質に供給していると考えられている．しかし，残りのエンセファロプシンやニューロプシンは網膜のみならず脳にも存在しており，機能はまだ明らかでない．

一方，ショウジョウバエはGq共役型ロドプシン類の1種類のグループ中で多様化した7つのロドプシン類遺伝子（Rh1～7）をもつ（**1-4：図6**）．複眼にはRh1, Rh3, Rh4, Rh5, Rh6が存在しており，Rh2は単眼に存在している（Rh7は機能不明）．複眼の個眼には，8種類の視細胞（R1～R8）が存

在するが，Rh1（長波長受容）は R1～R6 視細胞に存在し，形態視や運動視に関係している．また，Rh3（紫外受容）と Rh4（紫外受容）は R7 視細胞に存在し，Rh5（青受容）と Rh6（長波長受容）は R8 視細胞に存在し色覚を担っている．同じ昆虫でもハマダラカやコクヌストモドキは，Gq 共役型ロドプシン類のほかにエンセファロプシン遺伝子ももっている．

マウスやショウジョウバエ以外のこれまでのゲノム解析の結果から，新口動物は多くのサブグループに属する多様なロドプシン類を使い分けているのに対して，旧口動物は少ないサブグループのなかで，多様化したロドプシン類を使っているという傾向がある．

4 ロドプシン類の分子進化と多様化

4.1 ロドプシン類はどのようにして出現したのか？

ロドプシン類自身は，光とは無関係な受容体，たとえばアドレナリン受容体やムスカリン性アセチルコリン受容体などの化学物質受容体とアミノ酸配列の類似性があり，それらとの共通の祖先から多様化したものであると考えられている．それらの受容体も 7 回膜貫通構造をもち G タンパク質と共役することから，G タンパク質共役型受容体（GPCR）とよばれている．ロドプシン類が GPCR の一員であることが広く認められたのは 1986 年に β アドレナリン受容体のアミノ酸配列が決定されたときで，すでに報告されていたウシロドプシンと類似性が高く，予測された 2 次構造ともそっくりであり非常に驚かれた[19]．これらのことは，光受容タンパク質であるロドプシン類が化学物質を受容する GPCR から分子進化したことを示している．ロドプシン類の祖先は，レチナール（おそらく全トランス型）をリガンドとする GPCR であったと推測されている．

ロドプシン類のなかには，レチナール受容体と光受容体の両方の性質をとどめるものがある．たとえば，ナメクジウオの Go 共役型ロドプシン類のタンパク質部分は，外から加えられた全トランス型レチナールを結合し，光受容した場合と同じ効率で G タンパク質を活性化することが報告されている[20]．Go 共役型ロドプシン類は，全トランス型レチナールの結合能をもつが，全トランス

型レチナール（化学物質受容体としてはたらく）よりも11シス型レチナールの（光受容体を形成する）ほうが50倍程度親和性が高い．一方，Gt共役型視物質は，外からやってきた全トランス型レチナールをけっして結合せず，11シス型レチナールを結合して光受容体としてのみ機能する．光とは無関係な全トランス型レチナールの結合は，光とは無関係な視細胞の応答である，暗ノイズの原因となる．視物質をはじめとする光受容タンパク質は，全トランス型レチナールの結合を抑える方向に分子進化したと考えられている．また，興味深いことに，Gt共役型ロドプシン類の非視覚光受容体グループ（図2）に属するパラピノプシンも外から加えた全トランス型レチナールを結合する．分子進化の過程で，Gt共役型視物質は全トランス型レチナールの結合を完全に排除し，より暗ノイズの少ない光受容体へ特化したのであろう．

4.2 1つのアミノ酸残基の変異が新しいロドプシン類をもたらした例

　ロドプシン類は分子進化の結果大きく8種類のサブグループに多様化した．8種類のグループは，もともと1つの祖先型のロドプシン類が遺伝子重複と多数の変異が積み重なった結果の産物であり，それぞれの間で25％程度のアミノ酸の一致度しかない．積み重なった変異を解析して分子進化の足跡をたどり，多様化のメカニズムを解明することはむずかしいが，分子進化の過程で起こった少数のアミノ酸置換による性質や機能の変化は，タンパク質の部位特異的変異体などの解析により解明が可能である．次に，ロドプシン類の可視光受容に必須なアミノ酸残基に注目して，ロドプシン類の多様化が実験的に明らかになった一例について紹介する．

A 可視光を受容するメカニズム

　多様なロドプシン類のなかで，エンセファロプシン，ニューロプシン，刺胞動物ロドプシン類の吸収特性の解析はなされていないが，それ以外のそれぞれのサブグループは可視光を受容するロドプシン類を含んでいる（図2）．発色団レチナールを結合して「色」がついているが，その色は発色団レチナールとその周りのアミノ酸残基との相互作用により調節されている．レチナールは，それ自身は紫外領域を効率よく吸収する分光特性をもつが，ロドプシン類のタ

ンパク質中では可視光を効率よく吸収している．すべてのロドプシン類では，レチナールは，第7ヘリックスに存在するリジン残基（Lys296，ウシロドプシンのN末端から数えて296番目）に結合している．（**1-3：図2**参照）その結合様式はシッフ塩基結合であり，プロトン化（水素イオンが付加）されると，レチナールの吸収が可視光領域にシフトする．このプロトン化には，**対イオン**とよばれる負電荷をもつアミノ酸残基，具体的にはグルタミン酸かアスパラギン酸の存在が必要である（**図4b**）．Gt共役型視物質では，第3ヘリックスのN末端から数えて113番目のグルタミン酸（Glu113，**図1a**）が対イオンとして機能している[21]．非視覚受容体も含めてGt共役型ロドプシン類グループに属するロドプシン類はすべてこの位置にグルタミン酸（アスパラギン酸）をもつ．しかし，さまざまなサブグループのロドプシン類の部位特異的変異体を解析した結果，Gt共役型ロドプシン類の対イオンは，第4，第5ヘリックスを結ぶ細胞外ループに存在する，Glu181であることが明らかになってきた（**図1a**）[22]．さらに興味深いことに，Gt共役型ロドプシン類グループに属する非視覚光受容体であるパラピノプシンは，光産物ではGlu181が対イオンとして機能している．つまり，Gt共役型視物質と非視覚光受容体が分岐したころに，対イオンの位置の「変位」が生じたと考えられた．この，Glu113対イオンは，先に述べた「全トランス型レチナールの排除による暗ノイズの低下」にも関与しており，Glu113対イオンの獲得はGt共役型視物質に特有な分子特性と，深くかかわっている．次に，この対イオンに注目して脊椎動物のGt共役型視物質の多様化について説明する．

B 対イオンの変位と赤感受性錐体視物質の獲得

　先に述べたように，Glu181はほとんどすべてのロドプシン類に高度に保存されている．ウシロドプシンなどのGt共役型ロドプシン類でも「例外」を除いてGlu181が保存されているが，対イオンとしてははたらいていない．このことから，脊椎動物のGt共役型ロドプシン類は分子進化の過程で新規の対イオンであるGlu113を獲得し，その後に「元」対イオンであるGlu181は対イオンとしてはたらかなくなったといえる．つまり，新しい対イオンGlu113が獲得され，もともともっていたGlu181の対イオンとしての役割が弱まったこと

により，Glu181がほかのアミノ酸残基へ置換しても可視光受容という機能には影響がなくなったと考えられる．「元」対イオンであるGlu181の置換により新しい機能が形成された例として，「赤感受性視物質におけるGlu181のヒスチジンへの置換」をあげることができる．このヒスチジンは，すべての脊椎動物の赤感受性視物質において保存され，吸収極大が赤色にシフトするために必須である．塩素イオン結合サイトの一部分としてはたらいている．もし，塩素イオンが結合しないと緑感受性へと機能が変化してしまう．したがって，新しい対イオンGlu113の獲得は，Glu181のヒスチジンへの変異を可能にしたという観点から，赤感受性の色覚視物質の出現に不可欠なアミノ酸置換であったといえる．言い換えればGt共役型視物質のなかの赤視物質は，この1つのアミノ酸残基，対イオンの変位をきっかけとして獲得されたといえる[22]．

C 対イオンの変位と光反応性

赤感受性視物質の獲得は「元」対イオンの変異によりもたらされた．次に，「新」対イオンによりもたらされた脊椎動物のGt共役型視物質の分子特性について説明する．図3に示すように，8つのロドプシン類グループのなかで，これまでに吸収スペクトルの解析に成功しているロドプシン類については，光反応の分光学的特性，つまり色の変化が示されている．Gt共役型視物質は，光受容に伴い「退色」する（1-3参照）．一方，それ以外のロドプシン類，たとえばGq共役型ロドプシン類とGo共役型ロドプシン類は，光受容後も退色せず，むしろ吸収が赤へシフトしたり，大きくなったりする．レチノクロムやペロプシンについても，光受容後は可視部に吸収をもつ．つまり，ロドプシン類は，光を吸収したあと退色するもの（Gt共役型視物質）と退色しないものがあることがわかる．図3に示されているように，脊椎動物ロドプシン（Gt共役型視物質）は光を吸収すると，正確にはロドプシン分子中の発色団レチナールが光を吸収すると，レチナールが全トランス型に異性化し，その後タンパク質の構造が変化し，吸収極大が可視領域から紫外領域に移り，可視部の吸収がほとんどなくなる（退色する）．さらに，レチナールがタンパク質からはずれる（図6a）．ところが，Gq共役型ロドプシン類やGo共役型ロドプシン類の光産物では，全トランス型レチナールが結合した状態が安定であり，可視部に吸収を

(a) Gt 共役型視物質

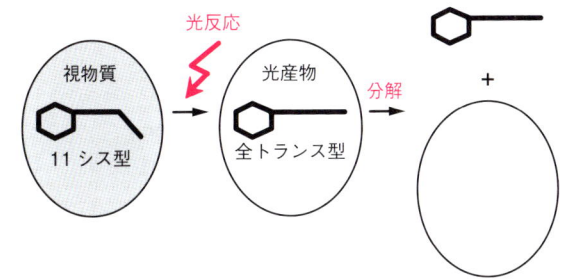

(b) Gq 共役型ロドプシン類，Go 共役型ロドプシン類

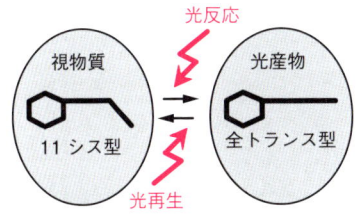

図6 Gt 共役型視物質（a）と Gq および Go 共役型ロドプシン類（b）の光反応

もつ．この安定な光産物が光をもう一度吸収するともとの状態に戻る（**図6b**）．この性質は光再生とよばれ，光受容能を維持するために便利な性質である．つまり，白色光のもとでは，**図6b** に示したように両方向の光反応が平衡となり，強い光のもとでもたえず高濃度のロドプシン類を維持できるのである．一方，Gt 共役型視物質は，一度光を吸収したあとは，11 シス型レチナールの供給があって初めて再生する．このような観点からは，脊椎動物の Gt 共役型視物質よりも多くの無脊椎動物がもつロドプシン類のほうが優れものである．しかし，脊椎動物の Gt 共役型視物質が光再生せずに退色することには，Gt 共役型視物質が光再生能を有するロドプシン類よりも G タンパク質の活性能が大きいという「機能」と関連していることが示唆されている．つまり，「新」対イオンは光産物の分子特性を大きく変化させ，高い G タンパク質活性化能をもたらしたと推測できる．

上述のように，対イオンという１つのアミノ酸残基の位置の変位により，「旧」

対イオンと新対イオンそれぞれが新しい分子特性をロドプシン類に兼ね備え，現在の脊椎動物の Gt 共役型視物質をもたらしたと考えられる．

おわりに

ロドプシン類は，光受容という生理機能の最初のステップに位置するので，分子の性質や特徴が光受容能そのものに大きく影響すると考えられる．したがって，ロドプシン類の多様性や分子進化を知ることは，動物種の違いによる光受容の多様性のみならず，ある動物がもつ多様な光受容能を理解するうえでも重要であろう．本稿で述べたように，ヒトをはじめ多くの動物は，機能や性質が解明されていないロドプシン類をもっている．これらのロドプシン類の分子特性の解明は，動物がもつ未知の光受容能の発見につながると期待できる．

引用文献

1) Su, C. Y., et al. (2006) Parietal-eye phototransduction components and their potential evolutionary implications. Science, **311**, 1617-1621
2) Okano, T., et al. (1994) Pinopsin is a chicken pineal photoreceptive molecule. Nature, **372**, 94-97
3) Koyanagi, M., et al. (2004) Bistable UV pigment in the lamprey pineal. Proc. Natl. Acad. Sci. USA, **101**, 6687-6691
4) Kojima, D., et al. (2000) Vertebrate ancient-long opsin: a green-sensitive photoreceptive molecule present in zebrafish deep brain and retinal horizontal cells. J. Neurosci., **20**, 2845-2851
5) Blackshaw, S., Snyder, S. H. (1999) Encephalopsin: a novel mammalian extraretinal opsin discretely localized in the brain. J. Neurosci., **19**, 3681-3690
6) Moutsaki, P., et al. (2003) Teleost multiple tissue (tmt) opsin: a candidate photopigment regulating the peripheral clocks of zebrafish? Brain Res. Mol. Brain Res., **112**, 135-145
7) Arendt, D., et al. (2004) Ciliary photoreceptors with a vertebrate-type opsin in an invertebrate brain. Science, **306**, 869-871
8) Chyb, S., et al. (1999) Polyunsaturated fatty acids activate the Drosophila light-sensitive channels TRP and TRPL. Nature, **397**, 255-259
9) Koyanagi, M., Terakita, A. (2008) Gq-coupled Rhodopsin Subfamily Composed of Invertebrate Visual Pigment and Melanopsin. Photochem. Photobiol., **84**, 1024-1030.
10) Provencio, I., et al. (1998) Melanopsin: An opsin in melanophores, brain, and eye. Proc. Natl. Acad. Sci. USA, **95**, 340-345
11) Bellingham, J., et al. (2006) Evolution of melanopsin photoreceptors: discovery and

characterization of a new melanopsin in nonmammalian vertebrates. *PLoS Biol.*, **4**, e254

12) Palczewski, K., *et al.* (2000) Crystal structure of rhodopsin: A G protein-coupled receptor. *Science*, **289**, 739-745

13) Murakami, M., Kouyama, T. (2008) Crystal structure of squid rhodopsin. *Nature*, **453**, 363-367

14) Kojima, D., *et al.* (1997) A novel Go-mediated phototransduction cascade in scallop visual cells. *J. Biol. Chem.*, **272**, 22979-22682

15) Hara, T., Hara, R. (1967) Rhodopsin and retinochrome in the squid retina. *Nature*, **214**, 573-575

16) Sun, H., *et al.* (1997) Peropsin, a novel visual pigment-like protein located in the apical microvilli of the retinal pigment epithelium. *Proc. Natl. Acad. Sci. USA*, **94**, 9893-9898

17) Tarttelin, E. E., *et al.* (2003) Neuropsin (Opn5) : a novel opsin identified in mammalian neural tissue. *FEBS Lett.*, **554**, 410-416

18) Koyanagi, M., *et al.* (2008) Jellyfish vision starts with cAMP signaling mediated by opsinGs cascade. *Proc. Natl. Acad. Sci. USA*, **105**, 15576-15580

19) Dixon, R. A., *et al.* (1986) Cloning of the gene and cDNA for mammalian beta-adrenergic receptor and homology with rhodopsin. *Nature*, **321**, 75-79

20) Tsukamoto, H., *et al.* (2005) A rhodopsin exhibiting binding ability to agonist all-trans-retinal. *Proc. Natl. Acad. Sci. USA*, **102**, 6303-6308

21) Zhukovsky, E. A., Oprian, D. D. (1989) Effect of carboxylic acid side chains on the absorption maximum of visual pigments. *Science*, **246**, 928-930

22) Terakita, A., *et al.* (2004) Counterion displacement in the molecular evolution of the rhodopsin family. *Nat. Struct. Mol. Biol.*, **11**, 284-289

参考文献

七田芳則・深田吉孝 編 (2007)『動物の感覚とリズム』, シリーズ 21 世紀の動物科学 9, 培風館

前田章夫 (1986)『視覚』, Bioscience Series, 化学同人

■■■ 第1章 光と感覚 ■■■

2 光センサーの進化

小柳光正

　眼やそこで光を受容する細胞は動物種によって，大きさ，数，形態，光学系など実に多様であり，それらを系統的に理解することは困難に思える．しかし，眼をつくる遺伝子（*Pax6*）や眼の機能を支える遺伝子（ロドプシン類）の比較機能解析によって，多様な動物の眼が共通の発生プログラムによる単一起源から進化したことや，形態も生理的役割も異なる無脊椎動物の視細胞と脊椎動物の生体リズムにおける光センサー・光感受性網膜神経節細胞との進化的つながりが明らかになってきた．さらに，ロドプシン類の分子系統解析は光センサーの多様性や色覚進化の理解に大きな進展をもたらした．

はじめに

　動物は外界の情報を得るためにさまざまな感覚とそのためのセンサーを備えている．光感覚の代表である視覚は，嗅覚，味覚，聴覚，触覚などほかの感覚に比べて空間分解能や時間分解能に優れ，多くの動物にとって生存と密接にかかわる重要な役割を担っている．当然，光センサーである眼には，生息環境に応じたさまざまな淘汰圧がかかり，その結果，大きさ，数，性能など，それぞれの動物に適した多様な眼が進化した．眼のなかでは，視細胞とよばれる光受容細胞が光を受容する．視細胞は一般に外節という光受容に特化した膜構造を

もつが,その形状もまた動物によって多様で,何十種類に分類する研究者もいるほどである.視細胞やほかの光感覚を支える光受容細胞中で光をキャッチし情報変換の口火を切る分子が光受容タンパク質（**ロドプシン類**：rhodopsins）であり,単に光受容の最初に位置するというだけでなく,吸収する波長や情報伝達のしくみなど光受容の大部分を決定する重要な分子である（1-1 参照）.ほとんどの動物が複数のロドプシン類をもち,それらのアミノ酸配列の違いによって生じた性質の違いを巧みに利用して,動物は多様な生理機能を備えるに至った.このように光センサーは,動物の生理,行動や進化と密接にかかわることから,古くから研究者の興味をひきつけ,そのためほかの感覚よりも研究が進んでいる.これから紹介する光センサーの進化の研究は,1990 年代以降の分子生物学と分子進化学を両輪とした研究によって著しく発展し,今日,光センサーは多様性という博物学的なおもしろさに加え,生理機能や形態の進化メカニズムについての手がかりを与える貴重なテーマとなっている.

　第1項では,器官レベルの光センサーである動物の眼に注目し,その際立った多様性とともに,それらが単一の起源から進化したことを示唆する発見を紹介する.第2項では,細胞レベルの光センサーである光受容細胞について,形態による分類と遺伝子による分類から導かれた意外な光受容細胞進化のシナリオを紹介する.そして第3項では,タンパク質レベルの光センサーであるロドプシン類の分子進化から,色覚という生理機能の進化のメカニズムについて紹介する.

1 眼の進化

　眼は動物の器官のなかでも最も多様性に富む器官の1つといえる[1]（図1）.脊椎動物は,レンズと網膜（1-3 参照）を備えたカメラ眼（図1a, b）を左右に1対もつのが一般的で,形態視や多くの場合色覚を担っている.トカゲ類ではさらに頭頂部に第3の目の典型として知られる頭頂眼をもつが,形態視ではなく生体リズムの光調節にかかわるとされている.円口類,魚類,両生類,爬虫類,鳥類の松果体は脳の上部に位置し光受容器官として機能しており,頭頂眼と同様に第3の目といわれることもある.一方,ヒトを含む哺乳類では,

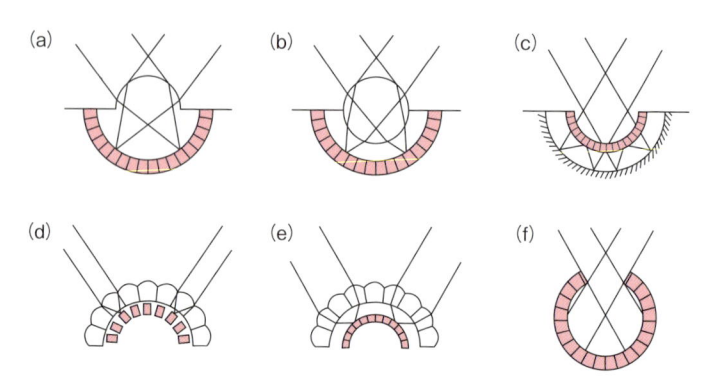

図 1　動物の多様な眼の構造
(a) 陸上脊椎動物やクモ類にみられる角膜つきのカメラ眼．(b) 魚類や頭足類にみられる水棲動物のカメラ眼．(c) ホタテガイなどにみられる反射鏡をもつ眼．(d) 昼光性の昆虫や甲殻類にみられる複眼（連立像眼）．(e) 夜光性昆虫にみられる複眼（屈折型重複像眼）．(f) プラナリアや環形動物にみられる眼点．線は光を表している．光受容細胞層（網膜）に色をつけて示している．文献 1 より改変引用．

　松果体は脳の深部で内分泌器官として機能しており，光受容能は失ったと考えられている．第 3 の目の機能については，**2-2** で詳しく述べる．

　無脊椎動物で発達した眼をもつのは昆虫，甲殻類およびクモ類が属する節足動物とイカ，タコなど頭足類が属する軟体動物である．**1-4** で詳しく述べるように，昆虫や甲殻類の眼はたくさんの個眼が集まった複眼という構造をとり，脊椎動物の眼とは外見も光学系も大きく異なっている（**図 1d，e**）．一方，クモ類は複眼ではなく 4 対のカメラ眼をもち，節足動物としては特殊である（**図 1a**）．こちらは外見や構造は脊椎動物の眼とよく似ているが，光学系はずいぶん異なる．光の屈折率は波長，すなわち色によって異なるので色ごとに焦点距離が異なり，このことを色収差という．脊椎動物のレンズは，色によらずほぼ同じ面に像を結ぶよううまくできているが，ハエトリグモのレンズはこの色収差を補正できないので，色ごとに異なる面に像を結ぶことになる．おもしろいことにハエトリグモの網膜は光受容部位が縦に 4 層に並んだ構造をしており，これはレンズで分解された色を個別にキャッチするしくみだと考えられている．頭足類の眼も一見すると脊椎動物の眼とよく似た立派なカメラ眼（**図 1b**）で，ダイオウイカでは直径 30 cm を越すものもあり最大級の眼である．頭足類の眼と脊椎動物の眼は外見も光学系も非常によく似ているが，それぞれ

の網膜の発生は,脊椎動物では神経管由来,頭足類は上皮由来とまったく異なっており,また,光の入射方向に対する視細胞の向きも逆転している.にもかかわらず,できあがった眼の構造がこれだけ似ているのは,まさに収斂進化の顕著な例といえる.同じ軟体動物でもホタテガイは,外套膜の上に 100 個以上の眼をもち,網膜の後ろにある色素層で反射した光が網膜に結像するというおもしろいしくみをもつ(図1c).シンプルな眼としては,扁形動物のプラナリアや中枢神経系をもたない単純な生物であるクラゲの眼点があげられる(図1f).これらは光受容細胞と,ある方向からの光を遮断するための色素細胞との単純なつくりで,これらが動物の眼の原型と考えるのが自然である.一方でクラゲの一種,アンドンクラゲは,光を1点に集めることができる高度な光学系を備えたレンズ眼をもつので,体制の複雑さと眼の複雑さは必ずしも一致しない[2].

このように動物には,「ものを見る」という共通の機能のために,大きさ,数,

column

コラム

動物以外の光センサー

ここでは動物の光センサーについて紹介したが,光センサーは原核生物であるバクテリアから単細胞藻類や菌類まで広く存在している.これほど遠縁な生物の間で,器官レベル,細胞レベルの光センサーとしての進化的つながりを調べるのは困難であるが,分子レベルの光センサーによって区分することはできる.単細胞藻類のクラミドモナスや菌類は,バクテリアで光駆動型のプロトンポンプとして機能するバクテリオロドプシンと類似したタンパク質を光センサーとして使っている.バクテリオロドプシン類は,動物のロドプシン類とは3次元構造はよく似ているが,アミノ酸配列の相同性はみられない.このことは,動物と動物以外の生物との間に光センサーの進化的ギャップがあることを意味している.最近,動物と動物以外の生物をつなぐ生物,すなわち動物出現の直前に分岐した単細胞生物である縦襟鞭毛虫の全ゲノム塩基配列が決定され,このミッシングリンクの解明に期待がもたれたが,ゲノム中にはバクテリオロドプシン類もロドプシン類も見いだされなかった.また,1-6で詳細に述べる単細胞生物のミドリムシでは,まったく別のタンパク質が光センサーとして機能しており,生物界全体では光センサーの起源は1つではなさそうである.

形態，光学系など実に多様な光センサーが存在し，それらを系統的に理解することはきわめて困難に思える．Darwin[3]も著書『種の起源』のなかで，多様かつ精巧な眼が自然淘汰によって徐々に進化したと考えることに困難を覚えている．しかし，多様な眼が進化の所産であることは疑う余地はなく，そこには何らかの関係性が存在するに違いない．この問題に対するブレークスルーとなったのは，WaltherとGruss, HillらおよびTonらによる*Pax*（paired box）*6*という転写調節因子の発見であった[4]．動物は，1細胞の受精卵から細胞分裂と各種器官への分化という発生のプロセスを経て成体へと成長する．したがって，組織や器官の発生には，それぞれに特異的な時間的・空間的に秩序立った遺伝子の機能発現が求められる．その遺伝子発現を制御する遺伝子群が**転写調節因子**（transcription factor）である．*Pax6*は最初にヒトの先天性無虹彩症の原因遺伝子として見つかり，マウスの変異体の解析から眼を含む頭部形成の初期段階で重要な役割を担うことが明らかとなった．次にGehringらは，ショウジョウバエの*Pax6*遺伝子を異所的，すなわち触角，脚，翅など眼以外の器官の原基に強制的に発現させたところ，形態的にほぼ完全な複眼が生じた．特に，触角にできた複眼は光刺激に対して電気応答を示し，機能的にも正常な眼が*Pax6*のみによって誘導されたことが示された．さらに今度は，マウスの*Pax6*をショウジョウバエの触角，脚，翅の原基に発現させたところ，やはり完全な複眼が形成された．注目すべきは，マウスではレンズ眼を形成するマウスの*Pax6*が，ショウジョウバエ中ではレンズ眼ではなく複眼形成を誘導したことである．つまり，*Pax6*は眼をつくるための一連の発生プログラムの最初に位置する「**マスターコントロール遺伝子**（master control gene）」であることが明らかとなった．そして同時に，眼の発生プログラムの基礎が昆虫と脊椎動物に共通しているということも示している．その後，さまざまな三胚葉動物において*Pax6*の眼形成への重要性が示され，さらにクラゲなどの二胚葉動物においても，*Pax6*そのものは存在しないが，類似した*PaxB*が眼の発生に関与し，ショウジョウバエにおいて異所的な複眼形成を誘導することがわかった．これらの結果は，眼の発生プログラムが動物界全体に共通であることを示しており，それは，動物の眼が1つの原始的な眼から進化したためにほかならない．つまり，最初に述べた動物の多種多様な眼は，単一の起源から進化したと考え

られるのである．

　さて，眼形成の共通プログラムが見いだされた次の課題は，眼の多様性を生む，いわばサブプログラムの解明である．眼をつくるためには，光受容細胞，色素細胞，神経細胞に加え，レンズをもつ眼の場合はレンズ細胞など多種類の細胞を適切に配置する必要がある．これらは，*Pax6*を頂点に1000を越す遺伝子が関与する転写カスケードによって誘導される．近年，ショウジョウバエや脊椎動物ではこの転写カスケードが明らかにされつつあり，その完全解明と多様な生物の間での比較解析が眼の多様性を生むしくみを明らかにするであろう．すでに，眼の中で光をキャッチする光受容細胞の違いを生み出すサブプログラムはおおむね明らかになっており，次項の光受容細胞の進化を知る1つの手がかりとなった．

2 光受容細胞の進化

　網膜の視細胞にみられるように，多くの光受容細胞の形態は特徴的である．一般に光受容細胞は，発達した膜構造をもち，そこに光受容タンパク質であるロドプシン類を高密度に蓄え光受容部位を形成している．Salvini-PlawenとMayrやEakinらは，広範囲な動物の眼や光受容器官に存在する光受容細胞の形態を詳細に調べあげ，光受容細胞の形態がきわめて多様であることを見いだした．Salvini-PlawenとMayr[5]は，多様な光受容細胞について，少なくとも40回，もしかしたら65回以上独立に進化したと考えた．一方，Eakin[6]は，多様な光受容細胞を光受容部位の由来に基づき2つの系統に分類した．1つは脊椎動物の桿体視細胞と錐体視細胞に代表される，光受容部位が繊毛に由来する繊毛型光受容細胞（ciliary type photoreceptor cell）で，もう1つは昆虫や軟体動物の視細胞のように細胞から直接生じた微繊毛が光受容部位を形成する感桿型光受容細胞（rhabdomeric type photoreceptor cell）である（図2）．この膜構造による分類は，光受容細胞の生理学的分類とも対応しており，繊毛型光受容細胞は一般に光により過分極するのに対し，感桿型光受容細胞は細胞の脱分極をひき起こす．さらに，この特徴によって光受容細胞を分類すると，繊毛型光受容細胞はおもに脊椎動物や棘皮動物などを含む新口動物

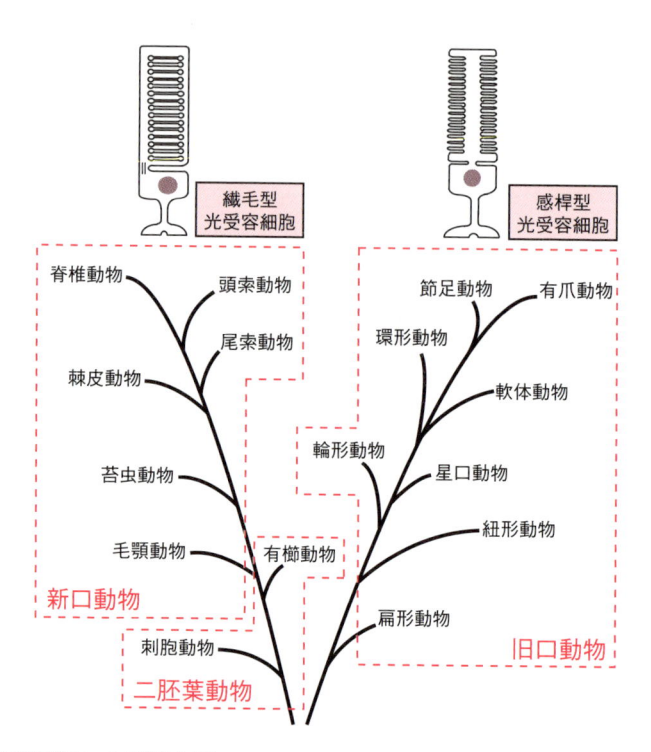

図2 光受容細胞の二系統進化説
Eakinによれば，動物の光受容細胞は，おもに新口動物の繊毛型光受容細胞（左）と旧口動物の感桿型光受容細胞（右）に大別することができる．動物の分類群を囲みで示した．文献6より改変引用．

（deuterostome）に，感桿型光受容細胞は節足動物や軟体動物など旧口動物（protostome）の視細胞にみられることから，Eakinは動物の系統進化に対応して二系統の光受容細胞が進化したと主張した（図2）．この光受容細胞の二系統進化説は，非常にシンプルで理解しやすいのだが，その後，旧口動物のホタテガイなどが感桿型に加え繊毛型光受容細胞をもつなど[7]，新口動物，旧口動物それぞれの系統で両方のタイプの光受容細胞が存在することが明らかになり，今日では，祖先動物において繊毛型，感桿型の両方のタイプが存在していたとみるのがもっともらしい．

　さて，見た目による分類が必ずしも進化の道筋を反映するとは限らないことは，眼の進化でもしばしばみられる収斂や退化という現象が示している．たと

えば，新口動物と旧口動物に存在する繊毛型光受容細胞どうしが，また，感桿型光受容細胞どうしが，それぞれ本当に同一起源なのかどうかは検証すべき問題である．また，新口動物，旧口動物それぞれの系統に繊毛型，感桿型両方のタイプの光受容細胞がみられると述べたが，実は脊椎動物には感桿型光受容細胞は見つかっておらず，この点は謎であった．Arendtら[8]は，細胞の分化を調節する転写調節因子と光受容細胞で機能する光受容タンパク質（ロドプシン類：1-1参照）に注目することで，これらの問題に答えを出した．動物の眼が*Pax6*を頂点とする共通の発生プログラムによってつくられることは前項で述べたが，彼らはその下流で眼の多様性を生み出すサブプログラムに相当する転写因子について比較した．その結果驚くべきことに，近年哺乳類で生体リズムの光調節や瞳孔反射にかかわることが明らかとなった光感受性網膜神経節細胞（2-3参照）の発生にかかわる転写因子が，ショウジョウバエやゴカイの感桿型視細胞の発生にかかわる転写因子である*atonal*や*BarH*であったので

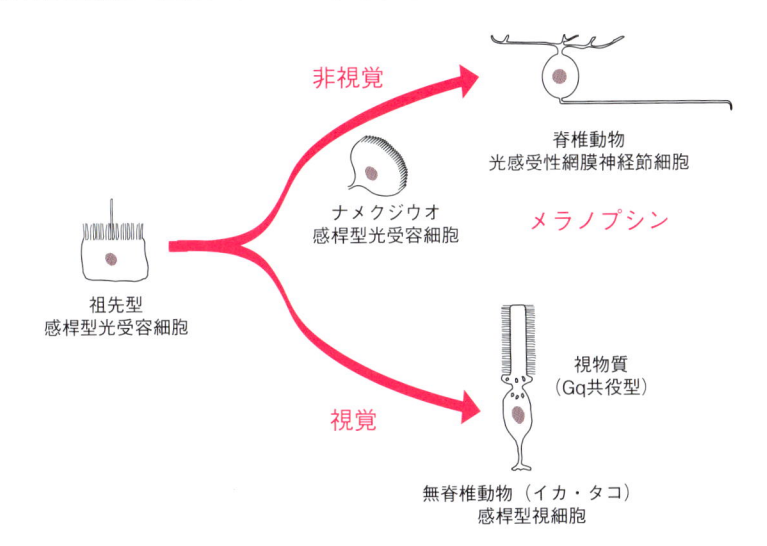

図3　感桿型光受容細胞の変遷
旧口動物の感桿型視細胞，ナメクジウオ感桿型光受容細胞および脊椎動物の光感受性網膜神経節細胞は，光受容タンパク質の類似性によって次のシナリオで進化的につながった．祖先型の感桿型光受容細胞は，旧口動物の系統ではそのまま視細胞として用いられたが，新口動物の系統では，まず視覚機能からはずれ，今日のナメクジウオのジョセフ細胞，ヘッセ細胞のような感桿型の形態を残す光受容細胞となった．そしてついには，脊椎動物の系統で感桿型の形態を失い光感受性網膜神経節細胞へと進化したと考えられる．

ある.加えて,光感受性網膜神経節細胞の光受容タンパク質として同定されたメラノプシンが旧口動物の感桿型視細胞で視覚を担うロドプシン類(視物質,visual pigment)と1次構造が類似していたことから[9],旧口動物の感桿型視細胞と脊椎動物の光感受性網膜神経節細胞が同起源であるという説を提唱した.筆者ら[10]は,この問題に対して光受容タンパク質の機能的な側面から取り組んだ.注目したのは,脊椎動物出現の直前に枝分かれした頭索動物ナメクジウオである.ナメクジウオは,一見してわかるような発達した眼はもたないが,神経管の内部に複数種類の光受容細胞をもち,脊椎動物の視細胞に対応すると考えられる繊毛型光受容細胞に加え,ジョセフ細胞,ヘッセ細胞という感桿型光受容細胞をもつ[11].したがって,ナメクジウオの感桿型光受容細胞は,旧口動物の感桿型光受容細胞と新口動物の感桿型光受容細胞の関係を知る手がかりと,脊椎動物における感桿型光受容細胞の行方を知る手がかりを与える.ナメクジウオの感桿型光受容細胞では,脊椎動物の光感受性網膜神経節細胞で機能するメラノプシン(1-1,2-3参照)が機能しており,その光受容体と

column

コラム

眼以外の光センサー

眼以外の光受容器官としては,ミミズの皮膚光覚,両生類や魚類の色素胞(3-1参照)などの体の表面にある光センサーが知られている.また,アゲハチョウの交尾器官の光センサーは,交尾の成否を光のもれで確認するという非常に巧妙な光の利用法といえる.これらの光受容器官には光受容タンパク質が不明なものも多く,どのように進化したのかほとんど明らかになっていない.逆にゲノム解読などによって,生理機能よりも先に光受容タンパク質が同定されるケースもある.たとえば,脊椎動物の肝臓や心臓,それから哺乳類の脳といった,光受容器官とは考えられていない組織にエンセファロプシンというロドプシン類が存在することが報告されている.ただし,いまのところエンセファロプシンが本当に光受容タンパク質として機能するのかは不明である.さらに,仮にエンセファロプシンが光受容タンパク質だったとしても,ロドプシン類の一般的な発色団である11シス型レチナールが存在しない肝臓や脳で機能できるか疑問である.しかし,もしこれら2つの問題がクリアされた場合には,肝臓や脳にも光感受性があることが濃厚となり興味深い.

しての基本的な性質は，イカ，タコやショウジョウバエといった旧口動物の感桿型視細胞ではたらく視物質と酷似していた．この結果は，Arendtらの主張を支持し，旧口動物の感桿型視細胞，新口動物の感桿型光受容細胞および脊椎動物の光感受性神経節細胞を進化的につなぐことになった（**図3**）．

　このように感桿型光受容細胞が，形態的，発生的および機能的な側面から単系統であることが支持されているのに対し，繊毛型光受容細胞の進化は少し複雑である．先述のArendt[12]らは，旧口動物のゴカイの脳内に存在する繊毛型光受容細胞において，脊椎動物の視物質に比較的類似したロドプシン類（繊毛型オプシンあるいはエンセファロプシン）が機能していることを示し，繊毛型光受容細胞も新口動物から旧口動物まで同一起源であることを主張した．しかし小島ら[13]は，ホタテガイの繊毛型視細胞では，脊椎動物の視物質（Gt共役型ロドプシン類）や感桿型視細胞の視物質（Gq共役型ロドプシン類）とは系統的にも機能的にも異なる第3のロドプシン類（Go共役型ロドプシン類）が機能していることを明らかにしており（**1-1**参照），これは繊毛型光受容細胞の多起源性を示している．繊毛型光受容細胞の進化については，今後，ほかの動物の繊毛型光受容細胞の解析が待たれるが，特に重要なのは，新口動物と旧口動物の分岐よりも古くに枝分かれした二胚葉動物の繊毛型光受容細胞の解析であろう．近年ゲノム解読を中心に，二胚葉動物である刺胞動物（イソギンチャク，ヒドラ，クラゲ）にもロドプシン類が存在することがわかってきた[14]．まだ，二胚葉動物のロドプシン類の性質はわかっていないが，その性質が三胚葉動物の繊毛型光受容細胞のロドプシン類とどのような関係にあるのか興味深い．

3 光受容タンパク質・オプシンの進化

　光を最初にキャッチする光センサー分子は，ロドプシン類と称される光受容タンパク質で，光を吸収するレチナールと，吸収する光の波長を制御するタンパク質部分であるオプシンによって構成される．動物には1000を越すオプシン遺伝子が見つかっており，ほとんどの動物は複数のオプシン遺伝子をもつ．これら多様なオプシンがいつつくられたのかを知ることは，動物の光感覚の進

化を知る手がかりを与える.

　新しい機能をもつタンパク質が進化するためのしくみは実に巧妙で，まず既存のタンパク質をコードする遺伝子配列がゲノム上でコピーされる．従来の機能はコピー元のオリジナルのタンパク質が担うので，コピーには突然変異が蓄積しても生物にとって何ら影響はない．多くの場合，突然変異はもともとの機能を壊してしまうが，まれに新しい性質をもつタンパク質が生まれることがある．このメカニズムを遺伝子重複（gene duplication）といい，現存の大部分のタンパク質はこのしくみによって生じたと考えられている[15]．遺伝子重複によって同一起源から派生したタンパク質どうしは，アミノ酸配列やその遺伝子の塩基配列に類似性がみられ遺伝子のファミリーをつくる．塩基配列やアミノ酸配列の変化は，おおまかに時間に比例するので，配列間の相違度に基づき，時間的な関係，すなわち進化的関係を定量的に表す分子系統樹（molecular phylogenetic tree）を推定することができる．この定量性と解析の客観性は，

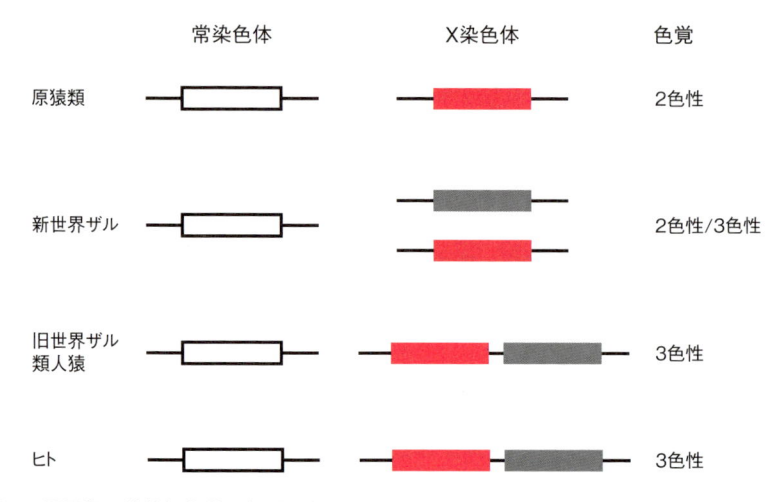

図4　霊長類の錐体視物質と色覚の多様性
　原猿類はほかの哺乳類と同様に，常染色体上の青感受性視物質（白）とX染色体上の赤感受性視物質（赤）による2色性色覚をもつ．新世界ザルでは，X染色体上の遺伝子座は1つのままであるが，対立遺伝子として赤感受性視物質（赤）と緑感受性視物質（グレー）が存在する．したがって，雄すべてと雌で一方の対立遺伝子をホモでもつ個体は2色性色覚となるが，雌で対立遺伝子をヘテロでもつ個体は3色性色覚となる．旧世界ザル，類人猿およびヒトでは，遺伝子重複によって赤感受性視物質（赤）と緑感受性視物質（グレー）が別々の遺伝子座に存在するため恒常的に3色性色覚である．

定義や定量が困難な形態的特徴による系統解析と一線を画すところである.

　オプシンも遺伝子重複によって多様化しており，ヒトは9種のオプシン遺伝子をもち，魚類ではその数は20を下らない．また，ショウジョウバエは7種，線虫はオプシン遺伝子をまったくもたない．これらを含めて先に述べた分子系統樹を推定すると，三胚葉動物のオプシンは遺伝子重複により多様化した7つのグループ（サブグループ）に大別される[16]．それぞれのサブグループの特徴については 1-1 に詳しく述べられているが，光を受容したあとに活性化するGタンパク質の種類などがそれぞれ異なっている．オプシンの多様性をサブグループの数でみると，ヒトや魚類など脊椎動物は6種とかなり多く，一方，ショウジョウバエは1種，線虫はゼロである．直感的には，動物の体制が複雑になり高等になるに従ってオプシンの多様性も増加したと想像されるが，オプシンファミリーの分子系統樹から導かれる答えは意外にも，旧口動物と新口動物の共通祖先が最多の7種のオプシンサブグループをもっていたというものであった．すなわち，動物種ごとのオプシン遺伝子のレパートリーの違いは，それぞれの系統でいかに失ったかによるものといえる．このオプシン遺伝子の取捨選択は，前項で述べた光受容細胞とそのなかで機能するロドプシン類との組

column　コラム

レンズタンパク質の多様性

光を効率よく集める装置であるレンズは，何種類かのクリスタリン（crystallin）というタンパク質によってつくられている．脊椎動物のレンズはα-クリスタリン，β-クリスタリンおよびγ-クリスタリンという脊椎動物に広く共通しているクリスタリンに加え，種特異的なクリスタリンにより構成されている．おもしろいことに，種特異的なクリスタリンは別の機能を担うタンパク質（多くの場合酵素）が流用されたものである[20]．たとえば，鳥類やワニのε-クリスタリンは乳酸脱水素酵素，鳥類，爬虫類，魚類のτ-クリスタリンは解糖系の酵素エノラーゼ，鳥類のδ-クリスタリンはアルギニノコハク酸リアーゼをかねている．また，イカのクリスタリンは，酵素活性はほとんど認められないものの，グルタチオン-S-トランスフェラーゼと似ている．レンズをつくるためには，完成時の透明度と耐久性，そして豊富さも必要であると思われるが，逆にその条件さえ満たせばどのようなタンパク質でもよいということであろう．つまりクリスタリンの進化は，無系統的なのである．

合せの多様性の素地となったといえるだろう．

　光センサーの機能は，光を吸収し（インプット）その情報を伝達する（アウトプット）ことである．アウトプットの多様化に相当するサブファミリーの多様化が，動物進化の早い段階で起きたことは述べた．一方，インプット，すなわち多様な波長の光（色）を吸収するオプシンはそれぞれの動物門で独自に進化したことがわかっている．たとえば，ヒトでは青，緑，赤に最大感度をもつオプシンが網膜の錐体視細胞で機能し色覚を支えている（1-3 参照）．脊椎動物の視物質を集め分子系統樹を推定すると，吸収する波長域ごとにグループをなすことがわかる（1-3：図 6b 参照）．それぞれのグループに脊椎動物の主要な鋼が含まれることから，約 5 億年前に存在した脊椎動物の共通祖先が紫外（紫），青，緑，赤という 4 種類の錐体視物質をもっていたことがわかる．実際，魚類，両生類，爬虫類および鳥類はこれら 4 種類の錐体視物質をもち，脊椎動物の色覚の基本は赤，青，紫外（紫），緑の 4 色性といえる．それに対し，ほとんどの哺乳類は 2 色性色覚である[17]．これは哺乳類の祖先がある時期に夜行性となり，視覚よりも嗅覚に依存した生活に適応し青グループと緑グループの錐体視物質を失ったためと考えられている．最近，哺乳類の系統から最初に枝分かれした単孔類カモノハシが，青グループの錐体視物質を失っていないことが明らかとなったことから，哺乳類の色覚の退化が段階的に進んだことが推測される[18]．そして，およそ数千万年前という比較的最近になって，ヒト，類人猿，狭鼻猿類（旧世界ザル）では，X 染色体に起きた遺伝子重複によって赤感受性視物質と緑感受性視物質をもつようになり，3 色性色覚が復活したのである[19]（図 4）．おもしろいことに，同じ霊長類でも広鼻猿類（新世界ザル）の場合は，X 染色体上には現在でも 1 つの遺伝子座しかないのだが，対立遺伝子として赤感受性視物質と緑感受性視物質が存在する．したがって，X 染色体を 1 つしかもたない雄は赤感受性視物質か緑感受性視物質のいずれか一方しかもち得ないが，X 染色体を 2 つもつ雌は，対立遺伝子として赤感受性視物質と緑感受性視物質の両方をもつことが可能となり，そのような雌は 3 色性色覚をもつと考えられる（図 4）．このような対立遺伝子による条件つきの 3 色性色覚は，遺伝子重複による真の 3 色性色覚への前段階なのかもしれない．

おわりに

Darwin を悩ませた多様かつ精巧な眼の進化は,今日,Pax6 に代表される転写調節因子やロドプシン類といった機能分子の比較によって系統的に理解することが可能となった.今後,ゲノム情報や種々の網羅的解析によって多様な動物の眼の発生や機能にかかわるタンパク質が明らかにされれば,多様な眼のより詳細な進化の道筋がみえてくるだろう.

引用文献

1) Land, M. F., Nilsson, D.-E. (2002) *Animal Eyes*, Oxford University Press
2) Nilsson, D. E., et al. (2005) Advanced optics in a jellyfish eye. *Nature*, **435**, 201-205
3) Darwin, C. (1859) *On the Origin of Species by Means of Natural Selection*, John Murray
4) Gehring, W. J., Ikeo K. (1999) Pax 6: mastering eye morphogenesis and eye evolution. *Trends Genet*, **15**, 371-377
5) Salvini-Plawen, L. V., Mayr, E. (1977) *On the evolution of photoreceptors and eyes*, Plenum Press
6) Eakin, R. M. (1979) Evolutionary significance of photoreceptors; in retrospect. *Am. Zool.*, **19**, 647-653
7) Barber, V. C., et al. (1967) The fine structure of the eye of the mollusc Pecten maximus. *Z Zellforsch Mikrosk Anat*, **76**, 25-312
8) Arendt, D. (2003) Evolution of eyes and photoreceptor cell types. *Int J Dev Biol*, **47**, 563-571
9) Provencio, I., et al. (1998) Melanopsin: An opsin in melanophores, brain, and eye. *Proc. Natl. Acad. Sci. USA*, **95**, 340-345
10) Koyanagi, M., et al. (2005) Cephalochordate melanopsin: evolutionary linkage between invertebrate visual cells and vertebrate photosensitive retinal ganglion cells. *Curr Biol*, **15**, 1065-1069
11) Lacalli, T. C., et al. (1994) Landmarks in the anterior central nervous system of amphioxus larvae. *Phil Trans R Soc Lond B*, **344**, 165-185
12) Arendt, D., et al. (2004) Ciliary photoreceptors with a vertebrate-type opsin in an invertebrate brain. *Science*, **306**, 869-871
13) Kojima, D., et al. (1997) A novel Go-mediated phototransduction cascade in scallop visual cells. *J. Biol. Chem.*, **272**, 22979-22982
14) Plachetzki, D. C., et al. (2007) The origins of novel protein interactions during animal opsin evolution. *PLoS ONE*, **2**, e1054

15) Ohno, S. (1970) *Evolution by gene duplication*, Springer-Verlag
16) Terakita, A. (2005) The opsins. *Genome Biol*, **6**, 213
17) Jacobs, G. H. (1993) The distribution and nature of colour vision among the mammals. *Biol Rev Camb Philos Soc*, **68**, 413-471
18) Davies, W. L., *et al.* (2007) Visual pigments of the platypus: a novel route to mammalian colour vision. *Curr Biol*, **17**, R161-163
19) Jacobs, G. H. (1996) Primate photopigments and primate color vision. *Proc Natl Acad Sci USA*, **93**, 577-581
20) Wistow, G. J., Piatigorsky, J. (1988) Lens crystallins: the evolution and expression of proteins for a highly specialized tissue. *Annu Rev Biochem*, **57**, 479-504

参考文献

河合清三 (1984)『いくつもの目―動物の光センサー』, 講談社
P. Willmer 著, 佐藤矩行 他 訳 (1998)『無脊椎動物の進化』, 蒼樹書房
宮田 隆 (1996)『眼が語る生物の進化』, 岩波科学ライブラリー 37, 岩波書店
日本動物学会 編 (1975)『光感覚』, 現代動物学の課題 **3**, 学会出版センター

■■■ 第1章 光と感覚 ■■■

3 脊椎動物の視細胞が光を受けるしくみ

山下高廣・七田芳則

　動物の眼には、光受容能を獲得した神経細胞である「視細胞」が存在する。視細胞に入射した光は細胞の電気的応答に変換され、その情報が脳へと伝達され、私たちは「見えた」と感じる。脊椎動物は応答特性の異なる2種類の視細胞、桿体と錐体をもち、外界の幅広い光環境に対応する。本稿では、視細胞において光刺激が電気的応答に変換されるメカニズムや、その応答が終結するメカニズム、さらには桿体と錐体の機能の違いをもたらすメカニズムについて、分子レベルから概説する。

はじめに

　物の形や色を識別することは、周りの環境およびその変化を察知するうえで非常に重要である。ヒトは真夏の太陽がさんさんと照りつけるなかでも、月の出ていない星空の下でも、石につまずいたりせずにきちんと道を歩くことができる。つまり、$10^8 \sim 10^9$にも及ぶ範囲で光強度がダイナミックに変化する環境に対応できるのである。さらに、青い海や赤い夕日、7色の虹といった多彩な情報を得ることができるのも、光の波長を区別して識別できるからである。
　外界からの光情報を受けとるには、光を感じる細胞がなければならない。脊椎動物の眼球の奥にある網膜には、光受容に特化した感覚細胞である視細胞がある。視細胞には2種類あり、薄明かりではたらく桿体と明るい環境ではたら

く錐体である．また，錐体には感じる光の波長が異なる複数のサブタイプがある．視細胞内で最初に光を受容するのが視物質とよばれる光受容タンパク質であり，視細胞内には，この視物質に始まる情報伝達メカニズムがある．情報伝達の過程ではシグナルの増幅が起こり，また次の光シグナルに対応するために，シグナルの素早い遮断のメカニズムがある．視細胞の機能は，応答をひき起こす「on」のメカニズムと応答を終結させる「off」のメカニズムにより巧妙に制御されている．

視物質と類似のタンパク質は視細胞以外のいろいろな組織の細胞にも存在する．これらの細胞における情報伝達メカニズムも，視細胞におけるメカニズムとよく似ていると考えられている．そこで，視細胞の研究はそれらのモデル系としても発展が期待されている．

1 脊椎動物の視細胞と視物質（ロドプシン類）

脊椎動物の網膜は厚さ約 0.2 ～ 0.3 mm の薄い膜で，機能的にも形態的にも異なる神経細胞が複数種存在している（図1）．これら神経細胞は層を形成しているが，視細胞は光の入射する方向から最も奥まった層にある．眼に入射した光信号は，視細胞において電気信号へ変換されたのち，水平細胞・双極細胞・アマクリン細胞で収斂・統合が行われ，神経節細胞から視神経を通して脳へ伝達される．

すでに述べたように，多くの脊椎動物には機能的に区別される2種類の視細胞，桿体と錐体があり，両者は外節の形態からも区別が可能である．つまり，桿体は円盤状の膜構造が1000個以上も積み重なった外節をもち，錐体は形質膜が幾重にも陥入した外節をもつ．両視細胞の外節には光信号を電気信号に変換するタンパク質群が高濃度で存在し，外節の膜構造は光受容効率および情報伝達効率の向上に重要な役割を果たしている．外節における情報伝達メカニズムはよく解析されており，両視細胞で機能するタンパク質はよく似ているが，サブタイプが異なることがわかっている．

桿体と錐体では機能する視物質もサブタイプが異なる．視物質のうち桿体に存在する視物質はロドプシンとよばれ，視物質のなかで最も研究が進んでいる．

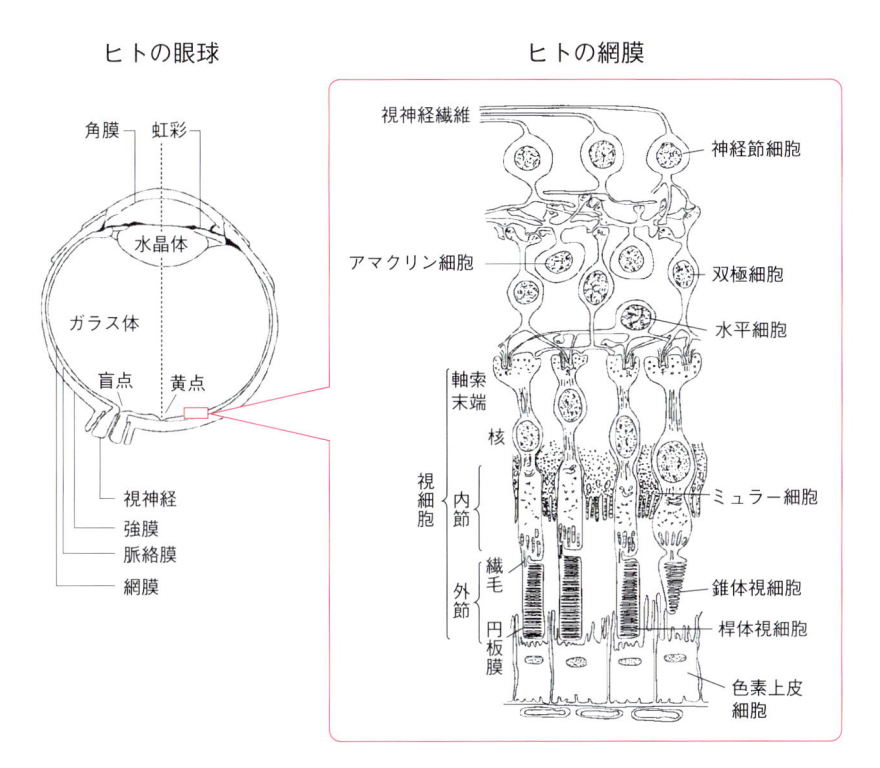

図1 ヒトの眼球と網膜
眼球の眼軸（点線）が網膜において錐体視細胞が高密度にある黄点を通る．眼球（左図）の網膜部分を拡大すると，いくつかの神経細胞が層構造を形成していることがわかる（右図）．文献20より改変引用．

そのため，錐体に存在する視物質（錐体視物質）も含めて，ロドプシン類とよぶこともある．視物質はオプシンとよばれるタンパク質部分に，ビタミンAのアルデヒド誘導体であるレチナールが結合した構造をもつ（図2，1-1参照）．オプシンは1本のポリペプチド鎖が7回膜を貫通する構造をとっている．レチナールは水に不溶性であり，有機溶媒中では360〜380 nm付近に吸収極大をもつ．一方，タンパク質中ではそれぞれのアミノ酸配列に応じて360〜600 nmにわたる吸収極大を示すようになる（図2）．タンパク質は通常可視光を受容することができないが，ロドプシン類はレチナールを分子中に含むことにより可視光を受容するようになる．このため，レチナールが不足すると網膜におけるロドプシン類の量が低下し，夜盲症などにみられる感度低下を招くこ

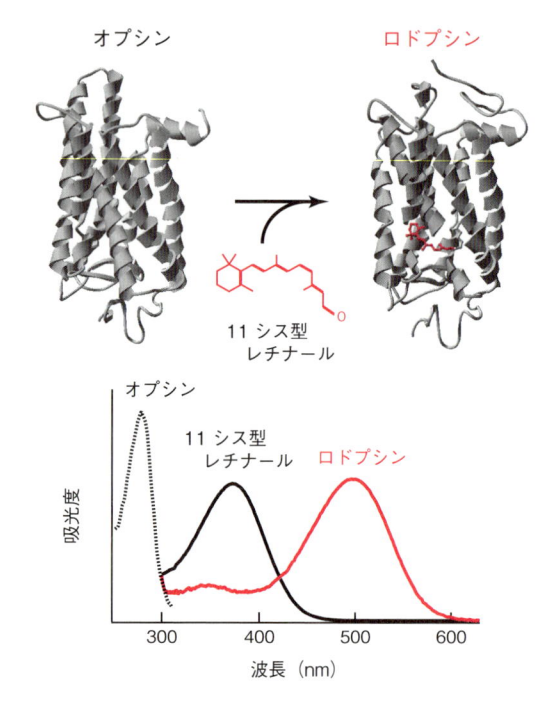

図 2 レチナールとロドプシンの吸収スペクトル
レチナールは近紫外部に吸収極大をもつが,オプシンと結合しロドプシンを生成すると約500 nm に吸収極大を示す.

とがある.

　脊椎動物のロドプシン類は,光を受容して初めて後続のタンパク質群を活性化する.これまでウシの桿体に含まれるロドプシンを実験材料として,光を受容したロドプシン類でどのような変化が起きるのかについて研究されてきた(**図 3**)[1].ロドプシンは 11 シス型のレチナールを発色団として含んでおり,この 11 シス型レチナールは光を受容すると励起状態を経て全トランス型へと光異性化する.この光異性化反応は約 60 フェムト秒という超高速で始まることが知られている.1 フェムト秒(10^{-15} 秒)では光でさえも 0.0003 mm しか進むことができないことを考えると,光異性化反応がいかに速く起こるかが想像できる.ロドプシンにおいてはレチナールの異性化反応のあとにタンパク質部分の構造変化が誘起される.その結果,フォトロドプシンに始まる一連の中間体が生成し,最終的には全トランス型レチナールとオプシンに解離する(**図 3**).

```
励起状態 ←フェムト秒
    ↓
  フォトロドプシン
    ↓ ピコ秒
  バソロドプシン
    ↓ ナノ秒
  ルミロドプシン
    ↓ マイクロ秒
  メタロドプシンIa
    ↓ ミリ秒
  メタロドプシンIb  ┐
    ↓ ミリ秒       ├ → Gt の結合・活性化
  メタロドプシンII  ┘
    ↓ 秒
ロドプシン   メタロドプシンIII
    ↑         ↓ >分
    └─ オプシン → 全トランス型レチナール
         11 シス型レチナール
```

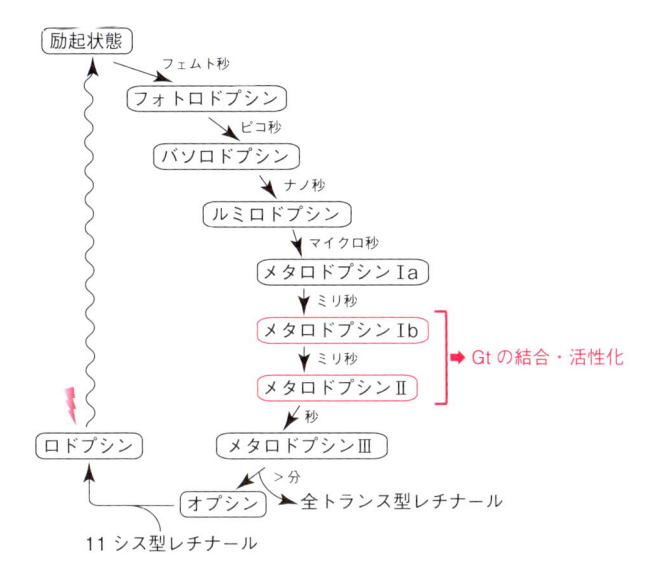

図3 ロドプシンの光反応過程
ロドプシンが光を受けたあとに生じる中間体とその時間スケールを示す.

オプシンは再び 11 シス型レチナールの供給を受けてロドプシンへと再生する. ロドプシンはもともと 500 nm に吸収極大があり赤色を呈しているが, 光を受容してオプシンと全トランス型レチナールに解離すると, 近紫外部に吸収極大を示すため薄い黄色に見える. この光反応を光退色過程とよぶ. 光退色過程に現れるおのおのの中間体は特有の吸収スペクトルを示すため, 分光学的手法によりどの時間スケールでどの中間体が生成するかについての詳細な解析が可能である. このなかで, ミリ秒 (10^3 秒) の時間スケールで生成する中間体であるメタロドプシンII (メタII) は, ロドプシンの生理反応を解析するうえで重要な中間体と考えられている. 視細胞の情報伝達メカニズムのなかで, ロドプシンの次に位置するのは3量体GTP結合タンパク質 (**Gタンパク質**) の一種, トランスデューシン (Gt) である. メタIIはこれと結合して活性化する重要な中間体である. 上述のように, 光を受容したロドプシンではタンパク質部分の構造が変わり, そのためメタIIまで変化が進むとGtを活性化できるようになる. 実際, メタIIの生成過程で, タンパク質部分の7本の膜貫通ヘリックス構造のうちいくつかのヘリックスの位置が変化することが報告されている

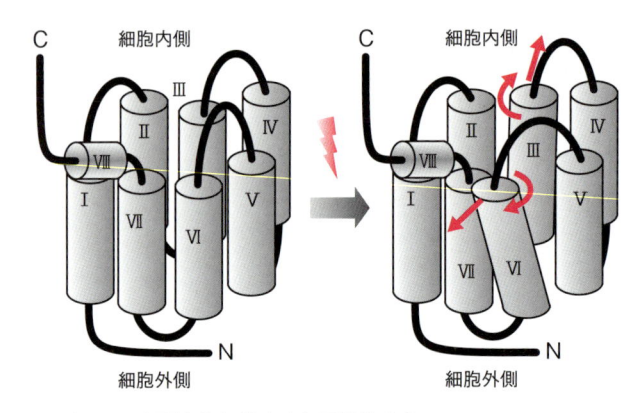

図4 ウシロドプシンの光受容後に推定される構造変化
ウシロドプシンは7本のαヘリックス構造が細胞膜を貫通しているが、光を受容するとこのうち特にヘリックスⅢとⅥが構造変化する（回転したり傾いたり）といわれている [17, 18].

(図4)．その結果として，ロドプシンの細胞質側領域の構造が変化し，Gtを活性化するのであろう．最近筆者らは，これまで同定されていたメタロドプシンⅠ（メタⅠ）とメタⅡの間にGtと結合する中間体を発見し，メタIbと名づけた（これまでのメタⅠはメタIaと名づけた）．この中間体はGtと結合するが活性化はせず，メタⅡに変化して初めてGtを活性化する．つまり，メタIbはGtとの最初の結合を担っているため，その生理的な意義や分子間認識のメカニズムが興味深い．

2 視細胞における情報伝達メカニズム

2.1 光刺激から細胞が応答するまで

多くの神経細胞では静止膜電位は $-60 \sim -80\,\mathrm{mV}$ で，刺激を受容すると脱分極する．しかし，脊椎動物の視細胞では，暗状態（光刺激がない状態）で膜電位が少し脱分極しており（$-30 \sim -40\,\mathrm{mV}$），光刺激によって過分極する．視細胞外節においてどのようなメカニズムでこの特異な電気応答が生じるかについては，まず桿体を実験材料として解析が進められてきた（図5）[2]．その過程について，ステップに分けると以下のようになる．

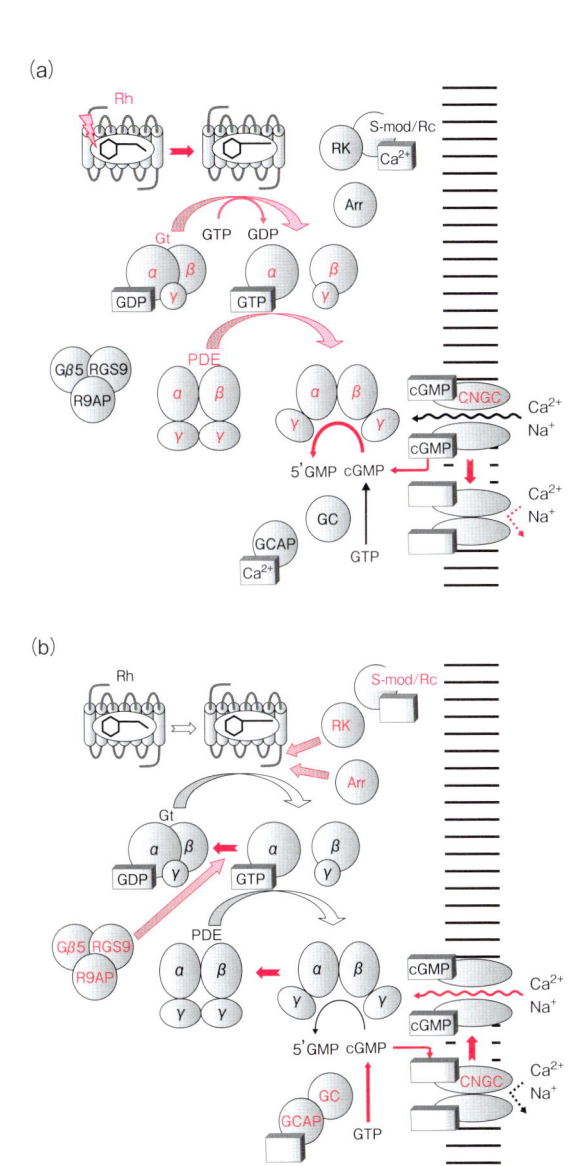

図5 桿体視細胞内での情報伝達メカニズム

(a) 光刺激から応答が起きるまでの分子メカニズム，(b) 応答を終結させるための分子メカニズム．それぞれにはたらく分子群を赤字で示している．Rh：ロドプシン，RK：ロドプシンキナーゼ，Arr：アレスチン，S-mod/Rc：S-モジュリン／リカバリン，CNGC：cGMP依存的陽イオンチャネル．

A ロドプシンによるGtの活性化

　光を受容したロドプシンは，Gtを活性化する．Gtは$αβγ$の3つのサブユニットからなり，生理的条件下で$α$サブユニット（Gt$α$）は$βγ$サブユニット（Gt$βγ$）と解離するが，$β$と$γ$サブユニットが解離することはない．Gt$α$にはグアニンヌクレオチドの結合サイトがあり，不活性状態ではGDPを結合しており，さらにGt$βγ$と3量体を形成している．Gtは，光を受容したロドプシンに結合するとGDPを放出しGTPを取り込む（GDP-GTP交換反応）．その結果，Gt$α$とGt$βγ$は解離し，活性型であるGTP結合型Gt$α$が生じる．1分子のロドプシンは光を受容すると毎秒数百分子のGtを活性化するという報告もあり，このステップでシグナルの大きな増幅が起こる．

B Gtによるホスホジエステラーゼの活性化

　GTP結合型Gt$α$は次にホスホジエステラーゼ（phosphodiesterase：PDE）を活性化する．PDEはcGMPを5'-GMPに加水分解する酵素であり，$αβγγ$の4つのサブユニットからなる．$α$と$β$（PDE$α$，PDE$β$）はcGMPの加水分解活性を示すサブユニットであるが，それぞれ$γ$サブユニット（PDE$γ$）と特異的に結合をして不活性状態になっている．つまり，PDE$γ$は酵素活性を抑制するサブユニットである．GTP結合型Gt$α$はPDE$γ$と結合してPDE$γ$の構造変化を誘起する．その結果，PDE$α$やPDE$β$のcGMP加水分解活性が現れ，細胞内cGMP濃度が急激に減少する．1分子のGTP結合型Gt$α$は1分子のPDE$γ$と複合体をつくるため，このステップではシグナルの増幅は起こらない．一方，活性化されたPDEは1分子あたり毎秒数千のcGMPを加水分解するので，このステップでもシグナルの増幅が起こる．

C cGMP依存性陽イオンチャネルの閉鎖

　外節の形質膜には，cGMP依存性陽イオンチャネルが存在する．暗状態では細胞内のcGMP濃度が高く，このチャネルはcGMPと結合して開状態になっている．このチャネルが開いていると，おもにナトリウムイオン（Na^+）やカルシウムイオン（Ca^{2+}）が細胞内に流入し，結果として視細胞が少し脱分極した状態になっている．光刺激によってPDEが活性化され細胞内のcGMP濃度

が減少すると，チャネルから cGMP がはずれることによりチャネルが閉じ，細胞内への陽イオンの流入が止まる．これにより視細胞は過分極性の応答をする．暗状態で少し脱分極している視細胞の軸索末端からは神経伝達物質であるグルタミン酸が放出されている．視細胞が光を受容して過分極状態になるとこの放出量が減少し，双極細胞以下にその変化の情報が伝達される．

　上述のように，視細胞のチャネルの開閉を制御するのは cGMP である（cGMP 説）．しかし，1970 年代から 80 年代前半にかけては，チャネルの開閉を制御する因子としてカルシウムイオンも考えられ（カルシウムイオン説），大きな論争となっていた．1985 年に，ロシア（旧ソビエト）の研究者が視細胞外節の形質膜に対しパッチクランプ法を初めて適用することで，cGMP が直接的な制御因子であることを証明し，この論争に終止符を打った[3]．カルシウムイオンはその後，視細胞の順応調節に重要な役割を果たしていることが証明され，新たなカルシウムイオン説が復活している．

2.2 光応答した視細胞の回復過程

　視細胞の機能にとって，いかに早く応答するかと同時に，いかに早く応答を終結するかも重要である．つまり，視細胞が光刺激を受けたあと長く応答していると，次の刺激に応答できず時間分解能が悪くなる．そのため，光情報伝達に関与するタンパク質には，それらの活性を遮断し，もとの状態に戻すメカニズムが存在する[4]．

A ロドプシンの不活性化

　光を受容したロドプシンはメタ II になり Gt を活性化する．メタ II は不安定であり，自発的にメタロドプシン III（メタ III）を経てレチナールを遊離させて不活性状態になる（図3）．しかし，メタ II からメタ III への変化は秒の時間スケールで起こるため，視細胞内ではさらに積極的にメタ II を不活性化するメカニズムが存在する．活性状態のロドプシン（メタ II）は，ロドプシンキナーゼによりリン酸化を受ける．リン酸化される部位は，C 末端領域のセリン残基とトレオニン残基であり，このリン酸化により Gt を活性化する効率が減

少する.さらに,リン酸化されたメタIIにはアレスチンが結合し,Gtとの結合を阻害する.そのため,Gtの活性化が起こらなくなる.実際,ロドプシンキナーゼやアレスチンの遺伝子を破壊したマウス,また,リン酸化部位をなくしたロドプシン変異体を発現する遺伝子を導入したマウスでは,桿体の不活性化が起こらず,応答が長く続くことが報告されている.

　さらに視細胞内には,ロドプシンのリン酸化を細胞内のカルシウムイオン(Ca^{2+})濃度に応じて制御するタンパク質が存在する.Ca^{2+}結合能をもつS-モジュリン／リカバリンである.S-モジュリン／リカバリンはCa^{2+}濃度が高いとロドプシンキナーゼに結合し,リン酸化活性を抑制している.光刺激ののち,形質膜の陽イオンチャネルが閉じ外節のCa^{2+}濃度が減少すると,ロドプシンキナーゼに対するS-モジュリン／リカバリンの結合活性が弱まり解離する.その結果,ロドプシンキナーゼの活性は最大になる.S-モジュリン／リカバリンの遺伝子を破壊したマウスでは,ロドプシンキナーゼの活性が上昇するため桿体の応答終結が早くなることが報告されている.

B GtとPDEの不活性化

　すでに述べたように,光を受容したロドプシンはGtと結合してGDP-GTP交換反応を促進し,活性状態であるGTP結合型G$t\alpha$を生成する.G$t\alpha$にはそれ自身にGTPの加水分解活性があるため,生成したGTP結合型G$t\alpha$は結合しているGTPをGDPに加水分解し,さらにG$t\beta\gamma$と結合することで,もとの不活性状態に戻る.そのため,GTP結合型G$t\alpha$と結合して活性化されたPDEも,もとの不活性状態に戻る.しかしG$t\alpha$のGTP加水分解は秒から分の時間スケールで起こるため,応答の速い回復にはこのGTP加水分解活性を促進する因子が必要である.この因子(タンパク質)として,RGS9(regulators of G protein signaling 9：Gタンパク質シグナル伝達調節因子サブタイプ9),Gβ5,R9AP(RGS9 anchoring protein：RGS9固定化タンパク質)の複合体が同定された.この複合体のはたらきによりGtの不活性化速度が1000倍促進されるといわれている.この複合体についても,どれか1つの遺伝子でも破壊させたマウスでは,活性型Gt(GTP結合型G$t\alpha$)が長く存在するため桿体の応答終結が遅くなることが報告されている.

C 低下した細胞内 cGMP 濃度の回復

　暗状態での視細胞外節内の cGMP 濃度は，不活性状態の PDE が示す低い cGMP 分解活性と，グアニル酸シクラーゼ (guanylatecyclase：GC) による cGMP 合成活性との均衡により，数 μM に保たれている．光刺激により PDE がフル活性を示すと細胞内 cGMP 濃度が急減するが，その後 PDE の不活性化とともに，cGMP 濃度が再び上昇してもとの暗状態の濃度に戻る．さらに細胞内には GC と結合して GC の cGMP 合成活性の制御にかかわるタンパク質が存在する．それがグアニル酸シクラーゼ活性化タンパク質 (guanylate cyclase activating protein：GCAP) である．GCAP は Ca^{2+} 濃度が低いときに，GC と結合し GC の活性を促進させるはたらきをもつ．つまり，光刺激により外節の Ca^{2+} 濃度が減少すると GC の活性を促進し細胞内 cGMP 濃度を素早く上昇させる．その結果，速やかに形質膜の陽イオンチャネルが再び開き，もとの視細胞電位が回復する．GCAP 遺伝子を欠損したマウスでは，外節の cGMP 濃度の回復が遅れるため，桿体の応答終結が遅くなることが報告されている．

2.3 視細胞内での分子の移動

　視細胞の応答特性は，応答の発生や終結に関与する分子の性質だけでなく，それらの細胞内濃度にも影響される．最近，光環境の変化に応じていくつかの分子が外節と内節との間で移動し，結果として視細胞の応答特性を変化させることが報告されている．特に顕著なのが，Gt，アレスチン，S-モジュリン／リカバリンである[5]．マウスやラットを明るい光環境下におくと，桿体外節において Gt と S-モジュリン／リカバリンの濃度が減りアレスチンの濃度が増える．Gt の濃度が減るとロドプシンによる活性化効率が低下し，S-モジュリン／リカバリンの濃度が減るとロドプシンキナーゼの活性が上昇しロドプシンの不活性化の効率が上がる．また，アレスチンの濃度が増えてもロドプシンの不活性化の効率が上がる．つまり，この３つの分子の濃度変化はすべて光を受容したロドプシンによる Gt の活性化効率を減少させる．これらの分子の移動は分の時間スケールで起こるため，細胞応答の終結にかかわることは想像しづらい．明るい環境では多くのロドプシンが活性化され，Gt の活性化効率は低くても十分なシグナル伝達が起こる．つまり，これらの分子の移動は桿体の明暗順応

のメカニズムと考えることができる.

　また，この分子の移動にタンパク質の翻訳後修飾がかかわることが報告されている．Gタンパク質のγサブユニットは翻訳後修飾を受けるが，視細胞に含まれるGtγはほかの組織に含まれるものとは違ってファルネシル基による修飾を受けることが知られていた．このファルネシル基がGtの迅速な細胞内移動に重要な役割を果たしていることがわかり，注目されている[6]．

3 色覚と錐体視物質

　物の色は，外界から入力する光の波長の違いを区別し脳で色づけすることで知覚される．眼に入る光に色がついているわけでも，物自身に色がついているわけでもない．つまり，動物の色覚に重要なことは，眼においてどの波長領域の光が受容され，脳でどのように処理されるかである．そのため，色覚を担う錐体の視物質がどのような波長感受性をもち何種類あるかは，その動物における色覚の分子基盤の1つといえる．近年，遺伝子同定技術の進歩により，多くの動物で錐体視物質の同定が進んでいる．ヒトは赤・緑・青それぞれに対して感受性のある3種類の錐体視物質をもつが，同じ哺乳類のマウスでは紫外・緑に感受性のある2種類だけであり，魚類や鳥類では4種類の波長感受性の異なる錐体視物質をもつものが多い（**図6**）．脊椎動物のロドプシン類が進化の過程でどのように多様化してきたかは，アミノ酸配列の違いをもとに作成された分子系統樹から解析されている．その結果，脊椎動物の先祖型のロドプシン類はロドプシンと4種類の錐体視物質のグループ（S：shortwavelength，M1：middlewavelength 1，M2，L：longwavelength グループ）に分岐したことが推定された[7]．また，興味深いことに，先祖型ロドプシン類はまず4つの錐体視物質のグループに分岐し，その後，その1つのグループからロドプシンのグループが分岐したことが推定された．色覚が成立するには大量の情報処理が必要である．そのため，動物はまず明るい所と暗い所での視覚を獲得し，そのあとに明るい所での色覚を獲得したと以前は考えられていた．しかし上述の解析結果は，色覚の分子基礎のほうが早く獲得され，そのあとに暗い所での視覚（薄明視）の分子基礎ができたことを示しており，動物進化を考えるうえで興味深

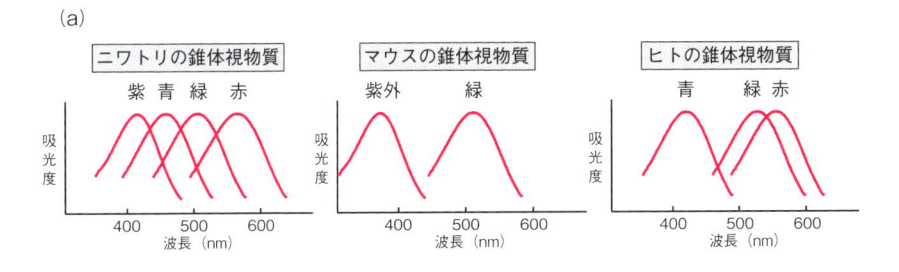

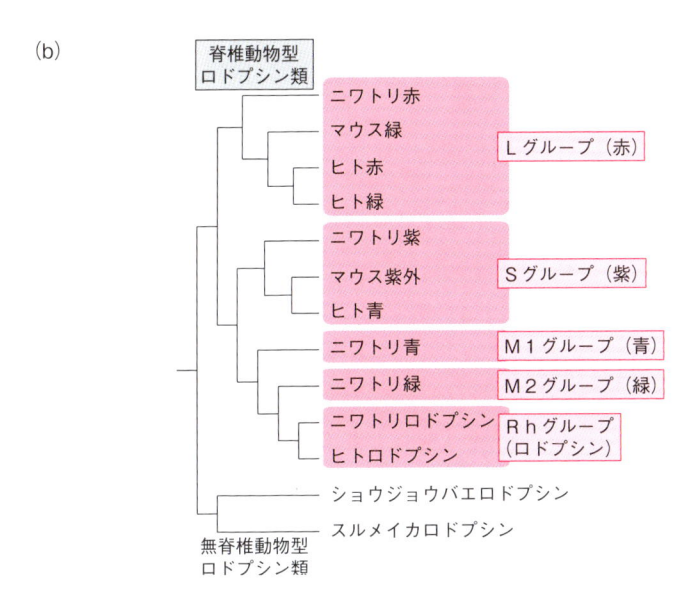

図6 脊椎動物のロドプシンと錐体視物質の多様性
(a) ニワトリ・マウス・ヒトの錐体視物質の吸収スペクトルの比較．(b) 脊椎動物のロドプシン類の模式的な分子系統樹．脊椎動物のロドプシン類は，4つの錐体視物質グループとロドプシングループに分類できる．なお文献によっては，LグループはLWS/MWS，SグループはSWS1，M1グループはSWS2，M2グループはRH2とそれぞれ表記されている[19]．

い結果である．また，哺乳類の先祖型は，夜行性であった時代にM1とM2グループの錐体視物質をコードする遺伝子を失ったため，マウスをはじめとして現存の哺乳類の多くは2種類の錐体視物質しかもたない．ヒトが3色性の色覚をもつのは，哺乳類からの進化の過程でLグループの錐体視物質をコードする遺伝子のX染色体上での重複が起こり，吸収波長がより短波長のものが新たに出現したためである（赤感受性から緑感受性が生じた）．一方，動物によっ

てはその生活環のなかで，網膜に発現する錐体視物質の種類を変えるものもある．たとえば，カラフトマスでは成長につれて，それまで紫外光を受容するSグループを発現していた錐体に，青色光を受容するM1グループを発現するようになる[8]．これは，稚魚はプランクトンを食べるため紫外光が豊富に降り注ぐ水面近くで生活しているが，成長してほかの魚を食べるようになると，青色光や緑色光がよく透過してくる水中深くに生活の場を移すことと関係しているらしい．

4 桿体と錐体の違い

ヒトの生活環境の光強度はダイナミックに変化するが，網膜には感度の異なる2種類の視細胞（桿体と錐体）があり，幅広い光環境に対応することができる[9]．両視細胞の光応答特性を電気生理学的に調べると，それぞれ約1000倍の明るさの範囲ではたらく．また，両者のはたらく光環境は明るさが約1000倍程度違う．さらに，特に錐体では，強い光にさらされているとその光条件に順応し（明順応），より強い光刺激に対して応答できるようになる．これらを総合すると，ヒトの眼は$10^8 \sim 10^9$にも及ぶ光強度の変化に適応できるのである．では，桿体と錐体においてどのようなメカニズムの違いにより両者の応答の違いが生み出されているのであろうか．先に述べたように桿体と錐体では，光応答にかかわる情報伝達メカニズムはよく似ていて，機能するタンパク質のサブタイプが異なることがわかっている．つまり，桿体と錐体の応答の違いは，情報伝達メカニズムで機能するタンパク質の性質や濃度の違いに起因する部分が大きいと考えられる．

4.1 桿体と錐体におけるロドプシン類の性質の違い

そこで，筆者らはこの情報伝達メカニズムの始まりであるロドプシン類に注目し，桿体と錐体のロドプシン類がどのように異なる性質を示すのかについて解析した．錐体視物質もタンパク質内に11シス型レチナールをもち，光を受容したあとはロドプシンと同様に一連の中間体を経て活性中間体メタIIを生じる．そこで，ニワトリの網膜からロドプシンと錐体視物質を精製し光受容後

の中間体の生成過程を比較した．その結果，錐体視物質ではロドプシンと比較して，Gt を活性化する中間体であるメタ II が早く生成し，さらにその寿命も短いことがわかった[10]．つまり，錐体視物質では活性状態が早くでき，それがなくなるのも早いということになる．これらは，応答までの時間が短く応答の終結も早いという錐体の応答の特性とよく一致する．

　ロドプシンと錐体視物質は同じ 11 シス型レチナールを分子中にもっているため，このような性質の違いはタンパク質を構成するアミノ酸残基の配列の違いに由来すると考えられる．そこで，ニワトリのロドプシンと錐体視物質を実験材料にして，両視物質の性質の違いをもたらすアミノ酸残基の同定を行った．実際には，培養細胞を使って，ロドプシンや錐体視物質のアミノ酸配列を変えた変異タンパク質を人工的に作製し，その性質を比較した．その結果，ロドプシンにおいて N 末端から数えて 122 番目と 189 番目の 2 つのアミノ酸残基を錐体視物質のものに置換すると，メタ II の性質が錐体視物質のものに近づき，逆に錐体視物質の対応するアミノ酸残基をロドプシンのものに置換すると，ロドプシンのメタ II の性質と似てくることがわかった[10]．つまり，ロドプシンと錐体視物質のメタ II の寿命の違いは，わずか数残基のアミノ酸により制御されているといえる．

　次に，ロドプシンと錐体視物質の性質の違いが，桿体と錐体の応答特性の違

column

トカゲの頭頂眼 － 第 3 の目 －

コラム

　トカゲなどのいくつかの下等脊椎動物は，両眼に加えて「頭頂眼」とよばれる光受容器官をもつことが知られている（2-2 参照）．この頭頂眼は，両眼と同様に水晶体や網膜の構造をもっており，第 3 の目ともいわれている．この頭頂眼で機能する光受容細胞から電気生理応答を計測すると，青色光に対し過分極応答をする一方，緑色光に対し脱分極応答をする興味深い細胞であった．この応答にかかわるロドプシン類は長年謎であったが，最近，トカゲの 1 種 Uta stansburiana から青感受性と緑感受性のロドプシン類が，それぞれ同定された[16]．この 2 つのロドプシン類は同じ細胞に存在し，異なる種類の G タンパク質を活性化することにより，吸収する波長に応じて 1 つの細胞の脱分極または過分極の応答をひき起こすと考えられる．

いに反映されているのかを実験的に検証することを試みた．そのために，錐体視物質の性質を示すロドプシン変異体をもつ遺伝子改変マウス，さらには，ロドプシンの代わりに錐体視物質をもつ遺伝子改変マウスを作製した．これらのマウスの桿体では，視物質の性質は変わるが，ロドプシンからシグナルを受けとるそのほかの分子はそのままである．したがって，これらはロドプシン類の性質の違いと視細胞の応答特性の違いとの関連を検討できるモデル動物といえる．作製したマウスの桿体の応答特性を電気生理学的に解析したところ，さまざまな変化が認められた．そのなかでも顕著な現象は，ロドプシンの代わりに錐体視物質をもつマウスにおいて，より強い光刺激でないと応答が観測できず（感受性の低下），シグナルの増幅効率が小さくなることであった[11]．この変化は，ロドプシンに比べて錐体視物質はメタⅡの寿命が短く，活性化するGtの分子数が少なくなったためと考えられた．さらに，このマウスの応答を測定していると，光刺激をしたあとの記録が変わるだけでなく光刺激をしていないときの記録も変わっていた．つまり，暗状態での電気的ノイズ（暗ノイズ）が大きくなっていたのである．これまで，光を受容していないロドプシンが周りの熱によりGタンパク質を活性化する状態になる確率は非常に低いことが知られている．一方，錐体視物質ではそれほど低くないのではと推定されていた．遺伝子改変マウスを使ったこの結果は，熱による錐体視物質の活性化が頻繁に起き，その結果として暗ノイズが大きくなったと解釈できた．つまり，ロドプシン類の暗状態での熱安定性が視細胞の応答特性に影響を与えていることがわかった．視細胞の暗ノイズが大きくなると，弱い光刺激で少量の視物質を活性状態にしてもノイズとの区別をつけることができない．桿体が弱い光の環境ではたらくためには暗ノイズを低く抑える必要があり，熱安定性の非常に高いロドプシンの性質が重要になってくる．

4.2 桿体と錐体におけるロドプシン類以外の分子の性質の違い

桿体と錐体の応答の違いについて，これまでロドプシン類の違いに焦点を当てて研究を紹介してきた．一方，ロドプシン類以外のほかの分子の違いについても研究が進み始めている．特に，網膜から桿体と錐体を密度勾配遠心により分離することが可能な魚類（コイ）を用いて，両視細胞で機能する各分子の性

質が比較されている[12, 13].その結果,活性状態のロドプシン類によるGtの活性化効率,活性状態のGtによるPDEの活性化効率のどちらもが,錐体に比べて桿体で高いことが報告された.錐体よりも桿体において光感度が高いのは,これらの分子によるシグナルの増幅度の違いが大きく影響していると考えられる.また,不活性化する過程でも,活性状態のロドプシン類をリン酸化する効率は桿体よりも錐体のほうが高い.これは桿体よりも錐体で応答の終結が早いという性質とよく合致している.このようにみていくと,視細胞外節のいくつかの分子の性質の違いがあいまって,桿体と錐体の応答特性の大きな違いが生み出されているといえる.

5 Gタンパク質を介した情報伝達メカニズムのモデル系としての視細胞

ロドプシン類の分子レベルの機能解析が始まったのは1950年代である.その当時,ロドプシン類は光情報を受容・伝達するために高度に分化した受容体で,特別なタンパク質構造と情報伝達のしくみをもっていると考えられていた.実際,ロドプシン類は光という物理的な刺激に反応する受容体タンパク質で,拡散性の化学物質あるいはペプチドと結合して活性状態になるほかの受容体タンパク質とは異なると考えられてきた.ところが,1970年代にロドプシン類もほかの拡散性物質の受容体タンパク質と同様にGタンパク質を介する情報伝達メカニズムを駆動することがわかった.さらに,1980年代に受容体タンパク質の1次構造が決定されるに及んで,両者の類似性ががぜん脚光を浴びるようになった.実際,両者とも7本の膜貫通ヘリックス構造をもつタンパク質で,ロドプシン類ではレチナールがほかの受容タンパク質におけるリガンドに対応することがわかってきた.

現在までに,細胞膜にありGタンパク質を活性化する受容体タンパク質[Gタンパク質共役型受容体(G protein-coupled receptor:GPCR)]が多数同定され,ヒトやマウスのゲノム解析の結果からもGPCRをコードする遺伝子は全遺伝子の約3%程度を占めると考えられている.これらGPCRは細胞外からの多様な刺激(光,匂い物質,味物質,神経伝達物質,ペプチドホルモンなど)を受容できるようにおのおの特殊化し,ヒトの体のほとんどすべての細胞で多

種多様な機能を果たしている.そのため,ヒトにおいては創薬の重要なターゲットとしても知られ,市販薬の約60％はこのGPCR群に対するものともいわれる.一方,GPCRが活性化するGタンパク質については,αサブユニットで数十のサブタイプしか存在しない.また,おのおののGタンパク質サブタイプがどの酵素を活性化するか（たとえば,視細胞でのGtによるPDEの活性化）については,動物種や組織種を越えて共通性が高いといわれている.つまり,GPCRがどのGタンパク質サブタイプを活性化するかのステップが,どのような細胞内の情報伝達メカニズムが機能し,どのような細胞応答が起きるかを決める重要な要因になる.GPCRが刺激を受容したのちどのような分子メカニズムでGタンパク質を活性化するのかについては,ロドプシン類がそのモデル受容体として研究が先行している.GPCRの立体構造解析でも,2000年に多くのGPCRに先駆けてウシロドプシンで報告がなされた[14].ロドプシン以外のGPCRでは,2007年のアドレナリン受容体まで待たねばならなかったことを考えると,いかに先駆的であったかがわかる.このロドプシンとアドレナリン受容体の立体構造を比べると,膜貫通ヘリックス領域については非常によく重ね合わせることができる.つまり,ロドプシンの分子メカニズムの研究は多くのGPCRに適応できる可能性が高いといえる[15].

　また,視細胞外節は,光刺激から細胞応答が生じるまでにかかわる分子がすでに明らかになり,その終結にかかわる分子についても知見が豊富に存在する.さらにそれぞれの分子の濃度についても解析が進んでいる.これらから,細胞内情報伝達メカニズムについての生理学的・細胞生物学的・生化学的な実験による解析に加えて,シミュレーションによる解析も可能になっている.視細胞をターゲットにしたシステムズバイオロジーは,多くのGタンパク質を介した情報伝達メカニズムの研究に有用な情報を与えるであろう.

おわりに

　脊椎動物の視細胞の研究は,行動や生態のレベルから分子・原子のレベルまで,幅広い研究分野が有機的につながることで進んでいる.多くの動物にとって,外界の光環境から受ける影響は非常に大きい.今後解析が進めば,視細胞

の分子のふるまいが動物の行動,さらには動物の進化に対していかに影響を与えているかについての詳細が明らかになると期待できる.

引用文献

1) Shichida, Y. and Morizumi, T. (2007) Mechanism of G-protein activation by rhodopsin. *Photochem. Photobiol.*, **83**, 70-75
2) Stryer, L. (1986) Cyclic GMP cascade of vision. *Annu. Rev. Neurosci.*, **9**, 87-119
3) Fesenko, E. E., *et al.* (1985) Induction by cyclic GMP of cationic conductance in plasma membrane of retinal rod outer segment. *Nature*, **313**, 310-313
4) Burns, M. E. and Baylor, D. A. (2001) Activation, deactivation, and adaptation in vertebrate photoreceptor cells. *Annu. Rev. Neurosci.*, **24**, 779-805
5) Calvert, P. D., *et al.* (2006) Light-driven translocation of signaling proteins in vertebrate photoreceptors. *Trends Cell Biol.*, **16**, 560-568
6) Kassai, H., *et al.* (2005) Farnesylation of retinal transducin underlies its translocation during light adaptation. *Neuron*, **47**, 529-539
7) Okano, *et al.* (1992) Primary structures of chicken cone visual pigments: vertebrate rhodopsins have evolved out of cone visual pigments. *Proc. Natl. Acad. Sci. USA*, **89**, 5932-5936
8) Cheng, C. L. and Novales Flamarique, I. (2004) Opsin expression: new mechanism for modulating colour vision. *Nature*, **428**, 279
9) Baylor, D. A. (1987) Photoreceptor signals and vision. Proctor lecture. *Invest. Ophthalmol. Vis. Sci.*, **28**, 34-49
10) Imai, H., *et al.* (2005) Molecular properties of rod and cone visual pigments from purified chicken cone pigments to mouse rhodopsin in situ. *Photochem. Photobiol. Sci.*, **4**, 667-674
11) Sakurai, K., *et al.* (2007) Physiological properties of rod photoreceptor cells in green-sensitive cone pigment knock-in mice. *J. Gen. Physiol.*, **130**, 21-40
12) Tachibanaki, S., *et al.* (2001) Low amplification and fast visual pigment phosphorylation as mechanisms characterizing cone photoresponses. *Proc. Natl. Acad. Sci. USA*, **98**, 14044-14049
13) Tachibanaki, S., *et al.* (2005) Highly effective phosphorylation by G protein-coupled receptor kinase 7 of light-activated visual pigment in cones. *Proc. Natl. Acad. Sci. USA*, **102**, 9329-9334
14) Palczewski, K., *et al.* (2000) Crystal structure of rhodopsin: A G protein-coupled receptor. *Science*, **289**, 739-745
15) Shichida, Y. and Yamashita, T. (2003) Diversity of visual pigments from the viewpoint of G protein activation--comparison with other G protein-coupled receptors. *Photochem. Photobiol. Sci.*, **2**, 1237-1246.

16) Su, C. Y., *et al.*（2006）Parietal-eye phototransduction components and their potential evolutionary implications. *Science*, **311**, 1617-1621
17) Farrens, D. L., *et al.*（1996）Requirement of rigid-body motion of transmembrane helices for light activation of rhodopsin. *Science*, **274**, 768-770
18) Sheikh, S. P., *et al.*（1996）Rhodopsin activation blocked by metal-ion-binding sites linking transmembrane helices C and F. *Nature*, **383**, 347-350
19) Yokoyama, S.（2000）Molecular evolution of vertebrate visual pigments. *Prog. Retin. Eye Res.*, **19**, 385-419
20) 吉澤 透・堀内真理（1971）「光エネルギーの視覚信号への変換」,『バイオテク』**2**, 981-987

参考文献

七田芳則・深田吉孝 編（2007）『動物の感覚とリズム』, シリーズ 21 世紀の動物科学 **9**, 培風館

第1章 光と感覚

4 複眼という眼

蟻川謙太郎

複眼には連立像眼と重複像眼とがある．前者は個眼が光学的に独立したもので昼行性に多く，後者は複数個眼からの光が中心の個眼に集められるもので夜行性に多い．複眼はもともと結像機能のない眼点が集まったもので，連立像眼が原型と考えられる．アゲハは典型的な連立像眼で，1つの個眼に視細胞が9個ある．視細胞には紫外，紫，青，緑，赤，広帯域受容型があり，個眼にはこれが3通りの組合せで含まれる．一方，アゲハの色覚は紫と広帯域を除く視細胞を基礎とする4色性である．除かれた視細胞は同タイプの個眼にあるもので，つまりこの個眼は色覚以外に使われるものらしい．これは，個眼が視覚機能の基本単位であることを示す好例である．

はじめに

　地球上に生きる動物のうち，7割くらいが昆虫であるという．昆虫の眼はどれも**複眼**（compound eye）で，さらに甲殻類もほとんどが複眼をもっている．つまり複眼は地球上にいる動物の眼としては，圧倒的な多数派なのである．複眼から世界はどのように見えるのだろうか．複眼にはどんな種類があるのか．この疑問は古くから人びとの心をとらえ，科学者を複眼の研究へとかりたててきた．
　複眼から見た世界は気軽に体験できる，と思われている．おもちゃ屋に行け

ば，複眼レンズというものが売られている．直径 3 cm くらいのレンズが数十の小さな四角形あるいは六角形の区画に分けられたもので，これを目の前につけて外を覗くと，ほとんど同じ景色が区画の数だけ見える．これが複眼から見た世界というわけである．たしかに複眼の表面を見ればそこには無数の微小レンズが並んでいるのだから，こうした予想が出てくるのも無理はない．しかし複眼内部の構造を注意深く調べてみると，これは誤りだということがすぐにわかる．

　1つのレンズの下できれいな像が見えるためには，独立した受光部がたくさん並んでいなくてはならない．私たちの眼にはレンズは1つしかないが，網膜には一億数千万の視細胞がびっしりと並んでいる．このとき，ひとつひとつの視細胞はそこに光があるかないかを「見て」いるだけである．画素数の多いCCDを搭載したデジタルカメラがより精緻な像を撮影できるのと同じ理屈で，像をつくるためには多くの視細胞が必要ある．複眼ではどうだろうか．複眼の構成単位は個眼（ommatidium）で，1つの個眼には1つのレンズがあり，これが複眼表面に見えている．1つのレンズの下には数個の視細胞がある．この視細胞群は，ふつう，個眼の中心に1つの光受容構造（感桿）を共同でつくっている．1つの個眼にはたった1つの光受容構造しかないということは，1つの個眼は CCD の1ピクセルに相当することを意味する．したがって1つの個眼で像をとらえることはできないのである．

　本稿では，まずさまざまな複眼の構造を概観し，ついで比較的研究が進んでいる昼行性昆虫の複眼について，その視力と色覚について紹介する．

1 複眼の構造

　1つの複眼に含まれる個眼の数は複眼のサイズにほぼ比例しており，キイロショウジョウバエ（*Drosophila melanogaster*）で約 800 個，モンシロチョウ（*Pieris rapae*）で約 6000 個, ナミアゲハ（*Papilio xuthus*）で約 12000 個である．1つの個眼は細長い構造で，隣り合う個眼どうしが約 1°の角度をなしながらびっしり配列しているため，複眼は全体としてドーム状になる．複眼表面に見える六角形あるいは正方形の小さな区画は個眼面とよばれ，個眼の最も外側に

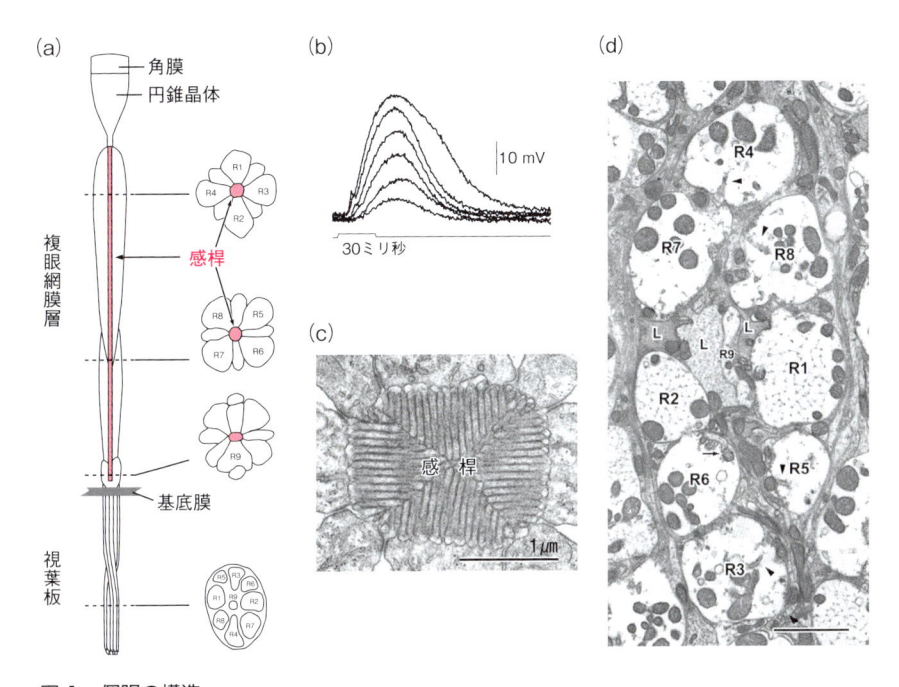

図1 個眼の構造

(a) 1つの個眼の模式図．縦断面（左）とさまざまな深さでの横断面（右）．9個の視細胞（R1〜R9）が個眼中央に向かって微絨毛を伸ばし，感桿をつくる．視細胞1〜4番は上3分の2で，視細胞5〜8番は下3分の1で微絨毛を伸ばす．(b) アゲハ視細胞の受容器電位．30ミリ秒の光パルスをさまざまな強度で当てたときの反応．光が強いほど受容器電位の振幅は大きくなる．(c) 感桿の横断切片の電子顕微鏡写真．視細胞1〜4番の感桿分体が集合している．(d) 視葉板カートリッジの横断切片の電子顕微鏡写真．Lは視覚2次ニューロンの軸索．

ある角膜である．角膜の下には円錐晶体，さらにその下には光エネルギーを生体信号に変換する細胞（視細胞）がある（**図1a**）．

　少数の例外を除き，1つの個眼には決まった数の視細胞が含まれる．昆虫や甲殻類ではその数はだいたい7〜9個で，個眼内部で決まった位置を占めている．視細胞は細胞膜が突出した微絨毛をもつ．微絨毛の膜には光受容タンパク質である視物質が多量に含まれ，これが光エネルギーを吸収する．吸収された光エネルギーは視細胞内の情報伝達系（1-1参照）を介して，視細胞に受容器電位をひき起こす．脊椎動物の視細胞は光が当たると膜電位がマイナス側にふれる（過分極する）が，無脊椎動物は光が当たると膜電位がプラス側にふれ

る（脱分極する）（図1b）．

　視細胞から伸びた微絨毛は，ふつう個眼の中央で集合している．1つの視細胞に由来する微絨毛の固まりを感桿分体，感桿分体が集まった構造を感桿（rhabdom）とよぶ（図1c）．原則として，1つの個眼には1つの感桿がある．細胞膜の主成分はリン脂質なので，感桿は周囲の細胞体よりも屈折率が高い．これは，感桿がいわば水中に立った油性の柱であって，光学的には光ファイバーとして機能することを意味する．だから感桿が多少曲がっていても光が外に飛び出してしまうことはない．個眼に入射した光は光ファイバー内部を伝播しながらそこに含まれる視物質に吸収され，視細胞を興奮させるのである．

　感桿はある深さのところで突然終わる．感桿が終わるところは，基底膜という構造ではっきりと区切られている．視細胞は基底膜を突き抜けるとそこで細い軸索となって，1次視覚中枢である視葉板に到達する．多くの視細胞はここで終末して2次ニューロンに情報を受け渡すが，1つの個眼あたり2〜3個の視細胞は視葉板を通り抜けて第2次視覚中枢である視髄に達し，そこで終末する．視葉板でも視髄でも，1つの個眼に由来する視細胞はひと固まりになっており，さらにここにいくつかの中枢ニューロンが加わって，カートリッジとよばれる構造をつくっている．特に視葉板のカートリッジは隣接するカートリッジとの境界が明確である（図1d）．

　さて，個眼の構造は動物の種によってかなり異なる．大きくは，昼行性の種に多い連立像眼（apposition eye）と，夜行性の種に多い重複像眼（superposition eye）とに分けられる．連立像眼は，感桿が1つの個眼面に入射した光のみを受容するもの，重複像眼は，複数の個眼面に入射した光が1つの感桿に集まる構造になっているものと考えてよい．もう少し細かな光学的原理に着目して，連立像眼はさらに4つ，重複像眼はさらに3つのタイプに分けられている[1]．これを順にみていこう．

1.1 連立像眼

A 単純連立型（simple apposition type，図2a）

　これは，昼行性ハチ類，イソガニ類，カブトエビ類にみられる，光学的に最も単純かつ典型的な連立像眼である．角膜と円錐晶体がレンズ系を構成し，光

1-4 複眼という眼

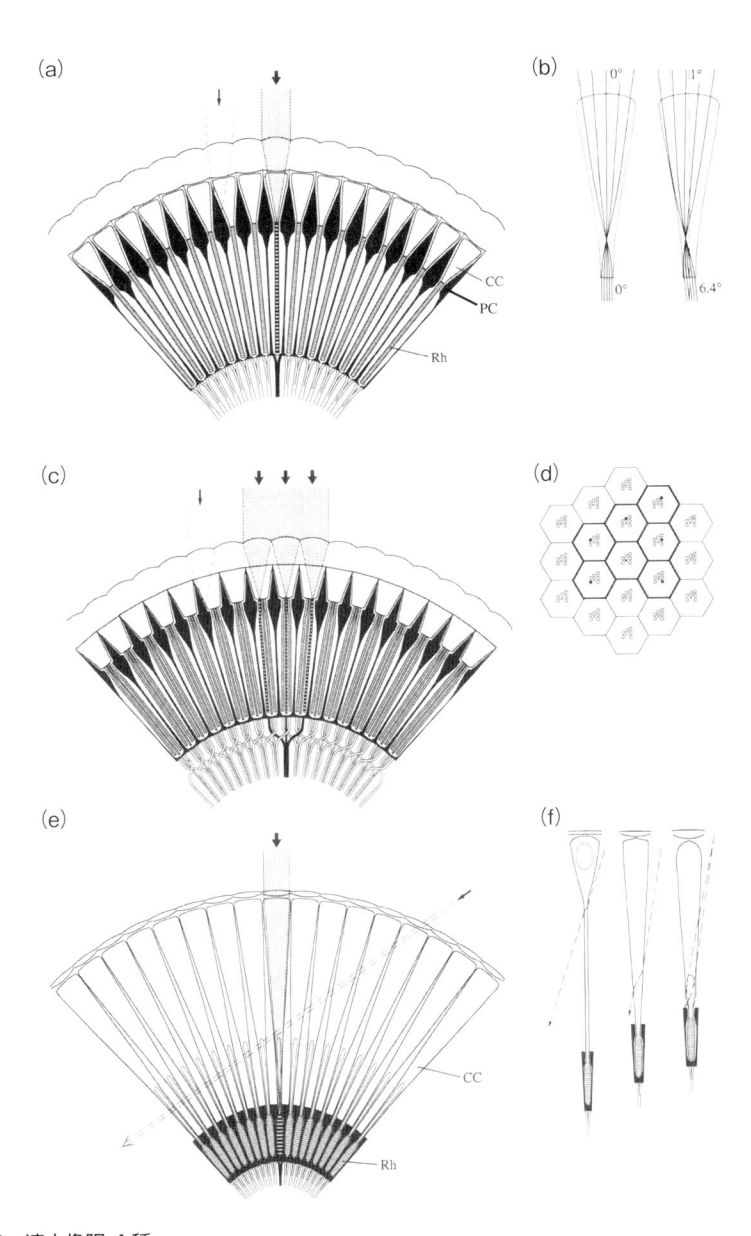

図2 連立像眼4種
(a) 単純連立型および無限焦点型.(b) 無限焦点型の円錐晶体における光路.(c, d) 分散感桿型／神経重複型.(e, f) 透明連立型.CC：円錐晶体,PC：色素細胞,Rh：感桿.文献1より改変引用.

は円錐晶体の末端で焦点を結ぶ．円錐晶体末端には感桿の上端がふれており，光は効率よく感桿に入射する．円錐晶体は1つずつ色素細胞で包まれ，さらに視細胞層でも個眼の間に別の色素細胞があって，個眼は光学的に仕切られている．視細胞の反応を記録しながら光源を移動すると，単純連立型個眼は約2°の範囲からの光を受容することがわかる．隣の個眼との角度が約1°なので，個眼の視野は隣どうしで半分程度，互いに重なっていることになる．

B 無限焦点型（afocal apposition type，図2a, b）

チョウ類に広くみられるタイプで，一見しただけでは単純連立型と区別できない．視細胞の配置も視野の大きさも，単純連立型とほとんど変わらない．違いは，円錐晶体が強いレンズになっていること，そのために光は円錐晶体のなかほどで焦点を結び，感桿へ平行光が入射する点である．このような複雑な光学系がなぜチョウにみられるのかはわからないが，受光効率が約10％上昇する，空間分解能が改善されるなどの利点が指摘されている．

C 分散感桿型／神経重複型（open rhabdom／neural superposition type, 図2c, d）

感桿分体が個眼中央で集合せず，部分的あるいは完全に分離しているタイプの個眼で，ハエ類，カメムシ類，甲虫類，甲殻類のフナムシ類などで知られる．

ハエ類の個眼には，1つの感桿分体を6つの感桿分体が取り囲むようにして，合計7つの感桿分体がある．周囲の6つはそれぞれ1つの視細胞の感桿分体，中央の1つは中心視細胞とよばれる2つの細胞の感桿分体が上下に2つ重なったものである．中心視細胞は視葉板を素通りして視髄で終末する．

ハエ類の個眼は感桿が分散型であることに加え，「神経重複（neural superposition）」という構造を伴っている．これは視葉板のレベルで複数の個眼からの情報が「重複する」もので，いわゆる重複像眼とは区別される．ふつうは，1つの視葉板カートリッジに含まれる視細胞軸索はすべて同じ個眼に由来するが，ハエのカートリッジは7つの個眼から1つずつ視細胞軸索を受けとる．1つのカートリッジに束ねられた視細胞は，どれも空間内の同じ点を「見ている」こともわかっている．これはハエが空間内の1点を少なくとも7つの個眼で見ていることを意味しており，少なくとも光学的にはほかの連立像眼より高い空

間分解能をもっていると考えられる．

D 透明連立型（transparent apposition type，図2e, f）

このタイプは浮遊性の甲殻類にみられる特殊なものである．浮遊性の甲殻類には体表に色素をもたないものが多く，体は概して透明である．円錐晶体がきわめて長く，そのために感桿が複眼の中央部にまとまっているので，一見すると重複像眼のようにも見える．しかし個眼に入った光は円錐晶体から漏れることなく，その個眼の感桿に焦点を結ぶので，これは連立像眼に分類されるべきものである．

個眼面と感桿の間に1対1の関係を保つためのしくみには，これまでに3つが知られている．1つ目は，浮遊性のタルマワシ類で見つかった，円錐晶体が非常に細い光ファイバーになっているタイプである．細い光ファイバーは必然的に受容角が狭くなるので，隣接する個眼からの光が入り込む余地はない．2つ目は単純型連立像眼の円錐晶体をそのまま大きくしたようなタイプで，ザリガニやシャコの幼生で見つかる．この場合，側面から入射してきた光は反対側の側面で全反射の条件を満たすことができずに出て行ってしまう．3つ目は，円錐晶体の屈折率が先端部分で急に高くなっているタイプで，原理的にはチョウ類の無限焦点タイプと似ている．周囲の個眼から入り込んだ光は感桿先端とは逆の方向に屈折するので，これも結果的には反対側から出ていくことになる．このタイプはミジンコ類で知られている．

1.2 重複像眼

A 屈折型（refracting superposition type，図3a, b）

重複像眼は，複数の個眼に入射した光が1つの感桿に焦点を結ぶものである．主として夜行性の動物がこのタイプの複眼をもっており，集光効率に優れている．円錐晶体と感桿の間には光が直進できる透明層（clear zone）があるが，これは透明連立型の長い円錐晶体とは本質的に異なっている．

屈折型は，円錐晶体がレンズになっているタイプである．しかも，円錐晶体の屈折率が一様ではなく，中心では低く周辺部で高くなる．したがって，斜めから入射した光は円錐晶体の内側に向かって屈折し，透明層を通って中央の感

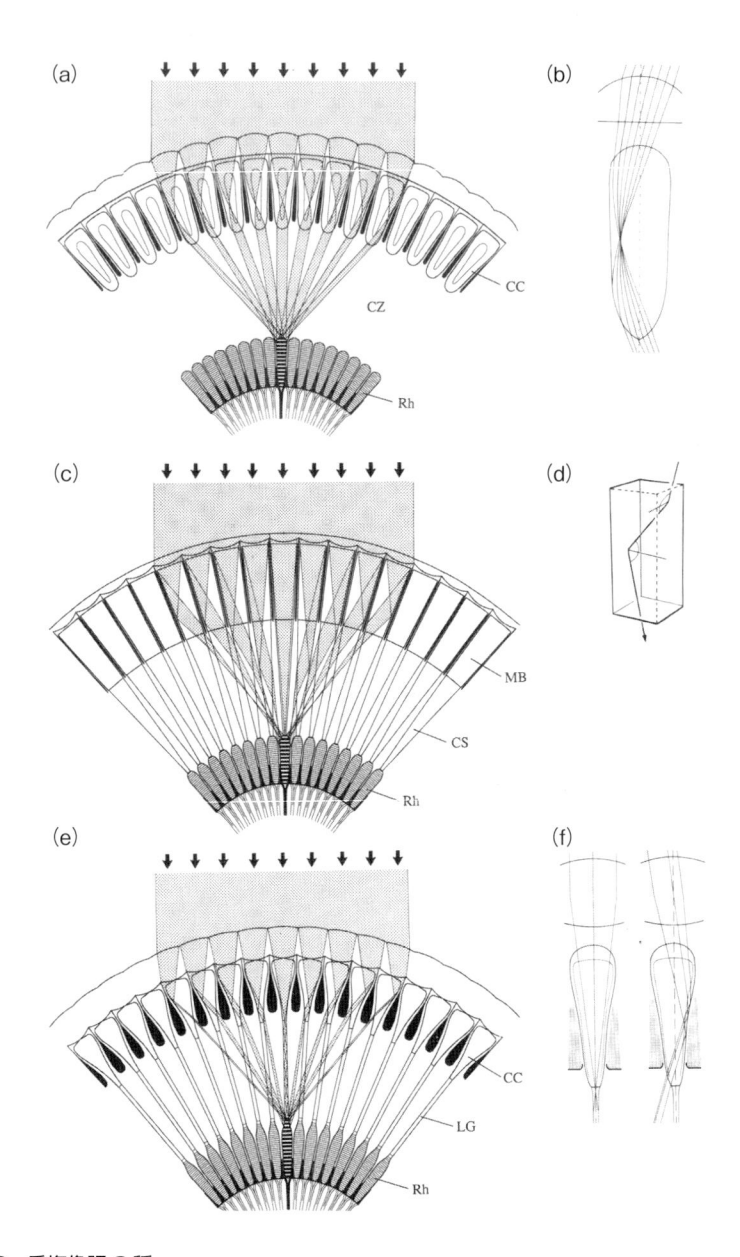

図3　重複像眼3種
　　（a, b）屈折型．（c, d）反射型．（e, f）放物面型．CC：円錐晶体，CZ：透明域，MB：鏡箱，LG：光ファイバー，PC：色素細胞，Rh：感桿．文献1より改変引用．

桿に集められる.多くの夜行性ガ類がこのタイプの複眼をもつ.

B 反射型(reflecting superposition type,図3c,d)
　円錐晶体にレンズ機能はなく,その周囲にグアニン様分子を含む構造が蓄積して反射層をつくることで,光が1つの感桿に集まるようになっている.原理的には,屈折型重複像眼とほとんど同じである.たいていの複眼では個眼面が六角形だが,反射型重複像眼では正方形である.エビ類,ヤドカリ類がこれにあたる.

C 放物面型(parabolic superposition type,図3e,f)
　遊泳肢をもつカニ類(ワタリガニ類)で初めて見つかったタイプで,角膜レンズの焦点距離が短く,連立像眼のような円錐晶体の下に細い光ファイバーが続く構造になっている.円錐晶体の内面が放物鏡になっているためにこうよばれる.個眼の光軸と平行な成分は光ファイバーを通って感桿に到達するが,光軸からずれた成分,つまり周辺部の個眼に斜めから入射した光は,円錐晶体内面の放物鏡で反射されて透明層に入り,本来の光ファイバーには入ることなく中央部の感桿に到達する.

1.3 複眼の進化

　複眼の進化を考えるにあたっては,2つの大きなポイントがある.まず,そもそもどういう経緯で複眼の原型ができたのかという点,もう1つは,さまざまなタイプの複眼のどれが原型で,どの方向に進化したのかという点である.
　最も単純な光受容装置は,光の有無を検知する眼点である.眼点には結像機能はない.これがおそらく眼の原型で,ここから結像機能をもった単眼や複眼が進化したと考えられる.複眼をつくるにあたって,その道筋には3つの可能性が考えられる.結像機能のない眼点が集まった可能性,結像機能のある単眼が集まった可能性,結像機能をもつ単眼が分割された可能性である.
　第三の可能性は非常に考えにくい.私たちの眼もレンズが1つという点では単眼に分類されるが,このような単眼で結像される場合,網膜には倒立像が写っている.倒立像は中枢での情報処理を経て正立像として認識されなくてはなら

ない．一方複眼では，上を向いた個眼は空からの，下を向いた個眼は地面からの光情報を受容するので，網膜につくられるのは正立像である．倒立像をつくる単眼が分かれて複眼になるとすれば，中枢の情報処理系も同時にすっかりつくり直さなくてはならず，その中間形はおそらく正常に機能しないので，この考え方には無理がある．第二の可能性も，同じ理由で考えにくい．残されたのは第一の可能性，つまりもともと光学的に独立していて，しかも結像機能のない眼点が集まったという考え方である．

とすると，複眼の原型はそれぞれの個眼が光学的に独立している連立像眼と考えるのが妥当である．では，連立像眼からどういう経緯で重複像眼が進化したのだろうか．連立像眼と重複像眼はいずれも昆虫と甲殻類の両方にみられ，しかも上述したようにそのタイプは非常に多様なので，重複像眼は何回か独立に進化したものと思われる．

無限焦点型連立像眼は，円錐晶体の先端部分に屈折率の高いレンズを入れたデザインである．明るい環境で活動するチョウにとっては空間分解能を上げるのにふさわしい構造だが，円錐晶体の屈折率を部分的に変えるという戦略は，屈折型重複像眼がとる戦略と共通する．チョウの祖先が暗い環境に適応していく過程で，無限焦点型連立像眼から屈折型重複像眼が生じた可能性がある．

透明連立型連立像眼は，円錐晶体の周囲から色素を抜いたところに特徴がある．色素を抜いたことで2次的に透明層が生じ，ともかく光が通ってしまうようになった．明確な光路がなくても光が通れば感桿にはいくらかの散乱光が入る．感度を上げるために散乱光を効率的に集めるように進化したのが，反射型と屈折型の重複像眼と考えられる．

最初の複眼はおそらく連立像眼だが，複眼のタイプが現在のように多様化するまでには，必ずしも連立像眼から重複像眼への変化ばかりが起こったと考える必要もない．実際，鱗翅目の視細胞で視物質発現パターンを個眼ごとに比べてみると，祖先型と思われるのは，系統的にもチョウの祖先に相当するタバコスズメガ(*Manduca sexta*)である．屈折型重複像眼をもつタバコスズメガから，無限焦点型連立像眼をもつチョウ類にみられる複雑な視物質発現パターンが生じている．ここでは重複像眼から連立像眼への変化が起こったと考えるほうがわかりやすい．

1.4 個眼の基本構造

　複眼の機能は，連立像眼のほうでより研究が進んでいる．以下に複眼の機能を説明するのに先立って，構造が最もよくわかっている昆虫の1つであるナミアゲハの連立像眼を例として，個眼の基本的な構造を述べる（**図1a参照**）．

　ナミアゲハの個眼は，角膜と円錐晶体に続いて，約500 μm もの長い視細胞層をもつ．視細胞は1つの個眼に9個含まれる．9個の視細胞すべてが，個眼中央に向かって微絨毛を伸ばし，1つの感桿を形成している．ナミアゲハの場合，感桿の上側（遠位側）3分の2は，視細胞1〜4番がつくっており，この4つは遠位視細胞とよばれる．視細胞1番と2番は動物の背腹軸と平行，3番と4番は前後軸と平行な微絨毛をもつ．感桿の下側（近位側）3分の1では，視細胞5〜8番が対角線方向に微絨毛を伸ばしている．この4つは近位視細胞とよばれる．視細胞9番は，個眼の基部でごくわずかに微絨毛をもっていて，基底視細胞ともよばれる．ナミアゲハの感桿は，このように遠位層と近位層が明確に区別される2層構造だが，必ずしもすべての連立像眼が2層構造になっているわけではない．たとえばミツバチの個眼では，視細胞1〜8番が感桿の全長にわたって微絨毛を伸ばしている．

　ナミアゲハ複眼の横断切片を光学顕微鏡で調べると，感桿はかなりの長さにわたって，赤色あるいは黄色の色素で取り囲まれていることがわかる．色素は感桿の外側に密着していて内部に入り込んではいないが，実際は色フィルター

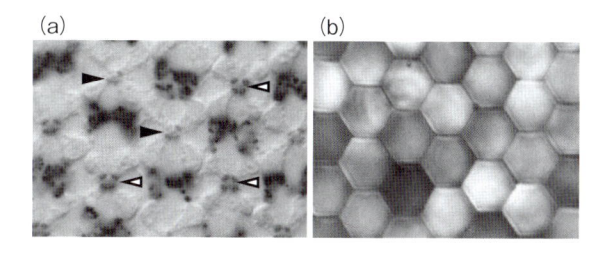

図4　ナミアゲハ個眼の色フィルター
　　(a)ナミアゲハ個眼における感桿周囲色素．色素の黄色い個眼（黒矢頭）と赤い個眼とがある（白矢頭）．(b) 複眼を内側から照明し，外側から撮影したもの．実際には，個眼は黄色，赤またはピンクに見える．感桿周囲色素がフィルターとしてはたらくためである．→口絵2参照．

としてはたらいている（**図4**）．それは，感桿の直径が2μm程度と非常に細いからである．光が波長と同程度の直径しかない細い光ファイバーを通るとき，光の一部はファイバーの外にしみ出すようにして伝播する．感桿周囲の色素は，そのしみ出した光を吸収することで，フィルター効果を発揮する．つまり，個眼はひとつひとつ，赤色か黄色のフィルターをかけた状態になっているのである．感桿の上端から入った光は下に向かって伝播する間にだんだんと吸収されるので，色素によるフィルター効果は感桿の下部にいくほど強くなる．色素の色は，チョウの種類によって異なる．モンシロチョウでは橙色と紅色，シジミの仲間では紫色である[2]．

2 視力

次に，複眼の視力（**空間分解能**：spacial resolution）について考えよう．空間分解能は，空間的に離れた2点を，異なる2点として識別できるぎりぎりの能力である．たとえば直径1mmの円を2つ，1mmの間隔で並べたとき，3m離れたところからなんとか2点が見えた（2つの点を隔てる1mmの隙間が見えた）とする．ある距離にある物体の眼にとっての「大きさ」は，角度で表現する．1mmの物体が3mのところにあれば約$0.02°$，30cmのところにあれば約$0.2°$である．視力は人間の空間分解能を表す指標で，分の単位で表した最小視角度の逆数として定義されている．つまり，視角度1分（$1°$の60分の1）のものを識別できる分解能が視力1.0，2分ならば視力0.5である．

空間分解能を決める最も大切な要因は，光を受容するユニットが眼の中でどれくらいきめ細かく並んでいるかである．2つの点が離れていることを知覚するには，興奮している視細胞の間に少なくとも1つ，興奮していない視細胞が挟まれていなくてはならない．したがって，弁別できるパターンの空間頻度v_s，レンズの焦点距離f，視細胞間距離sの間には

$$v_s = \frac{f}{2s}$$

という関係が成り立つことになる．ヒトの場合，fは約17mm，sは約2μmなので，弁別できる最小の視角度は0.4分となり，視力に換算すると2.5となる．

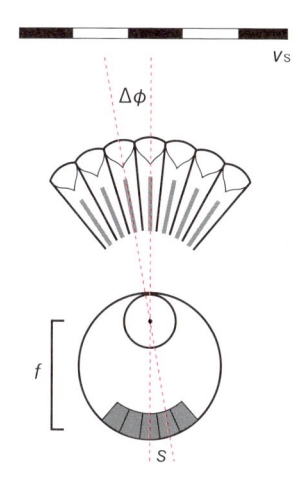

図5 眼の空間分解能と光受容器間角度（Δφ）の関係を示した図
脊椎動物のカメラ眼（下）と複眼（中）が対比されている．f は焦点距離，s は受容器の直径，v_s は視覚刺激の空間頻度．文献3より改変引用．

複眼の場合，s に相当するのが隣接する個眼どうしのなす角度（個眼間角度 Δφ）なので，まったく同様に

$$v_s = \frac{1}{2\Delta\phi}$$

という関係が成り立つ（図5）．個眼間角度 Δφ は種によって多少ばらつきがあって，カマキリで 0.6°，アゲハで 0.8°，ミツバチで 1.7° である．上述の式に従って計算すると，視力はそれぞれ約 0.03，0.02，0.01 前後と推定される．ヒトを標準として考えると，これはかなりの近視である．視力 0.01 といえば，約 50 cm まで近づいて初めて，視力検査表の一番上がかろうじて見える視力である．昆虫ではこれで結構ものの役に立っているというところが意外で，おもしろい[3]．

3 色覚

　色覚は，視力と並んで重要な視覚機能で，視覚刺激をその明るさでなく波長分布特性によって識別する能力のことである．複眼をもつ動物で色覚が初めて

証明されたのはセイヨウミツバチ（*Apis mellifera*）である[4]．ミツバチには紫外線は色として見えているが，赤色を灰色と区別することができない．複眼には，紫外，青，緑の波長領域にそれぞれ高い感度をもった3種の視細胞があって，それが色覚の基礎になっている．ミツバチのほか，ナミアゲハ，メスアカモンキアゲハ（*Papilio aegeus*），ベニスズメ（*Deilephila elpenor*），ハナシャコ類などで色覚が行動学的に証明されている．特にナミアゲハでは色の恒常性（1-5参照）や波長弁別能など，色覚にかかわるかなり細かい現象まで明らかになっている[5]．

3.1 視物質と視細胞分光感度

色覚にとって最も基本的な生理学的基盤は，視細胞の**分光感度**（spectral sensitivity）である．視細胞の分光感度を決める第一の要因は，その細胞に発現している視物質の分光吸収特性である．

視物質は感桿の膜に含まれていて，感桿に入射した光を吸収する．視物質分子は，オプシンタンパク質と11シス型レチナールが結合したものである．ミツバチの場合，複眼にはアミノ酸配列の異なる3種類のオプシン AmUV，AmB，AmG がある．それぞれ，紫外吸収型，青吸収型，長波長吸収型に分類される（図6）．図7は，3種のオプシンをコードするmRNAがどの視細胞に発現しているかを調べた *in situ* ハイブリダイゼーションの結果で，短波長吸収型オプシン（AmUVとAmB）の発現パターンをみれば，個眼が明確に3つのタイプに分けられることがわかる．2つの短波長受容細胞がどちらもAmUVを発現するもの，AmBを発現するもの，AmUVとAmBを1つずつ発現するものである．この層では8個の視細胞が確認されるが，あとの6つはすべての個眼で AmG が発現している[6]．

1つの視細胞には，原則として1種類のオプシンしか発現しないが，まれにオプシンを2種類以上発現する視細胞もある．ナミアゲハには，紫外吸収型1種（PxUV），青吸収型1種（PxB），長波長吸収型3種（PxG1, PxG2, PxR）の，合計5種類のオプシンがある（図6）．一方ナミアゲハ複眼には，分光感度の異なる視細胞が6種類ある．紫外，紫，青，緑，赤，広帯域である（図8）．このうち広帯域受容細胞には緑オプシン PxG2 と赤オプシン PxR とが，多く

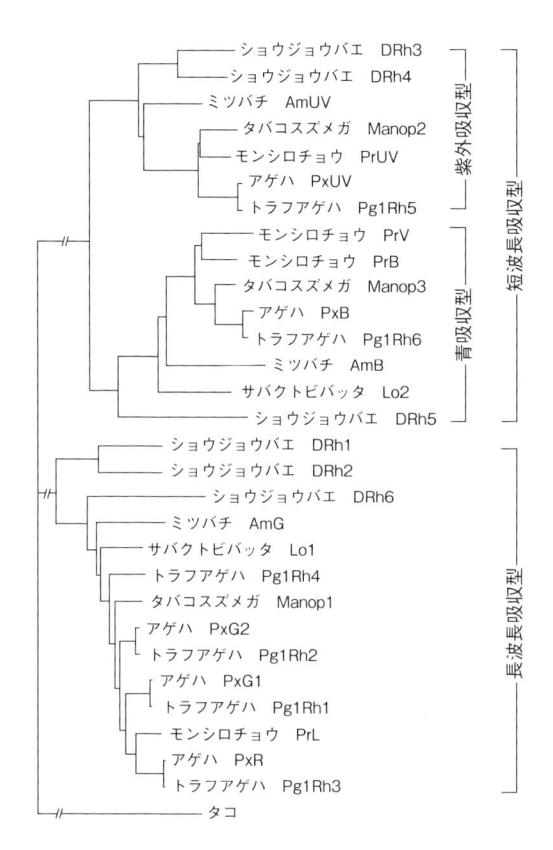

図6 昆虫オプシンの分子系統樹

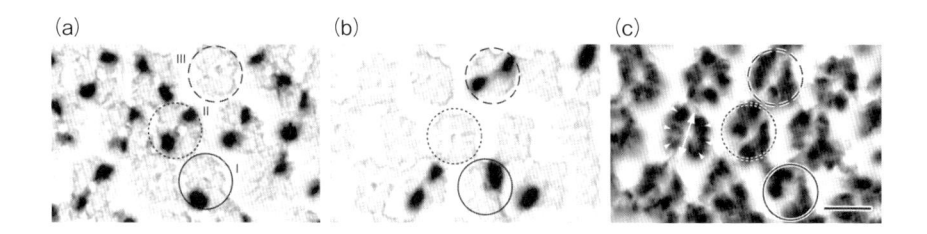

図7 セイヨウミツバチ複眼における3種のオプシンmRNAの発現（連続切片）
(a) 紫外吸収型AmUV．(b) 青吸収型AmB．(c) 長波長吸収型AmL．ミツバチの個眼はねじれているため，個眼によって2つの短波長受容細胞の配列方向が変わる（白矢印）．発現パターンには3種類ある．紫外と青が1つずつあるタイプⅠ，紫外が2つあるタイプⅡ，青が2つあるタイプⅢ．

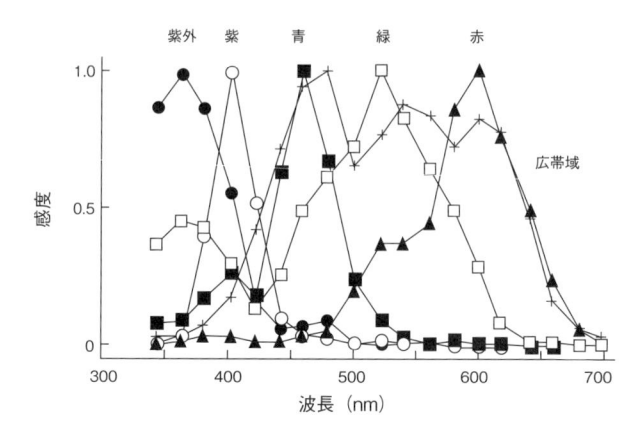

図8 ナミアゲハ複眼に含まれる6種の色受容細胞の分光感度

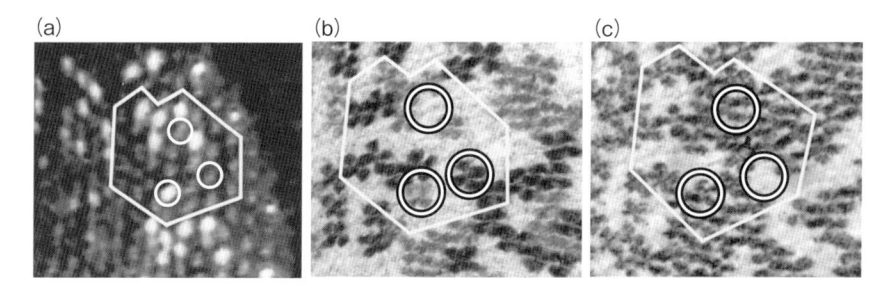

図9 ナミアゲハ複眼近位視細胞5〜8番における長波長吸収型視物質mRNA2種の発現（連続切片）
(a) 紫外線落射照明で撮影した蛍光写真．白く見えるのが3OH-レチノールを含む蛍光個眼．
(b) 緑吸収型PxG2の発現．(c) 赤吸収型PxRの発現．発現パターンは3タイプ．PxRのみを発現するタイプⅠ，PxL2と3とを重複発現し，かつ蛍光を出すタイプⅡ，PrL2のみを強く発現するタイプⅢ．

の緑受容細胞には2つの緑オプシンPxG1とPxG2とが同時に発現している（図9）[7]．視物質の重複発現はごくまれな現象と考えられてきたが，ごく最近，モンキチョウ[8]やショウジョウバエ[9]でも類似の視細胞が見つかった．

視細胞の分光感度は，実は視物質だけでは決まらない．前項で述べた感桿周囲色素が強い影響を及ぼす．典型的なのは，モンシロチョウである．モンシロチョウの個眼には，感桿周囲色素が橙色のものと紅色のものとがある．橙色個眼の近位視細胞5〜8番は，620 nmに感度の極大をもつ赤受容細胞，紅色個眼の5〜8番は，640 nmに色素をもつ暗赤受容細胞である．一方，モンシロチョ

ウ複眼からは3種類の短波長吸収型（PrUV, PrV, PrB）と1種類の長波長吸収型（PrL）が見つかっている．*in situ* ハイブリダイゼーションの結果，短波長吸収型の3種類は視細胞1番と2番にのみ発現，PrLはすべての個眼の3～8番に発現していることがわかった．遠位視細胞の3番と4番は，感度ピークが560 nmにある黄緑受容細胞である．分光感度曲線は563 nm吸収型の視物質と非常によく一致する．つまりPrLは560 nmの視物質と考えられる．その視物質が近位視細胞5～8番に発現すると，これが赤あるいは暗赤受容細胞になる．その原因として唯一考えられるのが，橙色あるいは紅色の色素によるフィルター効果である[10]．

色素は，感桿周囲で可視光を吸収するものだけではない．雄のモンシロチョウ複眼に紫の光を照射すると，複眼のところどころに強い蛍光を発する個眼が見つかる．これは紫の光を吸収するフィルターとしてはたらいている．アゲハでも蛍光を出す個眼があって，この場合には紫外線照射で青白い蛍光が出る．アゲハ複眼で蛍光を出している物質は感桿の浅い部分に蓄積したビタミンAで，生理学的には紫外線を吸収するフィルターとしてはたらいている．アゲハの場合，紫外吸収型視物質であるPxUVを含む視細胞が，蛍光を出す個眼にも蛍光を出さない個眼にも含まれている．その視細胞は，蛍光を出さない個眼では紫外受容細胞であるのに対し，蛍光を出す個眼では紫受容細胞である[11]．

3.2 色覚の構成

色素のフィルター効果ゆえに，個眼の多様性と色受容細胞の種類の間には非常に深い関係が生まれている．表1はナミアゲハ複眼に含まれる3タイプの

表1 ナミアゲハ複眼における3タイプの個眼

タイプ	比	色素	蛍光	視細胞の分光感度と視物質			
				1, 2	3, 4	5～8	9
I	50%	赤	×	紫外・青 PxUV・PxB	2峰性緑 PxG1+PxG2	赤 PxR	赤?
II	25%	赤	○	紫 PxUV	単峰性緑 PxG1+PxG2	広帯域 PxG2+PxR	緑?
III	25%	黄	×	青 PxB	2峰性緑 PxG1+PxG2	2峰性緑 PxG2	赤?

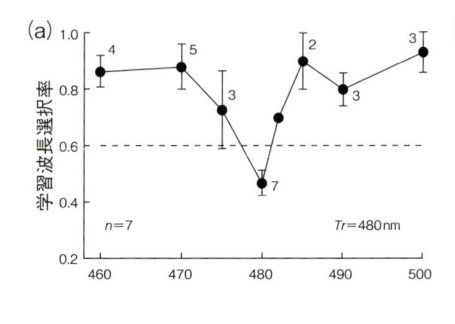

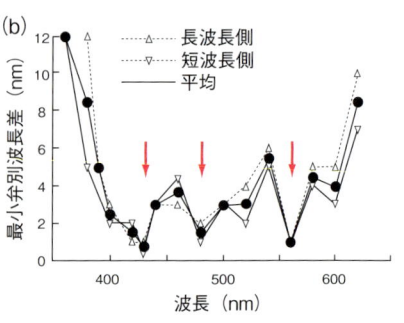

図10 ナミアゲハの波長弁別能
(a) 480 nm でトレーニングしたナミアゲハの実験結果．横軸はテスト波長．テスト波長 = 480 nm のとき，480 nm が 2 つ提示されているため，学習波長の選択率は 50％となる．選択率 60％になる波長差を測定する．(b) 最小弁別波長差を学習波長に対してプロットした弁別能曲線．430 nm，480 nm，560 nm で弁別能が高い．

個眼と，それぞれに含まれる視細胞の分光感度および発現視物質をまとめたものである．この表のとおり，ナミアゲハ複眼には 6 種の色受容細胞がある．タイプ I 個眼の青受容細胞とタイプ III 個眼の青受容細胞は感度特性がいくらか違うこと[12]，緑受容細胞にはピークが 1 つの単峰性と 2 つの 2 峰性のものとがあること[13]を加味すると，実に 8 種類もの色受容細胞が存在することになる．

ナミアゲハに色覚があるということは行動実験で証明されているが[14]，その色覚系が何色性のシステムかはわからない．ヒトの網膜には 4 種の視細胞があるが色覚が 3 色性であるように，複眼に 8 種類の細胞があるからといって，色覚が 8 色性とは限らない．

色覚に使われている細胞の種類と数を推定する方法の 1 つが，波長弁別能（どれだけわずかな波長差を識別できるか）を調べることである．ヒトは，500 nm と 600 nm あたりでわずか 1 nm の波長差がわかる．弁別能の高い領域

Key Word

ノイズ制限モデル
視細胞の分光感度とノイズレベルに基づいて，システムの閾値を推定するモデル．信号をとらえる視細胞の数が多いほど SN 比が高くなる．ここでは，ナミアゲハ複眼に含まれる各色受容細胞の数を組み込んで計算した．詳細は文献 15 と 16 を参照．

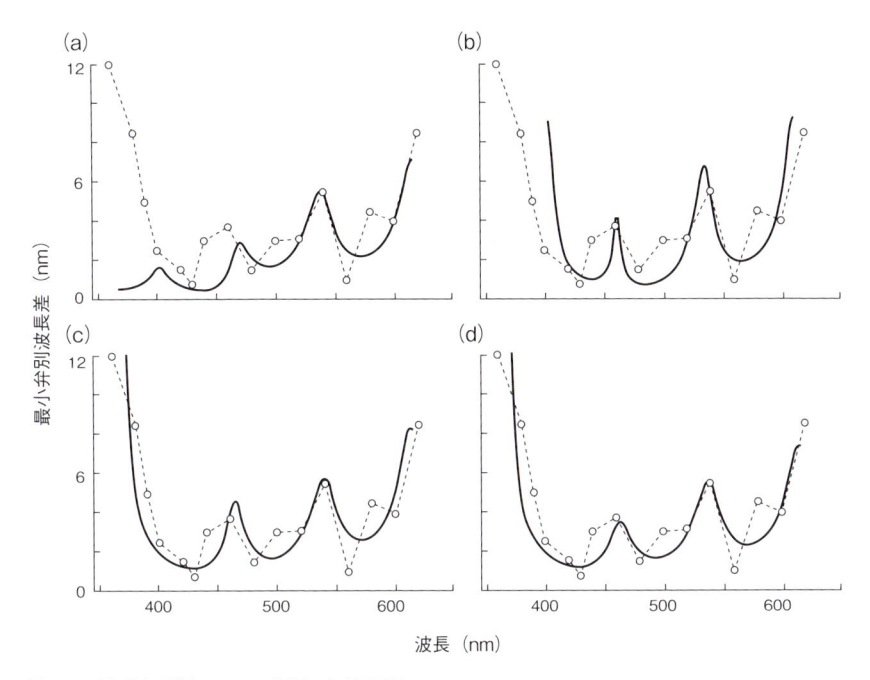

図11 波長弁別能の,モデルによる評価
(a) 広帯域以外がはたらいていると仮定(図8参照). (b) 紫外と広帯域を除外. (c) 紫と広帯域を除外. (d) cに加え,タイプⅡ個眼に特有の単峰性緑(表1参照)を除外.

が2ヵ所あるのは,ヒトの色覚系が3色性だからである.500 nm あたりで青受容細胞と緑受容細胞の感度が,600 nm あたりで緑と赤の感度が重なっていて,そのために弁別能が上がるのである.したがって,4色性ならば弁別能の高い領域が3ヵ所,5色性ならば4ヵ所と予測できる.

私たちはナミアゲハに単色光の下で蜜を吸うことを学習させ,学習した波長とそれに近い波長のいずれかを選ばせて,ナミアゲハの波長弁別能を測定した.その結果,560 nm,480 nm,430 nm の3ヵ所で約1 nm の波長差を識別できることがわかった.この実験結果は,ナミアゲハの色覚が4色性であることを示している(**図10**).

8種類のうちどの細胞がこの行動にかかわっているかは,**ノイズ制限モデル**(receptor noise-limited model,**Key Word**参照)で理論的に推定した[15].紫外,紫,青,緑,赤,広帯域のすべてを使っていると仮定すると,計算結果は実験

とはまったく合わない．広帯域だけを除いても状況はほとんど変わらない（図11a）．さらに紫外を除くと曲線には明確に3つのへこみが現れるが，短波長側の矛盾は大きい（図11b）．紫外を戻し，代わりに紫受容細胞を除くと，実験結果にかなりよく一致する曲線が得られた（図11c）．ナミアゲハの4色性を構成するのは，紫外，青，緑，赤の4種の視細胞らしい．ここで除外された紫受容細胞と広帯域受容細胞は，いずれも蛍光個眼に含まれる視細胞である．蛍光個眼にはもう1つ，緑受容細胞の一種である単峰性緑受容細胞が含まれる．計算から単峰性緑受容細胞も合わせて除外すると，曲線はさらに実験データに近づいた（図11d, 表1）．つまり，吻伸展行動で測定される波長弁別能に限っていえば，蛍光個眼が使われていないということになる[16]．

おわりに

複眼の構造をつぶさに調べてみると，全体に共通する特徴と，昆虫のグループや種ごとの特徴とが入り交じっていることがわかる．どんな研究でも同じだが，生物学的な原理を理解するには，ある種を深く調べるのと平行して，いくつかの種をそれぞれある程度の深さで理解することが不可欠である．ただ，原理を追求するあまりに，生物の個別性を忘れてはならない．実験科学が直接解明できるのは個別の現象だからである．個別性を丹念に解明していけば，そこから必然的に大切な原理が透けてみえてくることだろう．

引用文献

1) Nilsson, D. -E. (1989) Optics and evolution of the compound eye. *Facets of vision* (eds. Stavenga, D. G., *et al.*) pp.30-73, Springer-Verlag
2) Arikawa, K. and Stavenga, D. G. (1997) Random array of colour filters in the eyes of butterflies. *Journal of Experimental Biology*, **200**, 2501-2506
3) Land, M. F. (1997) Visual acuity in insects. *Annual Review of Entomology*, **42**, 147-177
4) カール・フォン フリッシュ 著，桑原万寿太郎 訳（1975）『ミツバチの生活から』，岩波書店
5) Kelber, A., *et al.* (2003) Animal colour vision - behavioural tests and physiological concepts. *Biological Reviews of the Cambridge Philosophical Society*, **78**, 81-118

6) Wakakuwa, M., *et al.* (2005) Spectral heterogeneity of honeybee ommatidia. *Naturwissenschaften*, **92**, 464-467
7) Arikawa, K. (2003) Spectral organization of the eye of a butterfly *Papilio*. *Journal of Comparative Physiology A*, **189**, 791-800
8) Awata, H., *et al.* (2009) Evolution of color vision in pierid butterflies: Blue opsin duplication, ommatidial heterogeneity and eye regionalization in *Colias erate*. *Journal of Compartive Physiology A*, DOI 10.1007/s00359-009-0418-7
9) Mazzoni, E. O. C. A., *et al.* (2008) Iroquois-Complex genes induce co-expression of rhodopsins in *Drosophila*. *PLoS Biology*, **6**, e97
10) Wakakuwa, M., *et al.* (2004) A unique visual pigment expressed in green, red and deep-red receptors in the eye of the small white butterfly, *Pieris rapae crucivora*. *Journal of Experimental Biology*, **207**, 2803-2810
11) Arikawa, K., *et al.* (1999) An ultraviolet absorbing pigment causes a narrow-band violet receptor and a single-peaked green receptor in the eye of the butterfly *Papilio*. *Vision Research*, **39**, 1-8
12) Kinoshita, M., *et al.* (2006) Blue and double-peaked green receptors depend on ommatidial type in the eye of the Japanese yellow swallowtail *Papilio xuthus*. *Zoological Science*, **23**, 199-204
13) Bandai, K., *et al.* (1992) Localization of spectral receptors in the ommatidium of butterfly compound eye determined by polarization sensitivity. *Journal of Comparative Physiology A*, **171**, 289-297
14) Kinoshita, M., *et al.* (1999) Colour vision of the foraging swallowtail butterfly *Papilio xuthus*. *Journal of Experimental Biology*, **202**, 95-102
15) Vorobyev, M. and Osorio, D. (1998) Receptor noise as a determinant of colour thresholds. *Proceedings of the Royal Society of London Series B Biological Sciences*, **265**, 351-358
16) Koshitaka, H., *et al.* (2008) Tetrachromacy in a butterfly that has eight varieties of spectral receptors. *Proceedings of the Royal Society of London Series B Biological Sciences*, **275**, 947-954

参考文献

Land, M. F. & Nilsson, D. -E. (2002) *Animal eyes*. Oxford University Press
Stavenga, D. G. & Hardie, R. (1989) *Facets of Vision*. Springer-Verlag
カール・フォン フリッシュ 著, 桑原万寿太郎 訳 (1975)『ミツバチの生活から』, 岩波書店
日本動物学会 監修, 岡 良隆・蟻川謙太郎 編 (2007)『行動とコミュニケーション』, シリーズ 21世紀の動物科学 **8**, 培風館

■ ■ ■ 第1章 光と感覚 ■ ■ ■

5　昆虫の見る世界

木下充代

　昆虫の眼は複眼である．複眼を通して昆虫はどのような世界を見ているのだろうか？　複眼は，その光学的な構造から推測する限り，私たちの眼に比べると空間分解能（視力）はあまり高くないと考えられる．しかし，昆虫にもヒトと同じように，色や形を見分ける能力はある．色覚に含まれる基本的な現象や，形を見るときの認識のしくみは，ヒトのそれとよく似ていることがわかっている．さらに，昆虫には紫外線を色として見る，偏光の振動面の違いを見分けるといった，ヒトにはない視覚能力をもっている．それら他の視覚能力で視力の低さを補っていると思われる．

はじめに

　たとえ同じ景色を見ていたとしても，動物の種が違えば見える世界はまったく異なる．このことをUexküllは，その著書『生物から見た世界』のなかで「環境世界」という言葉で表している[1]．Uexküllによれば，環境世界とは，ある動物の「知覚世界」とその動物の行動が環境に及ぼす「作用世界」とを合わせたものである．知覚世界は，環境から動物の感覚を通じて取り込まれた情報からつくられる．ヒトが取り入れる環境情報には光・音・化学物質などがあり，視覚・聴覚・嗅覚・味覚・触覚の五感を通して知覚される．五感のうち視覚は特に重要で，私たちは，外界の情報のうち約8割を視覚から得ているといわれ

ている．

　さて，昆虫の見る世界は，私たちの見ている世界とどのくらい似ていて，どこがどう違うのだろうか？　ヒト以外の動物が見ている世界は，行動生理学的な実験によって調べることで，ある程度予想することができる．昆虫の見ている世界については，Frisch（Karl von Frisch, 1973年ノーベル医学生理学賞受賞）が調べたミツバチが最初の例といってよいだろう[2]．最近になって，特にチョウ・ガ類で，その色覚能力に関する理解が進んできた．ここでは，ミツバチとチョウにおける最近の実験結果に基づき，昆虫の見ている世界について，色，形，偏光の3点に焦点をしぼって紹介する．

1 色覚

　視覚能力のうち，光の波長成分に対応する感覚を色覚といい，これは多くの動物に共通している．物体に色がついて見えることによって，視覚情報は白黒の世界に比べ格段に豊かになる．色は，光そのものについているわけではなく，光の波長分布特性の違いをもとに動物の脳がつくりだしたもの，すなわち色は動物の主観的経験であるといってもよい．

1.1 色覚

　ヒトの見ている色には，「色相」「明度」「彩度」の3つの属性がある．このうちいわゆる色相を見分ける能力が色覚（color vision）である．より一般的には，色覚は，物体をその明るさではなく波長分布特性の違いによって見分ける能力と定義される．色覚は，哺乳類のほか，魚類・鳥類・両性類の脊椎動物だけでなく，昆虫や甲殻類などの無脊椎動物にも存在する．

　10年ほど前にアゲハチョウ類が色覚をもつことが証明されて以降，訪花性のチョウ・ガ類で色覚の研究が大きく進んだ[3-5]．空腹のナミアゲハ（*Papilio xuthus*，以下アゲハ）には生得的に好む色があるが，色の好みはある色紙の上で蜜を与え続ける学習によって容易に変えることができる．赤色の色紙の上で蜜を探すように訓練されたアゲハは，蜜がなくても赤色の色紙をほかの3種類の色紙からよく見分ける．しかしこの結果だけから，アゲハが色を用いて色紙

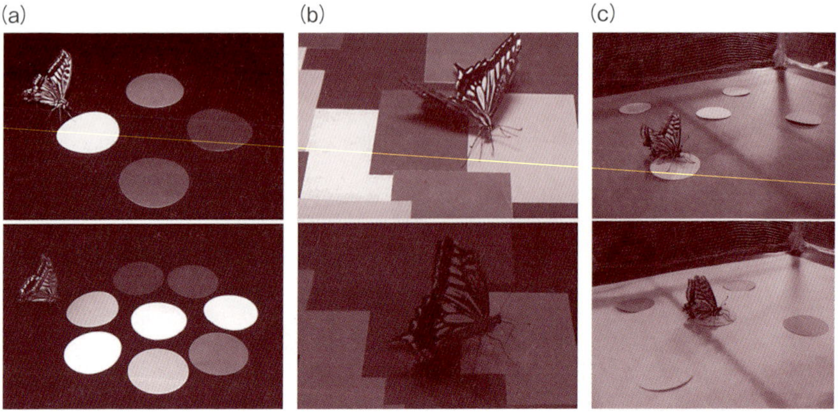

図1 色覚の証明（a），色の恒常性（b），色誘導（c）
(a) 黄色の色紙で蜜を与えられていたアゲハは，4種類の色紙（上）からもさまざまな明るさの灰色（下）からも正しく黄色を選ぶ．(b) 黄色を覚えたアゲハは，色モンドリアンとよばれる複雑なパターンのなかからも黄色を選ぶ．これは照明光が白色光（上）でも赤色光（下）でも同じである．(c) 黒色の背景に並べた5種類の色紙から緑色を選ぶように学習したアゲハは，背景の明るさが変わって灰色になっても緑色を選ぶ（上）．ところが，背景が黄色になると，黄緑を選ぶようになる（下）．→口絵3参照

を見分けたと結論することはできない．なぜならば，それぞれの色紙は明るさも異なるので，明るさを指標に色紙を見分けることもできるからである．しかし，アゲハは，赤色の色紙をさまざまな明るさの灰色の紙からも正しく見分けることができる．もし，アゲハが赤色の色紙を明るさで見分けているならば，赤色と，同じ明るさに見える灰色とを混同するはずである．しかし，それはけっして起こらない．また，赤色の色紙に中性フィルター（波長分布は変えずに強度だけを下げるフィルター．グレーフィルター）を重ねて赤色の明るさを変化させても，アゲハは赤色の色紙を選ぶ．学習させる色を黄色や緑色に変えても同じ結果になる（**図1a**）．このことは，アゲハが色紙を選ぶときに，明るさではなく，色紙の波長分布特性を見分けている，つまりアゲハは色覚をもつということを示している．

昆虫で，最初に色覚をもつことが明らかにされたのはミツバチ（*Apis mellifera*）である[6]．ところがミツバチの場合，赤色と灰色を区別することができない．Frischは，ミツバチには赤色が見えないが，そのかわりに紫外線が色として見え，紫外線と緑色が混ざった色（ミツバチ紫とよばれる）も独立

した色に見えていると結論した．Frisch によるこの研究から，長い間，昆虫は一般に紫外線が色として見えるかわりに赤色が見えないと考えられてきた．確かに，スズメガやハエの仲間はミツバチと同じように赤色が見えないようである．ところが，実は前述のアゲハのように，紫外から赤までの広い波長域を色として見ている昆虫も多い[7]．また，ベニスズメ（*Dilephila elpenor*）は典型的な夜行性で，ヒトには色がまったく見えないような暗い所で色覚を使う[8]．つまり，色が見えるという点では昆虫もヒトも共通しているが，見える波長域や絶対的な感度は種によって大きな違いがあるのである．

昆虫とヒトの色覚で最も大きな違いは，紫外感受性の有無だろう．実は魚類や鳥類も紫外線を見ることができるので，紫外線に対する感覚は哺乳類以外の動物にはごく普通のもののようだ．野外には，紫外線がつくるさまざまなパターンが存在する．たとえば，白色や緑色に見える花は，そのごく一部が紫外線を反射していることがある．訪花性の昆虫は，蜜の場所を示す「蜜標」とよばれるパターンを目印に蜜を探すが，この蜜標が紫外線の吸収と反射のパターンでできている花は多い．また，雌雄で翅の紫外線反射パターンが異なるものもある．モンシロチョウの雌の翅は紫外線を反射するが，雄では紫外線を反射しない．オスのモンシロチョウは，翅の紫外線反射の有無で雌を見分ける[9]．

1.2 色の恒常性

色覚をもつことをより確実に示す現象に，色の恒常性（color constancy）がある．1つのリンゴを，太陽の下と蛍光灯の下で見た場合，私たちの眼にはどちらの光条件下でもリンゴは赤く見える．この2つの光条件では，リンゴの表面で反射される光の波長成分は，照明光に含まれる波長分布に依存して大きく変わる．しかし色は赤色である．このように，物体表面で反射された光の波長成分が照明光の波長成分によって変化しても，知覚される色が変わらない現象を色の恒常性という．色の恒常性は，刻々と変化する光環境のもとで，色を指標として物体を識別しなければならない動物にとって，大切な現象である．環境から入る情報と知覚が単純に一致しないこの現象は，色の知覚が脳のはたらきによってつくられたものであることをよく表している．

色の恒常性は，色覚をもつ動物に共通する現象と考えられており，昆虫では，

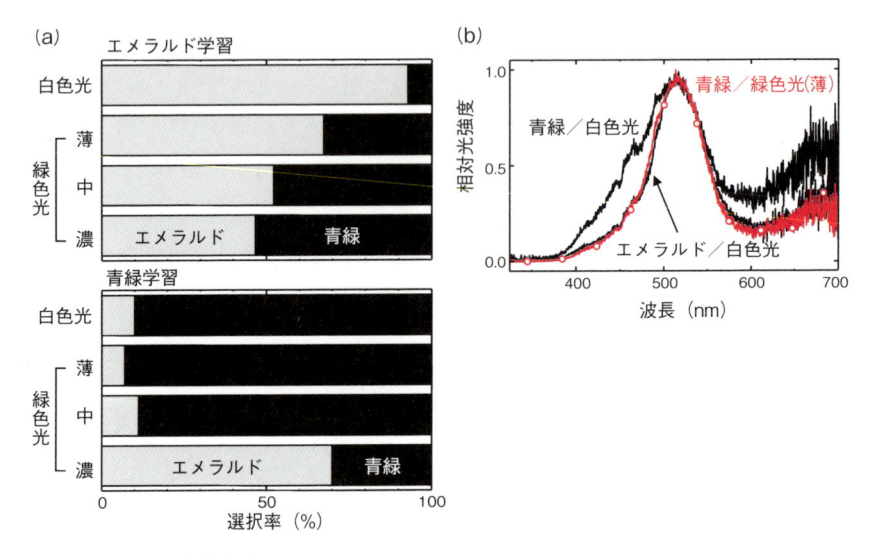

図2　厳密な色恒常性実験
(a) エメラルド色と青緑色を学習したアゲハの色弁別．アゲハは，白色光と緑色光（薄）の下では学習色を正しく選ぶ．しかし，照明の緑色が濃くなると青緑色とエメラルド色を間違えるようになる．(b) 青緑色とエメラルド色の反射スペクトル．緑色光（薄）下で測定した青緑色の反射スペクトルは，白色光下でのエメラルド色の反射スペクトルとほぼ同じになる．

ミツバチ[10]とチョウ・ガ類[11,12]でその存在が明らかになっている．

　白色光のもと，黄色の色紙上で蜜を探すように訓練したアゲハは，白色光下で見せた色モンドリアンとよばれるパターンから，黄色の部分を正しく選んで蜜を探す（**図1b**）．照明光の色を赤く変えても，正しく黄色を選ぶ．アゲハはおそらく，学習した色に最も近く見える色を色モンドリアンのなかから選んだのだろう．

　照明光と色紙の組合せを注意深く選ぶことで，色の恒常性をより厳密に示すことができる．アゲハは，エメラルド色と青緑色の色紙を，白色光の下でも緑色光の下でもよく弁別する（**図2a**）．実は，緑色光下での青緑色の反射スペクトルは，白色光下でのエメラルド色の反射スペクトルとほぼ一致する（**図2b**）．もし，アゲハが色紙を反射スペクトルだけで識別しているのであれば，白色光下でエメラルド色上に蜜があることを覚えたアゲハは，緑色光下では青緑色上で蜜を探すはずである．また，白色光の下で青緑色を覚えたアゲハは，緑色光のもとでも青緑色を選ぶ．緑色光をより濃い色光にするとアゲハは2つ

の色を見分けられなくなり，最終的には飛ばなくなる．以上の結果は，アゲハの色弁別が照明光の色に依存しないこと，つまり色の恒常性があることを示している．ただし，色の恒常性が成立するには許容範囲があって，あまり濃い色の照明のもとではだめである．これは，私たちの経験とも一致する．

1.3 色対比

色の見え方がかかわる視覚現象にもう1つ，色対比現象というのがある．色対比（color contrast）には，経時的色対比（successive color contrast）と同時色対比（simultaneous color contrast）がある．前者は，たとえば，緑色の光で照明された部屋にいたあと，普通の照明光の場所に入ると視野全体が赤みがかって見える現象である．これは，網膜にある緑受容細胞の選択的順応で説明されており，昆虫ではミツバチで確認されている[10]．後者は，広く均等な色の背景上に比較的小さい領域があるとき，その小さい領域に本来ないはずの色を感じる現象をいう．たとえば，赤いリングに囲まれた灰色の領域は緑がかって見える．同時色対比は，背景色によって本来ないはずの色が「誘導」されることから，色誘導（color induction）現象ともよばれる．ヒトの色誘導では，たとえば，青色が黄色を，緑色が赤色を誘導し，逆に黄色が青色を，赤色が緑色を誘導する．背景色と誘導色を足し合わせると灰色もしくは白色になり，このような関係にある2つの色の組合せを補色という．色誘導は，色の恒常性と深い関係にあり，基礎には同じしくみがあると考えられている．もし，これが本当ならば，色の恒常性をもつアゲハやミツバチでも色誘導が起こるはずである[13]．

アゲハに，黒の背景上に並べたほぼ同じ明るさの色紙のなかから緑色の色紙を選ぶことを学習させる．次に灰色の背景に同じ5種類の色紙を並べる（図1c上）．アゲハは間違いなく緑色を選ぶので，背景が明るくなったことはアゲハの知覚に影響しないことがわかる．ところが，背景を黄色にするとアゲハは黄緑色を選ぶようになる（図1c下）．この結果は，背景が黄色になると，黄緑色がアゲハに記憶されている緑色に近い色に見えていたことを示している．背景によって誘導された色を明らかにするために，学習させた緑色と背景を変えたときに選ばれた色紙との間で反射スペクトルの差を計算した．すると，

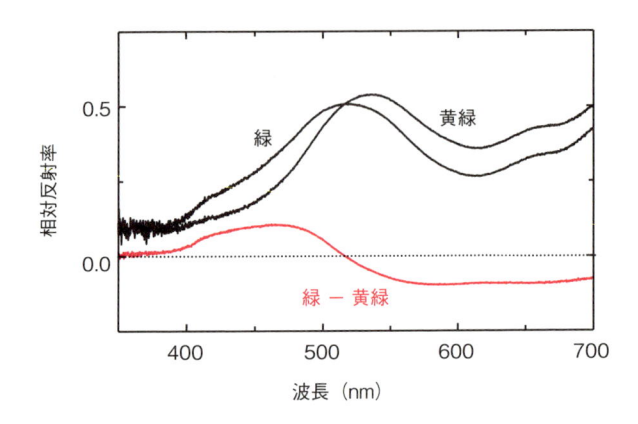

図3 背景が誘導する色の推定
緑色と黄緑色の差スペクトルは,約460 nm(青色)に極大をもつ.黄色の背景にすると,青色のスペクトルが誘導されることを示す.

黄緑色と緑色の間では460 nm付近に極大をもつ曲線が得られた(**図3**).このようなスペクトルをヒトが見ると青色を感じる.これは,黄色の背景が青色を誘導したと言い換えることができる.もし,ヒトの色誘導のように背景色と誘導色が同じ組合せになるのだとすると,青色を背景にすると黄色が誘導されるはずである.事実,緑色を学習させたアゲハは青色の背景のとき,青緑色を選ぶ.青緑色と緑色の差スペクトルは,500 nmより長い波長域が高い.黄色の色紙の反射スペクトルに似た曲線であった.このことは,青色と黄色がヒトの補色関係にあることと似ている.アゲハに橙色を学習させた同様の実験では,紫色と緑色がもう1つのペアであることがわかった.ミツバチでは,青色と緑色(黄色)がペアになっている.これらの色はおそらく補色の関係にあるが,それを結論するには,両者を足し合わせたときに白色か灰色に見えるということを確かめる必要がある.

1.4 色覚と複眼のデザイン

1つの個眼に入る光情報は,視野を構成する1つの画素にあたる(**1-4参照**).複眼の空間分解能(視力)は,個眼と個眼がなす角度,個眼間角度によって決まる.個眼間角度は昆虫の種類によって異なるが,おおむね1°である.私たちの空間分解能がおよそ60分の1°(視力1.0に相当)であることを考えると,

昆虫の視力はけっしてよいとはいえない[14]．

　色を見るには，網膜に分光感度の異なる2種類以上の光受容細胞が必要である．最近の研究で，1つの個眼にはそういった光受容細胞が2種以上含まれるのが普通であることがわかった．つまり複眼は，原理的にはたった1つの個眼で色を見ることが可能ということになる．実際はどうなのだろうか？　これは，昆虫が色を弁別できる最小の大きさを測定することで調べられる．

　視力の測定では，一定の場所からある大きさの視覚刺激を識別できるかどうかをテストする．動物でこれを調べるには，Y迷路とよばれる装置を使う（**図4a**）．アゲハに使うY迷路は，最初にアゲハを入れる学習領域から2本の通路がY字型に伸びていて，その通路奥に色紙の円板が提示される．アゲハは片側の通路に入り込むと，もう片方の通路にある円板を見ることができない．そのためつねに通路に入る前に，左右のどちらに入るかを決めなければならない．色を見分けられる最も小さいサイズを測定する実験では，片方の通路奥に学習させた色の円板を，もう片方に同じ明るさの灰色の円板をそれぞれ黒色の背景に貼りつけてアゲハに見せる．円板の色が見えていれば，アゲハは色円板のある通路に入って行く．円板のサイズを変えて，どの大きさまでアゲハが色円板のある通路に入るかを測定すると，視角度にしておよそ1°の大きさまで正しい通路に入ることがわかった（**図4b**）．この結果は，ほかの色でもだい

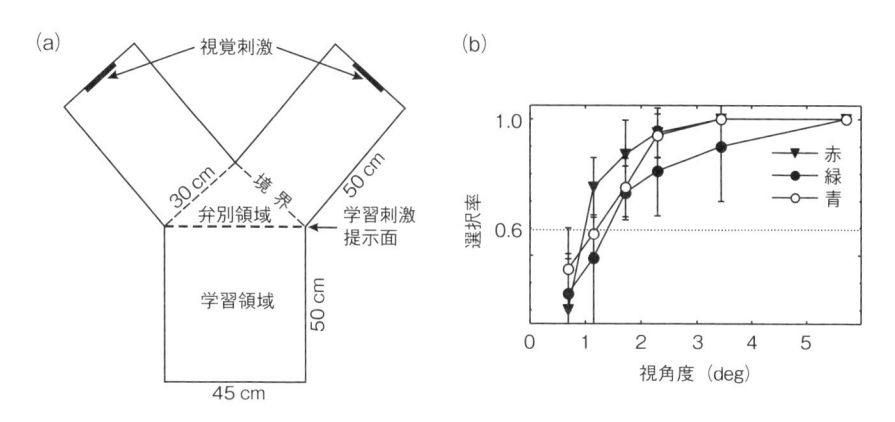

図4　色の検出限界
　（a）Y迷路．（b）色が見える限界のサイズ．アゲハは，学習した色にかかわらず視角度約1°の大きさならばその色が見える．

たい同じだった[15]．アゲハの個眼間角度はおよそ0.8°である．視力の限界も，その程度と考えられる．つまりアゲハは視力の限界ぎりぎりまで色が見えているらしい．ヒトでは視力の限界近くでは，物体の色が見えない．アゲハは視力の低さを色覚で補っているとも考えられる．

　同じような実験はミツバチでも行われており，色の見える最小サイズはおよそ5°であることがわかっている[16]．視角度5°は個眼約7個分の受容角に相当する．もし背景と円板が緑受容細胞だけを同等に刺激するような色だった場合には，色の違いが識別できる最小サイズはなんと15°にもなってしまう[17]．これは，ミツバチでは緑受容細胞が視力の限界を決めているためだと考えられている．ミツバチの視力がアゲハよりも悪くても蜜源に間違いなく到達できるのは，同じ巣の仲間から蜜源の方向や距離を知らされているためかもしれない．または視覚以外の感覚の使い方がアゲハと違っているためかもしれない．

2 形態視

　物体の形を見る能力は，ミツバチで最もよく調べられている．過去には，昆虫は輪郭の複雑さを見ているという「フリッカー仮説」や，脳で過去に見た形が鋳型として記憶され，新しい形をその鋳型に合致するかどうかで見分ける「テンプレート仮説」などが提唱されてきた．現在では，昆虫もたくさんの形から共通する性質を抽出し，性質ごとに分類して認識すると考えられている．さらに，昆虫は形の性質ひとつひとつを見ているだけでなく，それぞれの異なる性質をもつ形が視野全体のなかでどのように配置されているかというレイアウトも認識していることがわかってきた．

2.1 形の特徴と弁別

　ミツバチが弁別できたりできなかったりする形にはどんなものがあるだろう？　図5は，Frischが初期の実験で用いた図形である．上段から1つ，下段から1つを取り出して並べると，ミツバチは両者をよく見分ける．上段の3つどうし，下段の3つどうしは弁別できない．Frischはこの結果を，輪郭の複雑さがつくりだすちらつきが決め手になったと考えた．いわゆるフリッカー

図5 Frischがミツバチの形態視を調べるのに使った図形
上段と下段は見分けられるが,横に並ぶ図形どうしは見分けられない.文献2より改変引用.

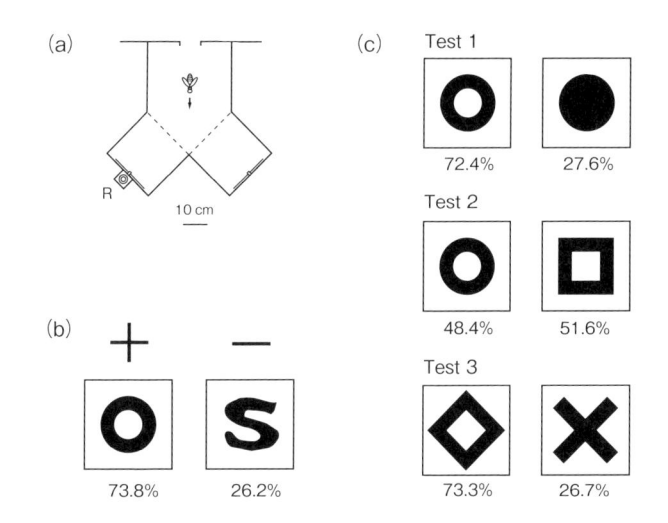

図6 位相同型の形とそうでない形の弁別
(a) Y迷路.(b) 学習させた形.リングで蜜を与える(+)と,ミツバチはS字ではなくリングを選ぶようになる.(c) テストで提示した形の組合せ.ミツバチは,リングと黒丸を正しく見分ける(Test 1)が,リングと四角枠は見分けられない(Test 2).菱形枠と×印を見せると,菱形を選ぶ(Test 3).リング,四角枠,菱形枠は,それぞれ位相同型である.一方,リングと黒丸もしくは菱形枠と×印は,それぞれ位相同型の関係にない.各形の下にある数字は選択率.文献16より改変引用.

仮説である.これを確かめるため,ChenらはFrischが用いたのとよく似た図形を使った学習弁別実験をY迷路(**図6a**)内で行った.まず,リングとS字を見分けるようにミツバチを訓練する.訓練されたミツバチは,黒丸とリングは見分けられるが,リングと四角枠は見分けられなかった(**図6b**).黒丸と

リングの形はどんなにゆがめても同じになることはないが，リングと四角枠はゆがめると同じ形になる．いわゆる位相同型（topologically identical）の図形である．さらに，一度もミツバチが見たことのない菱形枠と×印では，ミツバチは菱形枠を選ぶ（図6b）．実は，菱形枠はリングと位相同型で，リングと×印は位相同型でない．よって，Frischの実験でミツバチは，ちらつきよりもむしろ，図形の位相的特徴を識別したと考えられる[18]．

2.2 形の一般化と分類

私たちは，過去に見た形を記憶しておき，新しく見た形を記憶に照らし合わせることで，新しい形を認識していると考えられている．ここには，過去に見たさまざまな形のなかからある形質を抽出して一般化して分類するという過程がある．ミツバチの形認識における一般化と分類に関する問題は，形の対称性

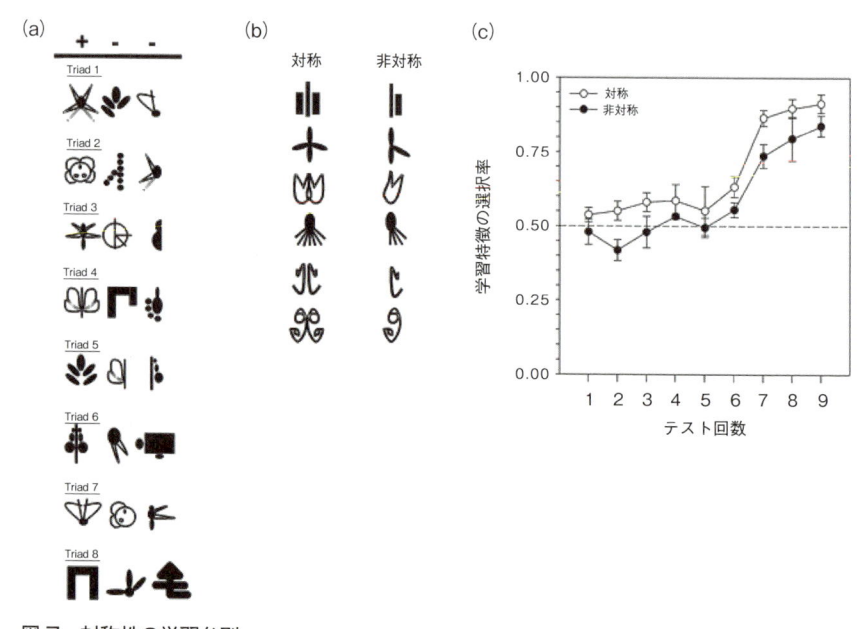

図7　対称性の学習弁別
（a）学習で用いた図形の組合せ．左右非対称の図（左側の列，＋）でのみ蜜を与えた．（b）テスト用の刺激ペア．学習で用いられたものは含まれない．（c）対称性の学習過程．7回目のテストから，ミツバチは対称性の特徴を図形のなかから見分けられるようになる．文献19より改変引用．

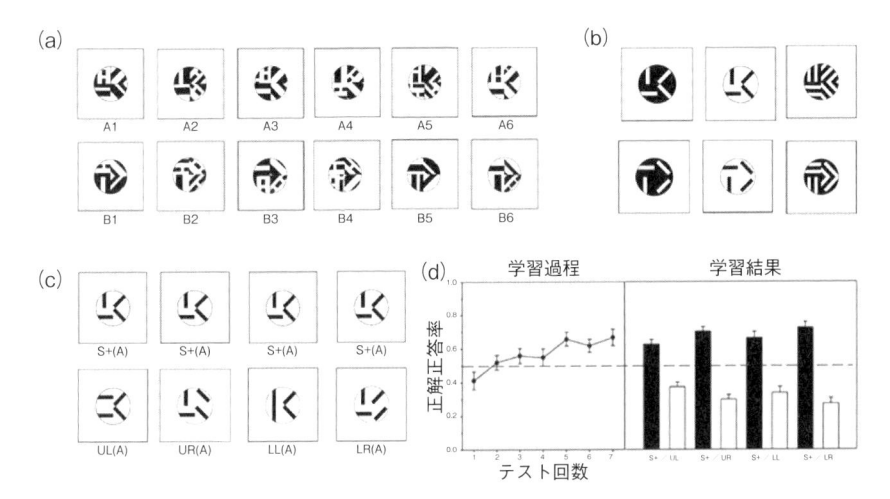

図8 レイアウトの学習弁別
(a) 学習に用いた形．4種類の異なる傾きを含む図形を，A（上段）とB（下段），2種類にレイアウトしたものをそれぞれ6種類ずつ用意した．(b) テスト刺激1．学習のA（上段）とB（下段）のレイアウトでつくったもの．ミツバチは，AとBの刺激を見分けることができる．(c) テスト刺激2．学習のAを単純化したもの（上段）とそのレイアウトを一部変えたもの（下段）．テストではミツバチに上下のセットで提示して，弁別させる．S+は学習パターンを単純化したもの，UL（左上），UR（右上），LL（左下），LR（右下）はそれぞれの位置にある線の向きが学習パターンと異なることを示す．(d) cの図形によるテスト結果．学習過程（左）．学習結果（右）．7度目のテスト以降，全体の一部が異なる図形から正しいレイアウトのものを有意に選べるようになる．文献19より改変引用．

と非対称性の学習・弁別の実験で初めて取り上げられた[20]．

　ミツバチに，3つのパターンを同時に見せる．うち1つは必ず左右対称の形で，ミツバチには必ずそこで蜜を与える（**図7a**）．続いて学習のときに見せていたものとは別の左右対称の形と非対称の形（**図7b**）を見せる．すると，ミツバチは学習時の図形に含まれていた形の個々の特徴は手がかりに使うことができないにもかかわらず，左右対称の形を選ぶ．学習させる形を非対称のものにすると，非対称のものを選ぶようになる．ミツバチは見たことのある図形から「対称性」を認識しているのである[19,20]（**図7c**）．

　ミツバチは巣の周りにあるさまざまな目印の配列をよく覚える．Stachらはミツバチのこの能力を，傾きを含むパターンを使って実験的に示した[19,21]．4つの異なる傾きが一定の法則に従って含まれるパターンを見せながらミツバチに蜜を与える（**図8a**）．このとき，線分の太さと間隔は，さまざまに変化さ

せる．テストでは，非常に単純化したものや4種類組み合わせてある傾きの，一部だけを変えたものを見せてみる（**図 8b**，**図 8c**）．するとミツバチは，線の太さや間隔にかかわらず，傾きの分布が学習のときと同じになっているものを選ぶ．一部だけが異なる場合でも，きちんと見分けることができる（**図 8d**）．つまりミツバチは，学習の過程で形に含まれる特徴だけでなく，レイアウト情報をも抽出し，初めて見る物体に当てはめることができるようになるのである．

3 偏光視

　光は横波で，波が進行する方向に向かって電場と磁場が直交するように存在する（**図 9a**）．電場の振動面が一定方向にそろった光のことを偏光という．自然には，多くの偏光パターンが存在する．たとえば，キラキラ光る水面や光沢のある葉の表面からの反射光は，かなり強い偏光である．青空にも太陽を中心にした偏光のパターンが存在する（**図 9b**）．私たちは偏光の振動面角度は識別できないが，昆虫にはそれがわかるものがいる．昆虫ばかりではなく，魚や鳥も偏光が見える．偏光振動面の情報を，動物は何に使っているのだろうか？

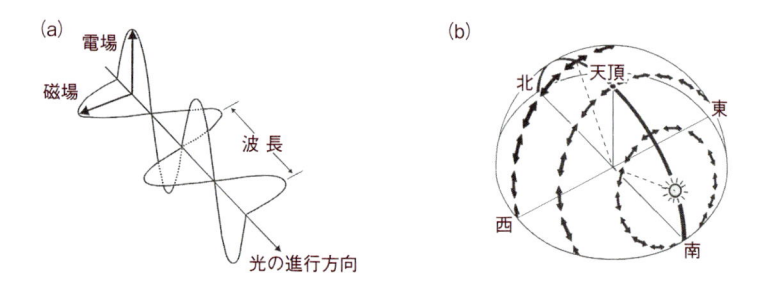

図 9　偏光と天空の偏光パターン
　（a）偏光．（b）天空の偏光パターン．偏光の振動面（矢印の方向）と強さ（矢印の太さ）は，太陽の位置に対して一義的に決まる．

3.1 定位行動

　第一の使い道は，コンパスである．帰巣や渡りをする多くの動物が，太陽や月を指標にした**太陽コンパス**を使っている．昆虫は太陽や月そのものの位置だけではなく，太陽光や月明かりが天空につくる偏光パターンや色の勾配も使って方向定位する．

　Frisch は，ミツバチが蜜源の位置を覚えるのに太陽コンパスを利用していることを発見した．蜜源を見つけたミツバチは，巣に戻ると巣板の上で8の字ダンスを踊って巣仲間に蜜源の位置を教える（**図10**）．8の字ダンスは，直線的に尻を振りながら歩く長さで巣から蜜源までの距離を，歩く角度で蜜源の方向を示している．空と太陽が直接ミツバチに見えるように巣板を地面に水平に置いて，その上で8の字ダンスを踊らせる．このとき，ミツバチに人工的な光源を太陽の代わりに見せると，光源を太陽と見立てた上で直接蜜源の方角に向かって尻を振りながら歩く．

　ミツバチに太陽も青空も見えない水平な巣板の上で8の字ダンスを踊らせると，ダンスの方向はでたらめになってしまう．ところが，偏光フィルターを使って人工的に偏光の刺激を与えると，与えられた偏光情報に従って特定の方向を指して踊るようになる．このとき,青空をごく一部しか見えないようにしても,

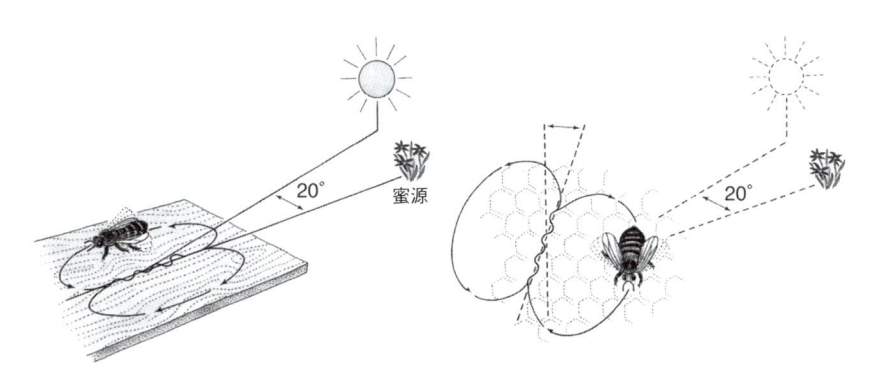

図10　ミツバチの蜜源定位
水平に置いた巣板上で8の字ダンスを踊るミツバチ（左）．垂直な巣板表面で8の字ダンスを踊るミツバチ（右）．文献32より引用．

ミツバチは正しく定位できる.これは,天空の偏光パターンが太陽子午線を軸にして左右対称になっているためで,かならずしも空全体が見えている必要はないからである.

太陽が天空につくるパターンは偏光だけではない.色や明るさの勾配も太陽の位置で決まる[22].太陽に近い所では長波長の成分が多く,遠い所では紫外線が多い.太陽も偏光パターンも見えない状況下では,ミツバチはこの色勾配を使って定位する[23].ただし,明るさの勾配は定位には使っていないらしい.

以上に述べたように,ミツバチは太陽と偏光パターンと色勾配という3つの条件を使って,自分の向いている方角を知る[24].似た現象は,サバクアリ (*Cataglyphis bicolor*) の帰巣行動[25]とオオカバマダラ (*Danaus plexipus*) の渡り[26]でも知られている.これらの昆虫では,帰巣行動や渡りの最中に頭の真上で偏光情報を変化させると,方向定位がかく乱される.また,サバクトビバッタ (*Schistocerca gregaria*) の飛行[27]とコオロギ (*Gryllus campestris*) の歩行[28]も,偏光と深い関係がある.また,夜行性のフンコロガシ (*Scarabarus zambesianus*) も月がつくる夜空の偏光パターンを見て巣に戻る方向を決めている[29].

3.2 そのほかの偏光視

定位行動以外の偏光視については,あまり多くのことがわかっていないが,最近アゲハ類でおもしろいことがわかってきている.

産卵行動中のメスアカモンキアゲハ (*Papilio aegus*) は,水平に振動する偏光(横偏光)に好んで集まる.一方,同じメスアカモンキアゲハに黄緑色と青緑色の光を見せると,圧倒的に青緑色を好む.そこで,横偏光の黄緑色と,縦偏光の青緑色を同時に見せるとどうなるか.メスアカモンキアゲハは,横偏光の黄緑色を好んで産卵行動を示す[30].偏光の振動面に対する好みは行動によって違う.求蜜行動中のナミアゲハは,横偏光よりも縦偏光を好む[31].求蜜行動では色の好みが学習で容易に変化するのに対して,偏光振動面の好みは学習によって変えるのがとてもむずかしい.

メスアカモンキアゲハとナミアゲハの偏光に対する生得的な好みは,彼らが物体を見分けるとき,偏光の振動面の違いが何かの違いとして見ていることを

示している．偏光の振動面の違いがどのような違いとして見えているのかは，色という説と明るさという説の2つの仮説があるが，このどちらであるかはまだよくわかっていない．

おわりに

　私たちは昆虫の見る世界を直接体験することはできない．しかし，彼らが生得的に好むものや視覚刺激の学習と弁別実験を積み重ねることで，彼らの視覚世界を少しずつ解明することはできる．ヒト以外の動物の世界を探る研究は，実に不思議なおもしろさがある．環境保護やヒトと動物の共生は，いまや地球規模の社会問題である．動物を正しく守るためにも，動物の環境世界を正しく理解することは今後より重要になってくるだろう．

引用文献

1) ヤーコプ・フォン ユクスキュル，ゲオルク クリサート 著，日高敏隆・野田保之 訳（1995）『生物から見た世界』，新思索社
2) カール・フォン フリッシュ 著，桑原万寿太郎 訳（1975）『ミツバチの生活から』，岩波書店
3) Kinoshita, M., *et al.*（1999）Colour vision of the foraging swallowtail butterfly *Papilio xuthus*. *Journal of Experimental Biology*, **202**, 95-102
4) Kelber, A. and Pfaff, M.（1999）True colour vision in the orchard butterfly, *Papilio aegeus*. *Naturwissenschaften*, **86**, 221-224
5) Kelber, A.（1999）Ovipositing butterflies use a red receptor to see green. *Journal of Experimental Biology*, **202**（Pt 19）, 2619-2630
6) Frisch, K. v.（1914）Der Farbensinn und Formensinn der Biene. *Zool. J. Physiol.*, **37**, 1-238
7) Koshitaka, *et al.*（2004）Action spectrm of foraging behavior of the Japanese yellow swallowtail butterfly, *Papilio xuthus*. *Acta Biologica Hungarica*, **55**, 71-79
8) Kelber, A., *et al.*（2002）Scotopic colour vision in nocturnal hawkmoths. *Nature*, **419**, 922-925
9) Obara, Y. and Hidaka, T.（1968）Recognition of the female by the male, on the basis of ultra-violet reflection, in the white cabbage butterfly, *Pieris rapae crucivora* Boisduval. *Proceedings of Japan Academy*, **44**, 829-832
10) Neumeyer, C.（1981）Chromatic adaptation in honeybee: successive color contrast and color

constancy. *Journal of Comparative Physiology A*, **144**, 543-553

11) Kinoshita, M. and Arikawa, K. (2000) Colour constancy of the swallowtail butterfly, *Papilio xuthus. Journal of Experimental Biology*, **203**, 3521-3530

12) Balkenius, A. and Kelber, A. (2004) Colour constancy in diurnal and nocturnal hawkmoths. *Journal of Experimental Biology*, **207**, 3307-3316

13) Neumeyer, C. (1980) Simultaneous color contrast in the honeybee. *Journal of Comparative Physiology A*, **139**, 165-176

14) 日本動物学会 監修, 岡 良隆・蟻川謙太郎 編 (2007)『行動とコミュニケーション』, シリーズ21世紀の動物科学 **8**, 培風館

15) Takeuchi, Y., *et al.* (2006) Color discrimination at the spatial resolution limit in a swallowtail butterfly, *Papilio xuthus. Journal of Experimental Biology*, **209**, 2873-2879

16) Giurfa, M., *et al.* (1996) Detection of coloured stimuli by honeybees: minimum visual angles and receptor specific contrasts. *Journal of Comparative Physiology A*, **178**, 699-709

17) Giurfa, M., *et al.* (1997) Discrimination of coloured stimuli by honeybees: Alternative use of achromatic and chromatic signals. *Journal of Comparative Physiology A*, **180**, 235-243

18) Chen, L., *et al.* (2003) Global perception in small brains: topological pattern recognition in honey bees. *Proceeding of the National Academy of Science of the United State of America*, **100**, 6884-6889

19) Benard, J., *et al.* (2006) Categorization of visual stimuli in the honeybee *Apis mellifera. Animmal Cognition*, **9**, 257-70

20) Giurfa, M., *et al.* (1996) Symmetry perception in an insect. *Nature*, **382**, 458-461

21) Stach, S., *et al.* (2004) Local-feature assembling in visual pattern recognition and generalization in honeybees. *Nature*, **429**, 758-761

22) Coemans, M. A., *et al.* (1994) The relation between celestial colour gradients and the position of the sun, with regard to the sun compass. *Vision Research*, **34**, 1461-1470

23) Rossel, S. and Wehner, R. (1984) Celestial orientation in bees: the use of spectral cues. *Journal Comparative Physiology A*, **155**, 605-613

24) Rossel, S. (1989) Polarization sensitivity in compound eyes. *Facets of vision* (eds. Stavenga, D. G., *et al.*) 298-316, Springer-Verlag

25) Wehner, R. (2003) Desert ant navigation: how miniature brains solve complex tasks. *Journal of Comparative Physiology A*, **189**, 579-588

26) Perez, S. M., *et al.* (1997) A sun compass in monarch butterflies. *Nature*, **387**, 29

27) Mappes, M. and Homberg, U. (2004) Behavioral analysis of polarization vision in tethered flying locusts. *Journal of Comparative Physiology A*, **190**, 61-8

28) Henze, M. J. and Labhart, T.（2007）Haze, clouds and limited sky visibility: polarotactic orientation of crickets under difficult stimulus conditions. *Journal of Experimental Biology*, **210**, 3266-76
29) Dacke, M., *et al*.（2003）Insect orientation to polarized moonlight. *Nature*, **424**, 33
30) Kelber, A.（1999）Why 'false' colours are seen by butterflies. *Nature*, **402**, 251
31) Kelber, A., *et al*.（2001）Polarisation-dependent colour vision in *Papilio* butterflies. *Journal of Experimental Biology*, **204**, 2469-2480
32) Alcock, J.（2005）*Animal Behavior*, 8th edition. Sinauer Associrwa, Inc.

参考文献

カール・フォン フリッシュ 著，桑原万寿太郎 訳（1975）『ミツバチの生活から』，岩波書店
ヤーコプ・フォン ユクスキュル，ゲオルク クリサート 著，日高敏隆・野田保之 訳（1995）『生物から見た世界』，新思索社
日本動物学会関東支部 編（2001）『生き物はどのように世界を見ているか —さまざまな視覚とそのメカニズム』，学会出版センター
Horvath, G. & Varju, D.（2003）*Polarized light in Animal Vision*. Springer
日本動物学会 監修，岡 良隆・蟻川謙太郎 編（2007）『行動とコミュニケーション』，シリーズ 21 世紀の動物科学 **8**，培風館
Alcock, J.（2005）*Animal Behavior*, 8th edition. Sinauer Associrwa, Inc.

■ ■ ■ 第1章 光と感覚 ■ ■ ■

6 単細胞生物の「目」

渡辺正勝・鈴木武士

　単細胞鞭毛藻類は系統進化的に多様な8門ほどからなる真核生物群であり，生存に適した光環境を求めて遊泳方向を迅速に転換する「光運動反応」を示す．この反応の光センサーの分子実体は長い間不明であったが，21世紀初頭にミドリムシ植物門のミドリムシ（*Euglena gracilis*）と緑色植物門のクラミドモナス（*Chlamydomoas reinhardtii*）についてあいついで明らかにされた．前者はフラビンを発色団とする光感受ドメインとcAMPを生成するアデニル酸シクラーゼドメインからなる光活性化アデニル酸シクラーゼであり，後者はレチナールを発色団とする古細菌型ロドプシンで，それ自体が陽イオンチャネルであるチャネルロドプシンである．これらの「エフェクター内蔵型光センサー分子」によって，鞭毛藻細胞の敏速な光応答が可能になっていると考えられ，また，人工的に他種生物で発現することによって神経活動や発生現象を光で「ピンポイント制御」する，注目すべき斬新な生物工学的応用も展開されつつある．

はじめに

　「視覚の起源的」視点で現代の生物界を見回すと，好塩古細菌や真核鞭毛藻の細胞が示す顕著な光運動反応（photomovement, **Key Word**参照）に興味をひかれる．前者の「センサリーロドプシン類」は視覚研究者にもよく知られている．一方，後者の光センサーの2つの異なる分子実体が初めて報告された

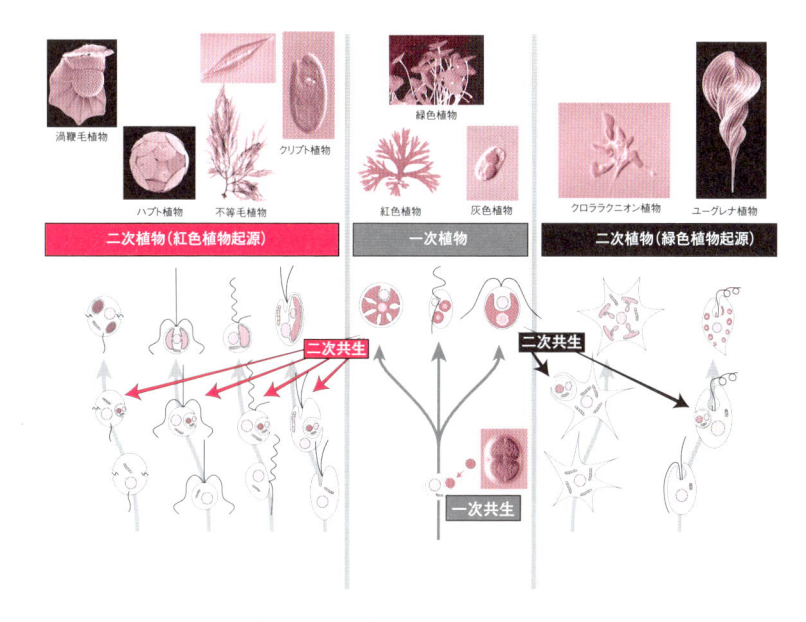

図1 真核光合成生物の成立過程（井上 勲 博士の好意による）

のはともに2002年のことであり，そのユニークなエフェクター内蔵型の分子機能とそれらに基づく生物工学的応用の展開は，広い分野の知的興奮をそそりつつある．

　クラミドモナスやミドリムシなどの単細胞鞭毛藻（図1）は動物の精子のような鞭毛で遊泳しつつ植物のように細胞内の葉緑体で酸素発生型光合成を行っており，光合成に適した光条件を求めて能動的に敏速に移動する反応（光運動反応）を示す．このことは高等動物の［視覚］-［神経伝達-判断］-［筋肉運動］による合目的的行動の原型ともいえ，古くから注目されてきた．このような光運動反応は，素反応に分解すれば［光受容］-［細胞内信号伝達］-［鞭毛運動制御］からなるといえよう．

　光運動反応に関してはさまざまな研究が積み重ねられてきたが，その核心をなす光受容物質（光センサー分子）の実体が初めて，ミドリムシおよびクラミドモナスについてあいついで明らかにされたのは2002年のことである．作用スペクトル（action spectrum, **Key Word** 参照）や発色団類似体を用いた解

析から予想されていたように，前者はフラビンを発色団とするタンパク質，後者はレチナールを発色団とする古細菌型ロドプシンであったが，それぞれのタンパク質機能は「エフェクター内蔵型光センサー」ともいうべき，驚くべきものであった．

これらの画期的な発見には日本のグループの貢献が大きい．方法論的に，前者においてはその細胞構造の特徴を巧妙に生かした細胞分画に基づく古典的生化学，後者においてはクラミドモナスEST（**Key Word**参照）データベース[1])の活用が核心をなした．

本稿では，まずミドリムシの光受容物質である光活性化アデニル酸シクラーゼ（photoactivated adenylyl cyclase：PAC）について，ついでクラミドモナスの光受容物質であるチャネルロドプシン（ChR，CSR，Acop）について，それらの研究の経緯に沿って分子実体や機能を紹介し，これらの「エフェクター内蔵型光センサー分子」の生物工学的応用についても述べる．

1 ミドリムシの青色光センサー分子，光活性化アデニル酸シクラーゼ（PAC）

17世紀後期にLeeuwenhoekが顕微鏡を発明したときに真っ先に観察された水中の微生物のなかにミドリムシがおり，美しいオレンジ色の「目」（眼点）

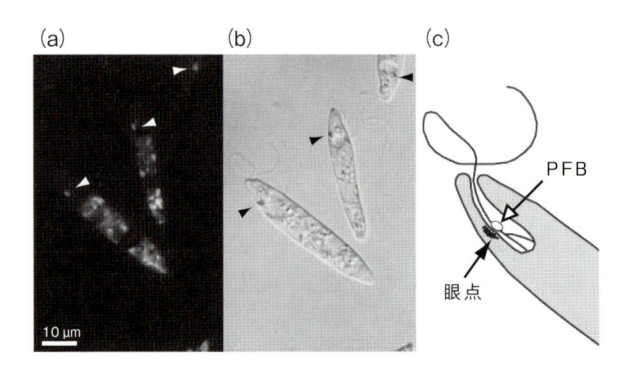

図2　ミドリムシの光感受部位
(a) 落射蛍光顕微鏡像．鞭毛基部に緑色蛍光を発する顆粒の副鞭毛体（白矢印）が観察される．矢印の部分以外で明るく見えているのはクロロフィル由来の赤色蛍光．(b) 明視野顕微鏡像．副鞭毛体の近傍にあるオレンジ色の顆粒である眼点（黒矢印）には直接光を検出する機能はない．(c) 副鞭毛体（PFB）と眼点の相対的位置を示す模式図．文献3より改変引用．

をもつとして注目されたという[2]（**図2**）．また，ミドリムシは光に集まる性質があると初等教科書にも紹介されたりして人気のある「国民的美生物」でもある（**口絵4**参照）．では，この単細胞生物は細胞内のどこでどのようにして光を感じ，どのように運動を制御しているのだろうか？ この200年以上にわたる「小宇宙」の謎に決定的な回答を与えたのは伊関・渡辺らの2002年の*Nature*論文であった[3-5]．すでに想像されていたように，「眼点」そのものは光を感じるのではなく，そのごく近傍の鞭毛基部の1個の「副鞭毛体（paraflagellar body：PFB）」が「本当の眼」であることを以下の状況証拠により確認してから，いろいろな工夫によって副鞭毛体だけを集めることに世界で初めて成功した（**図3**）．

ミドリムシには**走光性**（phototaxis）のほかに明確な**ステップアップ光驚動反応**（step-up photophobic response）と**ステップダウン光驚動反応**（step-down photophobic response）が観察される（**図4**）．これらの光応答の作用スペクトルは紫外領域と青色領域にピークをもつ黄色い色素であるフラビン（ビタミンB_2の関連物質）の吸収スペクトルによく対応する[6]（**図5**）．蛍光顕微鏡下では副鞭毛体にフラビン特異的な緑色蛍光が観察されることから，副鞭毛体に存在するフラビンタンパク質が光センサー分子であると予想されていた．

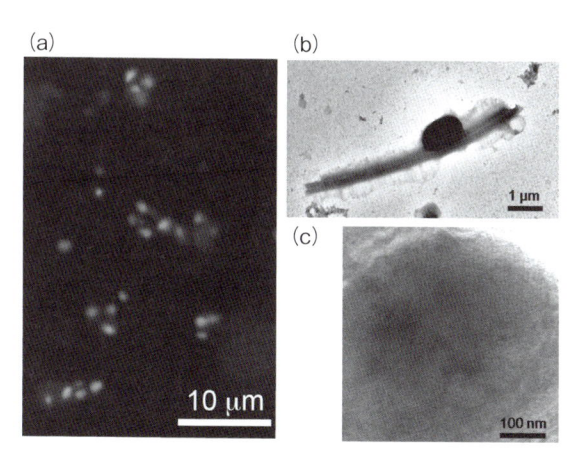

図3 単離したミドリムシ副鞭毛体
(a) 蛍光顕微鏡像．(b) 鞭毛断片に付着した副鞭毛体．(c) 副鞭毛体の電子顕微鏡像．格子状の規則正しいパターンが観察できる．

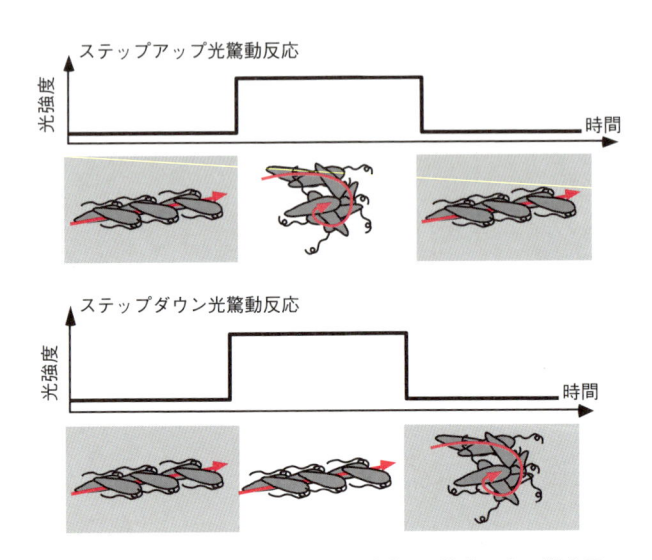

図4 ミドリムシのステップアップおよびステップダウン驚動反応の模式図
光驚動反応のうち,刺激光の時間的な増加(ステップアップ刺激)に対する応答をステップアップ光驚動反応,時間的な減少(ステップダウン刺激)に対する応答をステップダウン光驚動反応とよぶ.前者は,暗所から明所に入る境界で方向変換を行うことから暗所にとどまる光回避反応の素過程であり,逆に後者は明所にとどまる光集合反応の素過程である.

　幸運なことに,この副鞭毛体からフラビン蛍光画分を精製したところ(**図6**),青色光を捕捉するフラビンを結合する部分と,**サイクリックAMP**(cAMP:環状AMP)というさまざまな細胞機能を制御する「千手観音」のような細胞内セカンドメッセンジャーをつくる,アデニル酸シクラーゼという酵素部分をあわせもつ予想外の新タンパク質が発見され,光活性化アデニル酸シクラーゼ(PAC)と名づけられたのである[3-5](**図7**).

　PACは互いによく似たPACα(105 kD)とPACβ(90 kD)の2種類のサブユニットからなり,$\alpha2\beta2$のヘテロ4量体として精製された.それぞれのサブユニットにはフラビン発色団結合に寄与するドメイン(F1, F2)とcAMPの合成酵素クラスIIIアデニル酸シクラーゼの触媒ドメイン(C1, C2)が交互に2ヵ所ずつ存在する(**図6a**).蛍光スペクトルのpH依存性からフラビン種はフラビンアデニンジヌクレオチド(FAD)と同定された.フラビン結合ド

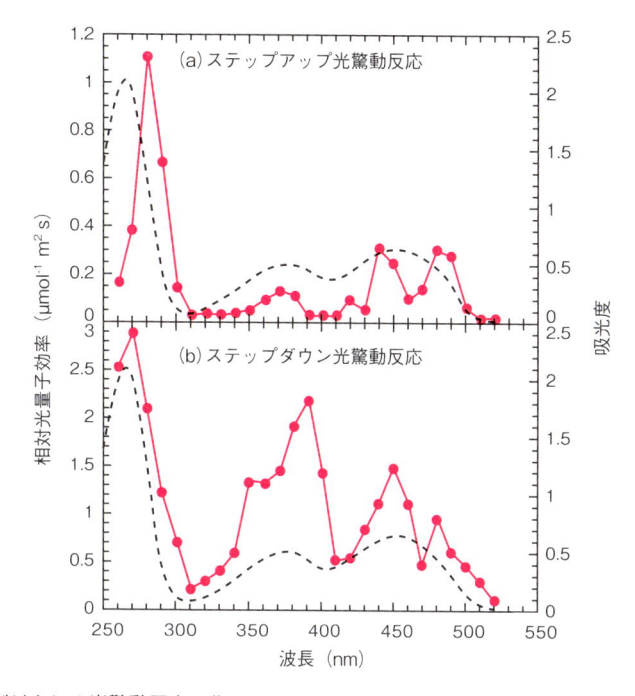

図5 ミドリムシの光驚動反応の作用スペクトル
　ミドリムシのステップアップ(a)およびステップダウン(b)光驚動反応の作用スペクトル(赤線)とフラビン(FAD)の吸収スペクトル(破線).文献6より改変引用.

　メインは,光合成細菌(*Rhodobacter sphaeroides*)の光合成関連遺伝子発現の活性化因子 AppA[7] のフラビン結合ドメインと相同性がある.これらは高等植物の青色光センサー分子であるクリプトクロムやフォトトロピン[8]のフラビン結合ドメインとはアミノ酸配列上の相同性がないことから,新規の青色光受容ドメインとして **BLUF**(a blue-light sensor using FAD)ドメインと名づけられた[9].PAC と類似のドメイン構造をもつタンパク質はこれまでミドリムシの近縁種にしか見つかっておらず,同一分子内に光感受部位をもつアデニル酸シクラーゼはほかに例がない.PAC の生理機能を評価するために **RNA 干渉**(**Key Word** 参照)により PAC の遺伝子発現を抑制すると副鞭毛体が消失するとともにステップアップ光驚動反応が明瞭に抑制され,ステップダウン光驚動反応には影響がないことから PAC はステップアップ光驚動反応(光逃避反応)に特異的な光受容体であると考えられる.精製された PAC は光によってアデ

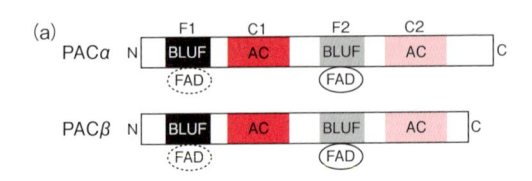

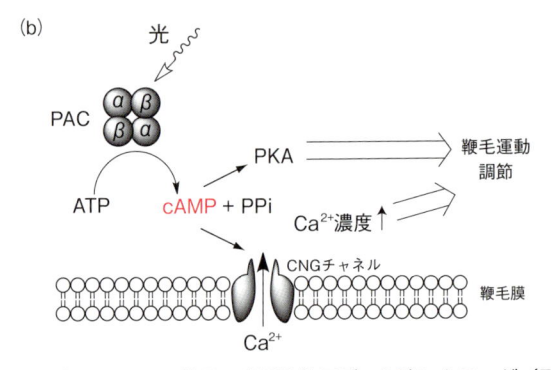

図6 ミドリムシの青色光センサー分子,光活性化アデニル酸シクラーゼ(PAC)
(a) PACのドメイン構造.AC:アデニル酸シクラーゼ触媒ドメイン.(b) ミドリムシの光驚動反応における信号伝達経路(予測).

ニル酸シクラーゼ活性が亢進され,活性化の波長依存性はステップアップ光驚動反応の作用スペクトルとよく一致する.

　数種類のユーグレナ近縁生物からPAC類似タンパク質をコードするcDNAを検出することに成功し,得られた配列のアデニル酸シクラーゼ触媒領域について系統解析を行った結果,PACはユーグレナと共通祖先をもつと考えられるトリパノソーマ類のアデニル酸シクラーゼとは異なる進化経路を経ており,しかもPACは光独立栄養のユーグレナ類,あるいはそれらが葉緑体を失って従属栄養化したユーグレナ類のみにみられ,起源の古い捕食性のユーグレナ類からは検出されないことから,PACは2次共生による葉緑体獲得時あるいはそれ以降に出現したものと推測された[4, 10].

　PACは,次に述べるクラミドモナスのチャネルロドプシンの例とは異なり,タンパク質の精製から出発していることや,RNA干渉による遺伝子発現抑制実験の明瞭な結果などからもステップアップ光驚動時反応(光逃避反応)の光センサーであることは疑いない.一方,ステップダウン光驚動反応(光誘引反

応）の光センサーは依然として解明されていない．

いくつかの細菌由来のBLUFタンパク質では結晶化に成功するなど急速に構造の理解が進んでいる．一方，PACは同一分子内に触媒ドメインをもっている唯一のBLUFタンパク質であり，光刺激による活性化の分子内機構や構造機能連関の解明が期待される．細胞生物学的には，PACがcAMPを合成して以降鞭毛運動の変化に至る信号伝達経路としてcAMP依存性プロテインキナーゼ（cAMP-dependent protein kinase：PKA）か環状モノヌクレオチド依存性（cyclic nucleotide-gated：CNG）チャネルを介する経路が想定されるが（**図6b**），解明されていない．

2 クラミドモナスの緑色光センサー分子，チャネルロドプシン

クラミドモナスは直径約10μmの球形をした単細胞緑藻で，頭部の2本の鞭毛を使い平泳ぎのように遊泳する．古くから光合成や鞭毛研究の材料とされ，近年には全ゲノム配列が解読されるなどモデル生物としてよく用いられている．クラミドモナスには緑色光に対する鋭敏な走光性と光驚動反応（**図7**）が知られていたが，長い間それらの反応を媒介する光センサー分子の実体は不明であった．最近になり明らかにされた光センサー分子は非常に特異な，光で開閉するイオンチャネルであった．

クラミドモナスの光センサー分子は眼点とよばれる色素顆粒に富む領域に密接する細胞膜に局在していると予測されてきた．眼点が細胞内に入射してくる光を遮へいあるいは反射することにより，光源に対する指向性が高められると考えられている（**図7**）．微小電極で細胞の各部位の膜電位変化を測定すると，光照射後わずか10マイクロ秒以内に眼点付近の細胞膜での脱分極（光受容体電流）が観察される[11]．これは光センサー分子がイオンチャネル分子と直接相互作用している，あるいは光センサー分子自体がイオンチャネルとしての機能をもつことを示唆する．

クラミドモナスの光センサー分子は，視物質や古細菌のロドプシン類と同様に，レチナール（ビタミンA関連物質）を発色団とするロドプシン様タンパク質であるとの説が1980年代から提案されていた．走光性を示さないカロチ

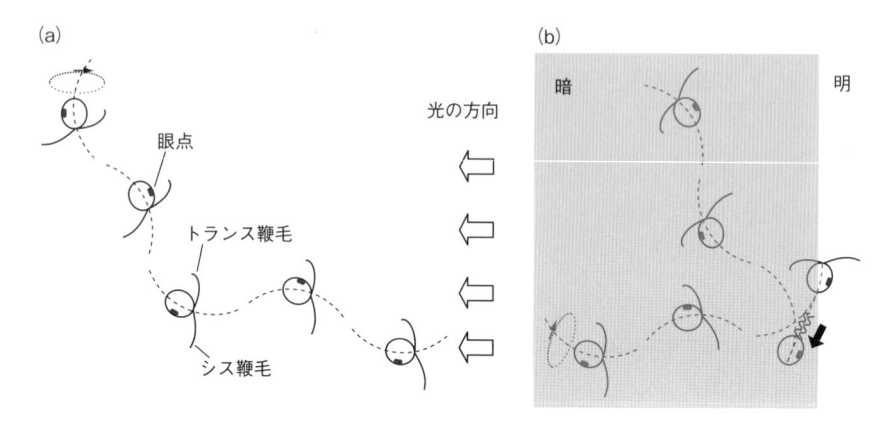

図7 クラミドモナスの走光性 (a) と光驚動反応 (b) の模式図
クラミドモナスは約 0.5 ミリ秒の周期で自転しながら,らせん状の軌跡を描いて遊泳する.眼点から近い鞭毛(シス鞭毛)と遠い鞭毛(トランス鞭毛)とでは細胞内 Ca^{2+} 濃度に対する感受性が異なる.光受容に伴い細胞内に Ca^{2+} が流入し,両鞭毛の打ち方が非対称になることにより光の入射方向に応じた舵とりが行われると考えられている (a).一方,急激な光量の変化に対しては鞭毛を逆に打ち一瞬後退する光驚動反応が知られている (b).

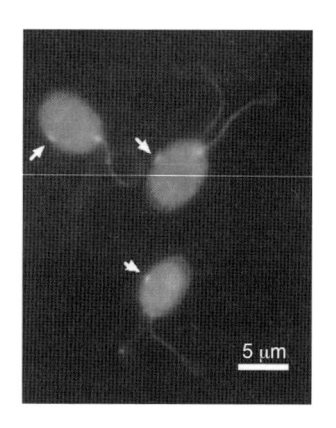

図8 チャネルロドプシン1 (ChR1) の細胞内局在
ChR1 は眼点付近に局在する.文献 14 より引用.

ノイド(レチナールの前駆体でもある)合成系の欠損株が,外液へのレチナールの添加により走光性を回復することがその論拠である.動物の視物質と古細菌のロドプシン様タンパク質の発色団は立体構造と光異性化反応が異なるが(**コラム**参照),種々のレチナール類似体を取り込ませる走光性回復実験により,

クラミドモナスのセンサー分子の発色団は古細菌のロドプシンと同じであることが強く示唆された.

長い間,光センサー分子の実体は不明であったが,2000年から公開が始まったクラミドモナス EST データベースに登録されている DNA 塩基配列断片を手がかりに古細菌型ロドプシンをコードする 2 つの遺伝子コード領域全長の塩

Key Word

光運動反応

光刺激に対する細胞の運動レベルの応答であり,次の 3 つの現象が知られている.1)走光性.光の入射方向に依存して運動方向を変える性質.光源に向かう場合を正の走光性,光源から逆に向かう場合を負の走光性とよぶ.2)光驚動反応.光の方向とは無関係に,光の変化に応じて運動を止めたり,運動方向を変換する現象.3)光キネシス.定常的な運動速度に及ぼす光の効果.暗所より明所で速度が増大する場合を正の光キネシス,明所で速度が低下する場合を負の光キネシスとよぶ.

EST

Expressed Sequence Tag の略.ある条件下で発現している遺伝子の一端(通常 500 塩基対くらい).細胞から mRNA を抽出し,それに相補的な cDNA を合成してベクターに組み込み(cDNA ライブラリー),ここからランダムに選んだ cDNA について部分塩基配列を決定する.データベース化し新規遺伝子の発見や発現パターンの解析などに利用する.

作用スペクトル

光でひき起こされる生物現象の感度と光の波長との関係を示した図.ある現象が生じるのに必要な光量(単位時間,面積あたりに入射する光子の密度)の逆数を波長に対してプロットする.理論的には光受容物質の吸収スペクトルと一致する.一定の光量に対する応答の大きさをプロットした等光量子作用スペクトル(反応スペクトル)も広義には作用スペクトルとよばれ,簡便法としてよく用いられる.

RNA 干渉

RNA 干渉は,ある遺伝子と相同な塩基配列をもつ 2 本鎖 RNA が,その遺伝子のメッセンジャー RNA(mRNA)を破壊し,その遺伝子の発現を特異的に阻害する現象をいう.種々の動植物で観察されており,遺伝子のはたらきを調べるうえで有効な手段となっているばかりでなく,遺伝子の異常発現によって起こる癌やウイルス感染による疾患の治療方法としても期待されている.

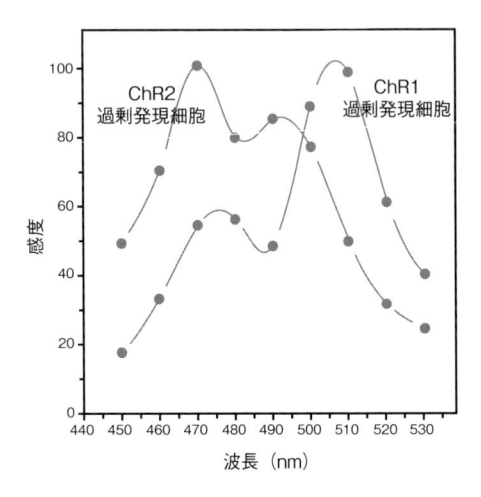

図9 ChR1とChR2をそれぞれ過剰発現させたクラミドモナスの光受容電流の作用スペクトル．文献13より引用

基配列が決定された[12-14]．3つの独立の研究グループにより同時期に発見されたため，チャネルロドプシン（*ChR*）[12]，クラミドモナスセンサリーロドプシン（*CSR*）[13]，古細菌型クラミドモナスロドプシン（*Acop*）[14]と3種類の名称が与えられ，Genbankなどの遺伝子データベースにも併存している．本稿では，以降は現時点で最もよく用いられる「チャネルロドプシン」を用いる．2つのチャネルロドプシン遺伝子（*ChR1*，*ChR2*）がコードするタンパク質はともにN末端側の古細菌型ロドプシンとの相同領域と，約400残基の水溶性（と予想される）領域からなる．ロドプシン相同領域では発色団と相互作用する機能的に重要な残基はよく保存されており，立体構造予測の結果からも古細菌のロドプシンと同じ発色団をもつことが支持される[14]．従来より光センサー分子の存在部位と考えられていた，眼点付近にChR1が局在することが，抗ChR1抗体による免疫化学染色により示された[14]（**図8**）．

RNA干渉により*ChR1*か*ChR2*の一方の遺伝子発現を抑制すると，もう一方が過剰発現する．それぞれの細胞の光受容体電流の速度論と波長依存性（**図9**），走光性と光驚動反応の波長依存性を解析すると，光受容体電流は速い成分と遅い成分に分けることができ，ChR1は強光に対する光センサーとして速い成分を制御し，ChR2は弱光に対する光センサーとして遅い成分を制御して

いることが示唆された[13]．

さらに，ChR1とChR2をアフリカツメガエルの卵母細胞や哺乳類培養細胞で発現させると，光刺激に依存して前者では水素イオン，後者では陽イオン（H^+，K^+，Na^+，Ca^{2+}）の透過が観察された[12]．つまり，これらの分子は単独に光で開閉するイオンチャネルという非常に特異な機能を発揮していることが

column　コラム

古細菌型ロドプシン様タンパク質

高度好塩古細菌であるハロバクテリアの仲間には4種類のロドプシン様タンパク質がある．エネルギー装置である光駆動プロトンポンプのバクテリオロドプシン（bR）と光駆動塩化物イオンポンプのハロロドプシン（hR），そして光センサー分子であるセンサリーロドプシン1（sR-1）とフォボロドプシン（pR，センサリーロドプシン2，sR-2ともよばれる）である．動物の視物質と古細菌のロドプシンとでは7回膜貫通構造や発色団の種類，結合部位，様式が共通だが，発色団の立体構造と光異性化反応が異なっている．動物の視物質の発色団は6位と7位の間の単結合がねじれた *s*-シス型であり，光照射で11位の2重結合がシス型からトランス型へと異性化し，タンパク質から解離する．一方の古細菌のロドプシンでは6位の単結合は *s*-トランス型であり，全トランス型から13シス型へと光異性化し，発色団ははずれない．両グループのアミノ酸配列上の相同性はなく，進化的なつながりは不明である．

　古細菌型ロドプシンは従来，古細菌に限定されていたが，1990年代以降の各種生物でのゲノムやESTの網羅的解析により，ほかの生物種にも広く分布することが明らかになった．クラミドモナスなどの緑藻以外では，渦鞭毛藻，クリプト藻，アカパンカビや酵母をはじめとする菌類，海洋に生息する真正細菌，そしてシアノバクテリアが古細菌型ロドプシンをコードする遺伝子をもつ．菌類のロドプシン類の一部は色素の生合成の制御に関与する．海洋の真正細菌のロドプシンはプロテオロドプシンとよばれ，広い海洋域に分布する多くの種に存在し，バクテリオロドプシンと同様にエネルギー装置として機能することから，海洋域全体でのエネルギー生産に大きく寄与するなど，生態学的に重要な役割を果たしていることが近年明らかになってきている．それ以外のロドプシン類の生理機能はほとんどわかっていない．いくつかの高等植物のESTデータベースのなかにも古細菌型ロドプシンをコードするDNA断片が登録されているが，多くは菌類の遺伝子の混入と考えられ，実際に高等植物でロドプシン様タンパク質が機能しているかはよくわかっていない．

明らかになった.

 2つのチャネルロドプシンは,ミドリムシのPACの例と異なり遺伝子の網羅的解析を手がかりにして見つかったので,真に光運動反応のセンサー分子であるかは,まだ異論はあるかもしれない.RNA干渉による遺伝子発現抑制実験でも,2つのチャネルロドプシンの機能が重複することにより明瞭な表現型の変化は得られない.しかし現在のところ,走光性に関する生理学的な知見とチャネルロドプシンの分子機能の整合性や細胞内局在性などから,これらが光運動反応を媒介するセンサーであることは受け入れられているといえる.

 現在まで,チャネルロドプシンがどのような分子機構で光依存的なイオンチャネルの開閉を実現しているか,イオンの透過経路も含めて,まったくわかっていない.立体構造予測に基づき,2番目のヘリックスの発色団を取り囲む領域の反対側に酸性残基が偏在するとの主張がある[14].これが正しければ,視物質を含めほかのロドプシン類にはない顕著な特徴であり,イオン透過機構と関連しているかもしれない.

 これまで,チャネルロドプシンの構造に関する情報は,天然および組換えタンパク質調製のむずかしさから皆無であったが,ごく最近になり,クラミドモナスおよびその近縁種であるボルボックス(*Volvox carteri*)のチャネルロドプシンの,酵母および哺乳類培養細胞での発現と分光学的解析が初めて報告された[15,16].今後,光反応サイクルの詳細な分析や結晶構造解析などで,イオンチャネルの制御機構が明らかにされることが期待される.

3 光による生体機能の制御

 チャネルロドプシンやPACは光刺激により生体内のイオン環境やセカンドメッセンジャー濃度を変動させることができる.これら特性を生かすと,遺伝子・タンパク質の導入により,他種生物のGタンパク質共役型受容体などを介した発生・代謝・神経活動といった広い範囲の生体機能を人為的に光制御することが可能となる(図10).これらは1タンパク質で機能することも特徴であり,簡便な細胞刺激手法として脳神経科学研究の分野からも高い注目を集めはじめている[17,18].脳神経系の機能解析では,対象ニューロンに活動電位を

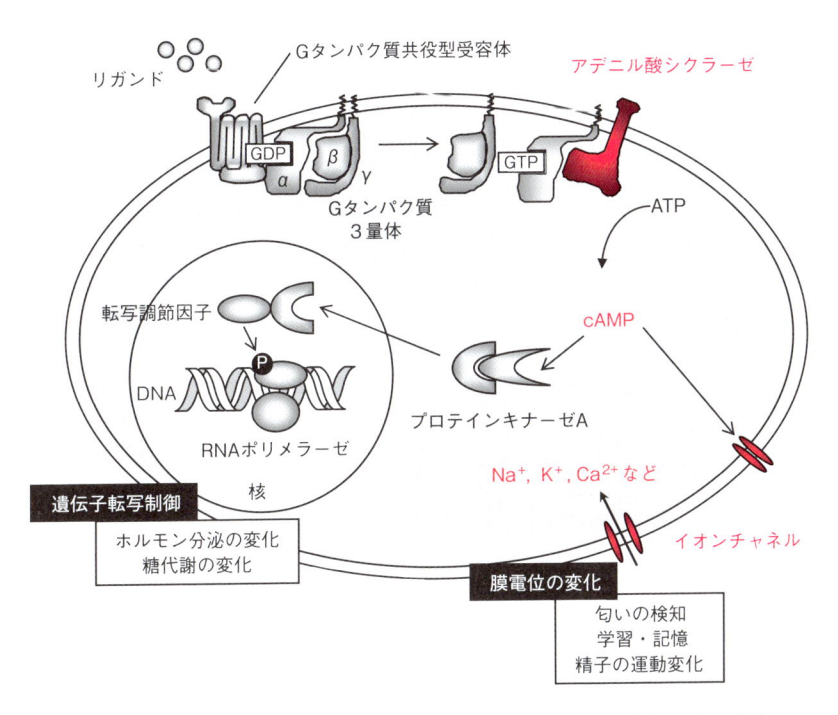

図10 動物細胞内でアデニル酸シクラーゼやイオンチャネルで制御される機能
Gタンパク質共役型受容体系での例.

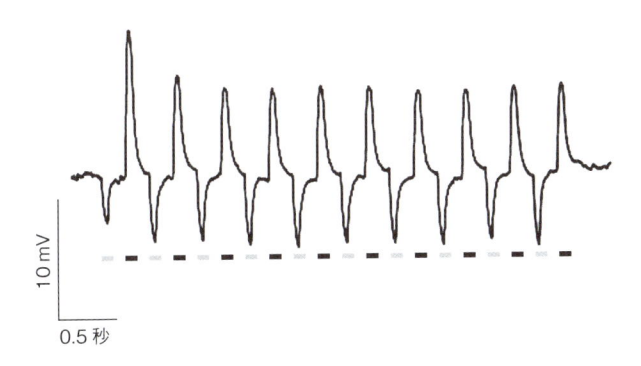

図11 チャネルロドプシンの細胞工学的な応用例
ChR2とハロロドプシン（古細菌由来光駆動イオンポンプ，黄色光依存的にCl⁻を細胞内流入させる）を共発現したラット海馬培養神経細胞．青色光（黒）と黄色光（灰色）のパルス照射により脱分極と過分極を高い時間分解能で厳密に制御できる．文献23より引用．

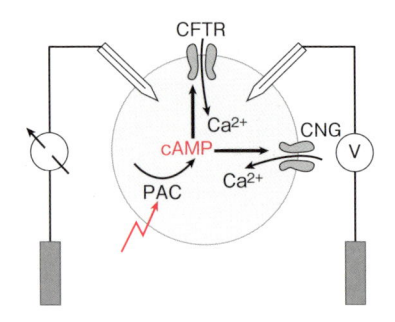

図12 動物細胞でのPACの機能発現
cAMP応答タンパク質との共発現．cAMPは，直接環状ヌクレオチド依存チャネル（CNG）を，あるいはcAMP依存タンパク質キナーゼ（PKA）を介して嚢胞性線維症膜コンダクタンス制御因子（CFTR）を活性化することができる．PACをこれらのイオンチャネルと共発現させることにより，膜電位を光依存的に制御できる．文献24を改変引用．

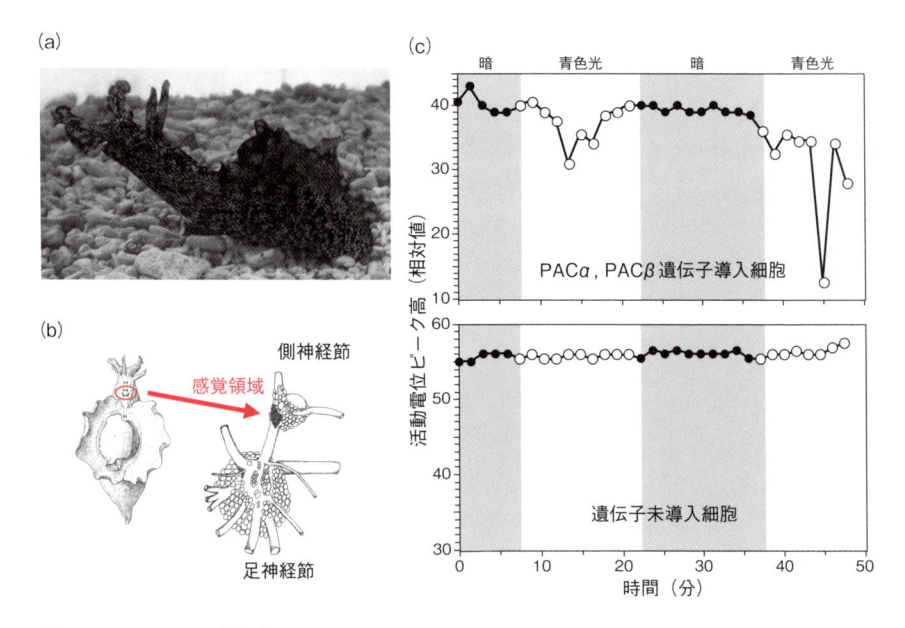

図13 アメフラシ神経節でのPACの発現
（a）アメフラシ（*Aplysia kurodai*）．（b）アメフラシ神経節の模式図．文献26，27より改変引用．（c）*PAC*遺伝子導入神経節の活動電位の光制御．文献25より改変引用．*PAC*遺伝子導入細胞では青色光依存的に活動電位のピーク高が低くなる．

発生させその応答を計測する．光による刺激は，ほかの物理的，化学的刺激法と比べて，非侵襲的で高い時間分解能および空間分解能をもつことから非常に有用である．チャネルロドプシンやPACはそれを実現する絶好のツールといえる．チャネルロドプシンを哺乳類や線虫の神経細胞などへ導入することにより，光照射と厳密に同期した活動電位を発生させることに成功している[19-23]（図11）．PACもアフリカツメガエル卵母細胞培養胞，哺乳類培養細胞[24]（図12）およびアメフラシ神経節[25]（図13）への導入により，PKAやCNGチャネルを介して，光依存的に膜電位を制御することができた．哺乳類培養細胞での機能発現が報告されたことにより，これらのタンパク質の細胞工学ツールとしての認知度が高まり，チャネルロドプシン遺伝子を導入したマウスが作製されるなど脳の高次機能解析にも実用されはじめている[18]．各遺伝子への変異の導入による機能の改良など，ツールとしての洗練も図られており，今後その応用範囲はさらに広がる可能性がある．

おわりに

上述の光センサー分子の研究は，純粋好奇心による基礎的な研究が，細胞の巧みな「小宇宙」の一端の解明のみならず，意外な新分野の創成にもつながった，「二重に元気の出る」研究例といえよう．

藻類にはミドリムシのステップダウン光驚動反応（光誘引反応）の光センサー分子をはじめとして，未解明の光センサー分子がまだ多く残されている．今後，さらに新規な構造や機能をもつ分子が見つかるに違いない．今後の探索・解明によりさらなる「宝石」の発掘が期待できよう．

引用文献

1) かずさ DNA 研究所：クラミドモナス EST 解析情報データベース (http://est.kazusa.or.jp/en/plant/chlamy/EST/index.html)
2) 北岡正三郎 編 (1989)『ユーグレナ 生理と生化学』, i-iii, 学会出版センター
3) Iseki M., et al. (2002) A blue-light-activated adenylyl cyclase mediates photoavoidance in *Euglena gracilis*. *Nature*, **415**, 1047-1052
4) Watanabe, M., Iseki, M. (2005) Discovery and characterization of photoactivated adenylyl cyclase, a novel blue-light receptor flavoprotein, from *Euglena gracilis*. *Handbook of Photosensory Receptors* (eds. Briggs, W. R., Spudich, J. L.) , 447-460, WILEY-VCH
5) 立花 隆 プログラムコーディネーター, 自然科学研究機構 監修, 渡辺正勝 著 (2007)「光を見る微生物のしくみ」,『爆発する光科学の世界 科学者が語る科学最前線 量子から生命体まで 自然科学機構シンポジウム講演収録集』, **2**, 175-194
6) Matsunaga S., et al. (1998) Discovery of signaling effect of UV-B/C light in the extended UV-A/blue-type action spectra for step-down and step-up photophobic responses in the unicellular flagellate alga *Euglena gracilis*. *Protoplasma*, **201**, 45-52
7) Masuda, S., Bauer, C. E. (2002) AppA is a blue light photoreceptor that antirepresses photosynthesis gene expression in *Rhodobacter sphaeroides*. *Cell*, **110**, 613-623
8) 和田正三 他 編, 飯野盛利 著 (2001)「青色光受容体研究のたどってきた道」,『植物の光センシング―光情報の受容とシグナル伝達』, 88-98, 秀潤社
9) Gomelsky, M., Klug, G., (2002) BLUF: a novel FAD-binding domain involved in sensory transduction in microorganisms. *Trends Biochem. Sci.*, **27**, 497-500
10) Koumura, Y., et al. (2005) The origin of photoactivated adenylyl cyclase (PAC), the *Euglena* blue-light receptor: phylogenetic analysis of orthologues of PAC subunits from several euglenoids and trypanosome-type adenylyl cyclases from *Euglena gracilis*. *Photochem. Photobiol. Sci.*, **3**, 580-586
11) Sineshchekov, O. A., Spudich, J. L. (2005) Sensory rhodopsin signaling in green flagellate algae. *Handbook of Photosensory Receptors* (eds. Briggs, W. R., Spudich, J. L.), 25-42, WILEY-VCH
12) Nagel, G., et al. (2002) Channelrhodopsin-1: a light-gated proton channel in green algae. *Science*, **296**, 2395-2398
13) Sineshchekov, O. A., et al. (2002) Two rhodopsins mediate phototaxis to low- and high-intensity light in *Chlamydomonas reinhardtii*. *Proc. Natl. Acad. Sci. USA*, **99**, 8689-8694
14) Suzuki, T., et al. (2003) Archaeal-type rhodopsins in *Chlamydomonas*: model structure and intracellular localization. *Biochem. Biophys. Res. Commun.*, **301**, 711-717
15) Bamann, C., et al. (2008) Spectral characteristics of the photocycle of channelrhodopsin-2 and its

implication for channel function. *J. Mol. Biol.*, **375**, 686-694
16) Ernst, O. P., *et al.* (2008) Photoactivation of channelrhodopsin. *J. Biol. Chem.*, **283**, 1637-1643
17) Hegemann, P. (2008) Algal sensory photoreceptors. *Annu. Rev. Plant Biol.* **59**, 167-189
18) Zhang, F., *et al.* (2007) Circuit-breakers: optical technologies for probing neural signals and systems. *Nat. Rev. Neurosci.*, **8**, 577-581
19) Boyden, E. S., *et al.* (2005) Millisecond-timescale, genetically targeted optical control of neural activity. *Nat. Neurosci.*, **8**, 1263-1268
20) Li, X., *et al.* (2005) Fast noninvasive activation and inhibition of neural and network activity by vertebrate rhodopsin and green algae channelrhodopsin. *Proc Natl. Acad. Sci. USA*, **102**, 17816-17821
21) Bi, A., *et al.* (2006) Ectopic expression of a microbial-type rhodopsin restores visual responses in mice with photoreceptor degeneration. *Neuron*, **50**, 23-33
22) Ishizuka, T., *et al.* (2006) Kinetic evaluation of photosensitivity in genetically engineered neurons expressing green algae light-gated channels. *Neurosci. Res.*, **54**, 85-94
23) Han, X., Boyden, E. S. (2007) Multiple-color optical activation, silencing, and desynchronization of neural activity, with single-spike temporal resolution. *PLoS ONE*, **3**, e29
24) Schröder-Lang S., *et al.* (2007) Fast manipulation of cellular cAMP level by light *in vivo*. *Nat. Methods*, **4**, 39-42
25) Nagahama T., *et al.* (2007) Functional transplant of photoactivated adenylyl cyclase (PAC) into *Aplysia* sensory neurons. *Neurosci. Res.*, **59**, 81-88
26) Walters, E. T., *et al.* (1983) Mechanoafferent neurons innervating tail of *Aplysia*. I. Response properties and synaptic connections. *J Neurophysiol.*, **50**, 1522-1542.
27) Kandel, E. R. (1976) *Cellular Basis of Behavior: an introduction to behavioral neurobiology*, Freeman

第2章 光と生体リズム

1 クリプトクロムの光反応と生理機能

岡野俊行

　クリプトクロムは光回復酵素に類似したタンパク質であり，生物界に広く分布している．哺乳類のクリプトクロムには光受容能がなく，概日時計遺伝子の転写抑制を介して概日リズム生成に関与している．ショウジョウバエやシロイヌナズナでは，光エネルギーによる電子移動を利用して光センサーとして機能している．ショウジョウバエのクリプトクロムは，概日時計の光同調に寄与していることがわかっているが，そのほかの動物のクリプトクロムの光受容および光情報伝達経路はほとんど不明である．最近では，多くの動物が光依存的に地磁気を感知して位置や方位を判断していることが明らかにされているが，その磁界センサーとしてもクリプトクロムの関与が示唆されている．

はじめに

　「ロドプシン」や「視物質」という言葉に比べ，「クリプトクロム」は多くの読者にとっておそらく聞き慣れない言葉であろう．クリプトクロム（cryptochrome：CRY）は，フラビン類縁体を発色団とする青色光受容分子であり，バクテリアからヒトに至るまで生物界に広く分布している．にもかかわらず，レチナールを発色団とするロドプシンや視物質に比べてあまり知られていないのは，動物におけるクリプトクロムの研究が遅れているからである．

もともと，クリプトクロム（cryptochrome）は，crypto（隠された）と chrome（色素）の2語を合成して命名されたものであり，植物の光形態形成にかかわる青色光受容体として想定された因子である．光形態形成には，たとえば種子が発芽した際の成長の光制御がある．地中で発芽した種子は胚軸を伸長させて双葉を地上に伸ばし，十分な光が当たる部分まで到達すると伸長を停止する．恒暗状態に置くと胚軸の伸長は止まらずいわゆる「もやし」の状態になる．このような光による伸長の抑制には青色光が効果的であるため，それにかかわる未知なる光受容体がクリプトクロムとよばれたのである．

クリプトクロムの分子実体は長く不明であったが，モデル植物であるシロイヌナズナを用いた研究で明らかになった．すなわち，胚軸伸長の光抑制にかかわる分子機構を調べるため，光抑制が起こらなくなるシロイヌナズナの変異株が多数単離された．そのうち *Hy4* と名づけられた変異株の原因遺伝子が1993年に Cashmore らによってつきとめられ，驚くべきことに，単離・同定されたその遺伝子は，当時バクテリアで発見されていた光回復酵素（フォトリアーゼ：photolyase）とよく似たタンパク質をコードしていた[1,2]．光回復酵素が青色光を受容する分子であることから，この分子こそがクリプトクロム（CRY）であると推定された．その後の研究から，現在ではこの推定が正しかったことが確かめられている．ここでは，クリプトクロム分子の構造や進化に関する知見を紹介し，さらに，最近注目されつつある，動物における機能について解説する．

1 クリプトクロムの構造

1.1 光回復酵素（フォトリアーゼ）

クリプトクロムと光回復酵素は近縁分子であるため，クリプトクロムの機能や進化を明らかにしていくためには，光回復酵素を理解しておく必要がある．紫外線によってゲノムのDNAが損傷を受けると，DNAに変異が入り複製が正常に行なわれなくなる．たとえば，大腸菌は強い紫外線を受けると死滅する．ところがおもしろいことに，大腸菌に紫外線を照射したのち青色光を照射すると，ある程度死滅を防ぐことができる．この現象は，光回復酵素が青色光を利

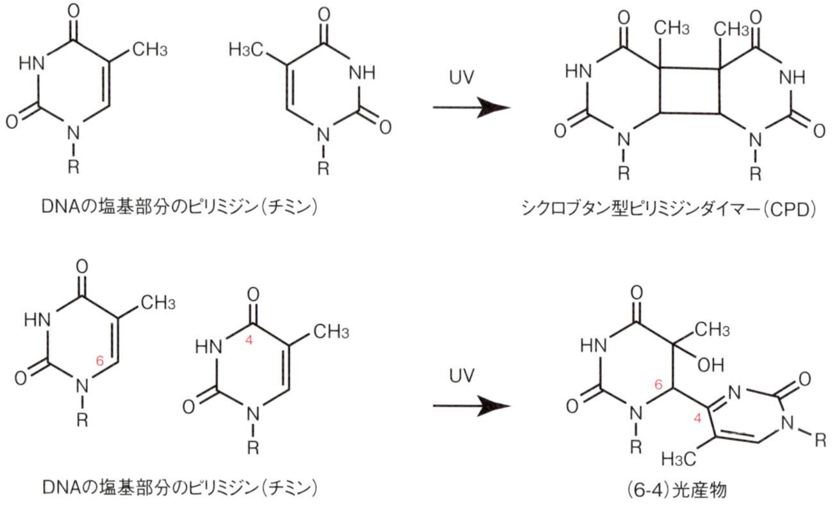

図1 紫外線（UV）によって生成される代表的なピリミジン2量体
DNAのなかで隣接するピリミジンに紫外線が吸収されると一定の確率で2量体が生成する．おもな産物としてCPDおよび（6-4）光産物が知られている．図ではチミンダイマーの例を示している．

用して，損傷したDNAを修復するためであり，光回復とよばれている[3]．紫外線によるDNAの損傷のされ方は多様であるが，そのうち光回復酵素が修復するのは，チミンダイマーをはじめとするピリミジン2量体であり，主要な光産物は，シクロブタン型ピリミジンダイマー（CPD）および（6-4）光産物である（図1）．両者はそれぞれ，CPD光回復酵素および（6-4）光回復酵素という互いに異なる光回復酵素によって修復される．

1.2 クリプトクロムの分子構造

植物のクリプトクロムの同定と並行して，種々の動物のゲノム解析が進んだ．その結果興味深いことに，クリプトクロムおよび光回復酵素と相同性をもつ遺伝子が動物にも複数存在することが明らかになってきた．このうちのいくつかは光回復酵素の遺伝子であったが，残りの多くは機能が不明であった．クリプトクロムファミリー分子は，機能未知の分子を含めて，**図2**に示したような共通の構造をもつ．すなわち，動物のクリプトクロムはアミノ酸数500～700

2-1 クリプトクロムの光反応と生理機能

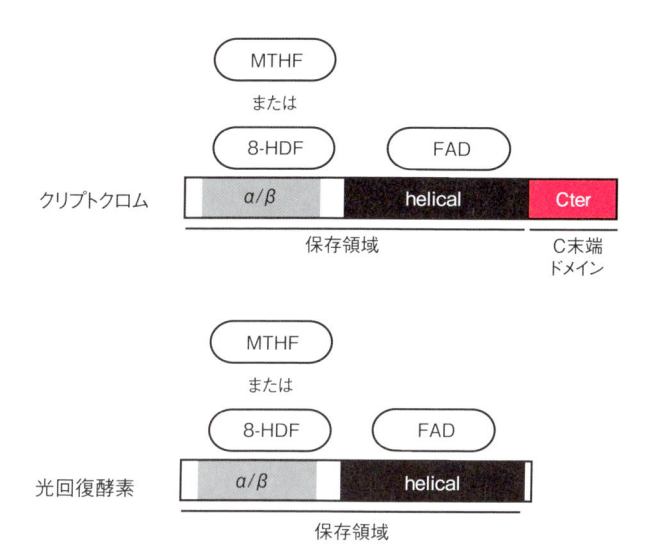

図2 クリプトクロムと光回復酵素の構造
両者は共通する保存領域をもち，保存領域には発色団が結合する．クリプトクロムはC末端側に延長部分［Cter：C末端ドメイン（赤色の部分）］をもち，光シグナルの伝達にかかわっている．α/β：α/βドメイン，helical：ヘリックスドメイン（ヘリカルドメイン）．

のタンパク質であり，高い割合で1次構造が保存されているN末端側の450〜500アミノ酸の領域（保存領域）と，保存性の低いC末端ドメイン（**図2**，Cter）の2つに分けられる．立体構造解析の結果に基づいて保存領域はさらに，αヘリックスとβシートからなるα/βドメイン（**図2**，α/β）と多数のαヘリックスからなるヘリックスドメイン（あるいはヘリカルドメイン，**図2**，helical），さらにこの2つを結ぶ領域に分けられる．保存領域は光回復酵素と高い相同性を示すが，C末端ドメインに相当する部分は光回復酵素にはみられない．そのため，C末端ドメインはクリプトクロムに特有の機能に関与すると考えられている．

1.3 発色団

　動物のクリプトクロムが生体内でどのような発色団をもつのかは，まだよくわかっていない．しかしながら，クリプトクロムの遺伝子を培養細胞内で強制発現させて得られたタンパク質を用いた解析や，光応答の作用スペクトル解析

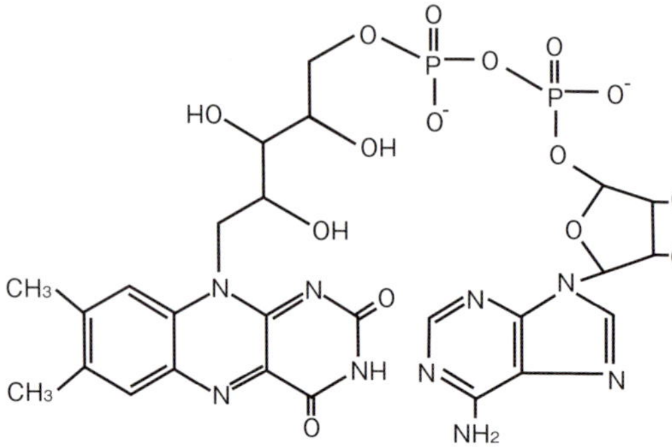

フラビンアデニンジヌクレオチド(FAD)

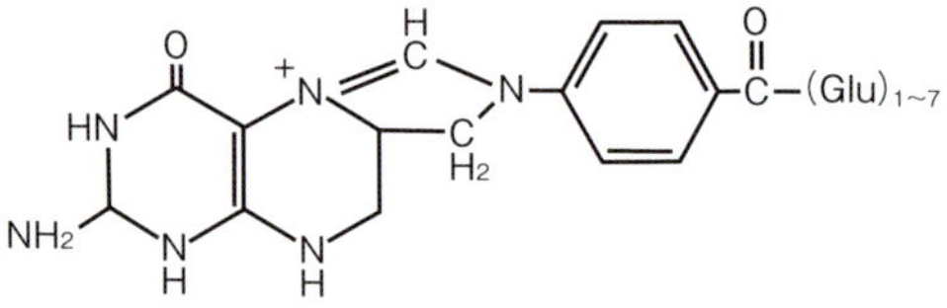

メテニルテトラヒドロ葉酸(MTHF)

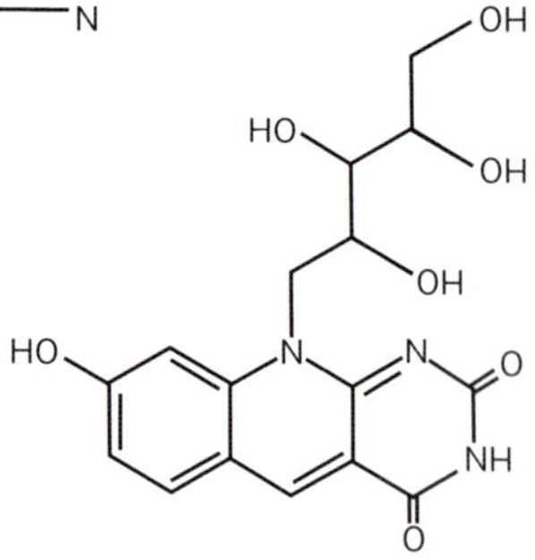

8ヒドロキシデアザフラビン(8-HDF)

図3 クリプトクロムおよび光回復酵素の発色団

両タンパク質とも，主たる発色団としてFADをもつ．さらに，集光のためのアンテナ色素として，MTHFや8-HDFなどをもつ．FADは400～500 nmの青色光を吸収するが，酸化還元状態により吸収特性が変化する．クリプトクロムや光回復酵素に結合している場合，フラビン環とプリン環の間で電子が移動できるようFAD分子全体がU字型に折れ曲がっている可能性がある．MTHFはさらに短波長側（300～400 nm）の紫外線を，8-HDFはFADとほぼ同じ波長領域の光を吸収してFADを活性化する．Gluはグルタミン酸を表す．

などから，おそらく光回復酵素と同じ，**FAD（フラビンアデニンジヌクレオチド**）が主たる発色団として結合していると推定されている[5)]（**図3**）．FADは，ヘリックスドメインに埋もれた結合部位に，分子間相互作用によって結合していると考えられている（**図2**）．すなわち，ロドプシンやフィトクロム（**コラム**参照）のように，発色団が特定のアミノ酸側鎖と共有結合しているわけではない．

光回復酵素には主たる発色団であるFADに加えて，第2発色団としてメテニルテトラヒドロ葉酸（5,10-methenyltetrahydrofolylpolyglutamate：MTHF）あるいは8ヒドロキシデアザフラビン（8-hydroxy-5-deazaflavin：8-HDF）などが結合している（**図3**）．これらの色素は光を吸収してそのエネルギーを

FADに転移させるアンテナ色素としてはたらく．植物や動物のクリプトクロムにもFADと第2発色団が結合していると考えられている．

1.4 光反応メカニズム

ロドプシンにおいては，光はリジン側鎖にシッフ塩基結合したレチナール分子の異性化反応をひき起こし，レチナール分子の構造変化がやがて分子全体の構造変化を導く（1-1，1-3参照）．一方，クリプトクロムや光回復酵素では，光は，FADのなかのフラビン環とアポタンパク質との間の電子移動を誘起する．電子移動に伴ってタンパク質が構造変化すると推定されるが，詳しいことはいまだほとんどわかっていない．ここで，若干複雑ではあるが，あとに述べるラジカルペアモデルとも関連するので，発色団近辺で起こると想定される光化学反応のモデルを以下にまとめておく．馴染みのない読者は読み飛ばしていただいてかまわない．

FADのフラビン環構造は，水素原子や電子の出入りを起こしやすく，それらの状態によっていくつかの安定な構造をとる．一般に，FADが補酵素としてはたらき水素原子の授受を行う場合，水素原子が少ない酸化型（FAD^{OX}），水素原子が1つ付加し不対電子をもつフリーラジカル（セミキノン型FADラジカル，$FADH^{\cdot}$），さらに水素原子が付加した還元型（$FADH_2$）が知られている（図4）．これとは異なり，クリプトクロムや光回復酵素では，光エネルギーによる電子の出入りが起こる．光回復酵素のFADは通常，セミキノン型FADラジカル（$FADH^{\cdot}$）またはセミキノン型ラジカルに電子が1つ付加した還元型のアニオン（$FADH^{-}$）である（図5上）．アンテナ色素が光を受容し，

図4 FADのフラビン部分の代表的な構造

FADのフラビン部分には，水素の少ない酸化型と水素の多い還元型，さらに中間型であるセミキノン型が存在する．セミキノン型FADは不対電子をもちラジカルであるが，一般的なラジカルよりも安定である．図はセミキノン型が取りうる構造の一例を示したものであり，実際にはこのように不対電子が局在化しているわけではない．Rの構造は図3を参照．

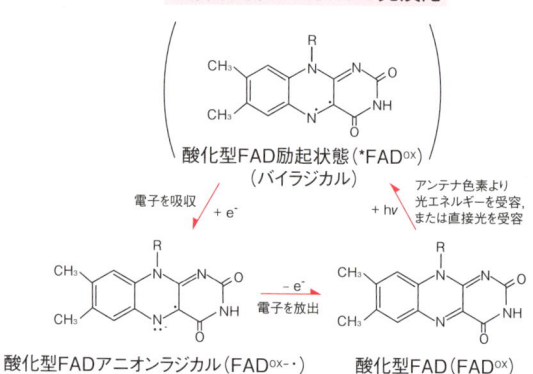

図5 クリプトクロムおよび光回復酵素における発色団FADのフラビン部分の構造と光反応
電子の状態は分布の一例を示したものであり，実際には図のように局在化しているわけではない．上部にかっこで囲んで示した励起状態では，バイラジカルとなってラジカルペアを生じる．Rの構造は図3を参照．

さらにトリプトファンなどを介して光エネルギーが還元型FADアニオン（FADH$^-$）に転移するか，あるいは還元型のアニオン（FADH$^-$）が直接光を受容すると，還元型の励起状態（*FADH$^-$）が生じる[3, 4]（**図5上**）．還元型の励起状態は，2つの不対電子（ラジカルペア）をもち不安定であるが，電子を1つ放出すると，より安定なセミキノン型FADラジカル（FADH$^•$）に変化する．このときに放出された電子は，FADのアデニンやアポタンパク質のトリプト

ファン側鎖にひき渡されたのち，損傷したDNA分子のピリミジンに転移し共有結合の開裂に使われる．生成したセミキノン型FADラジカルは，さらに400〜600 nmの光を吸収して励起され，アポタンパク質から電子を受けとり，還元型のアニオン（FADH⁻）に戻る（**図5**上）．

このように，光回復酵素においては，安定なセミキノン型ラジカルと還元型，そして不安定な励起状態の間をサイクルすると考えられている．これに対して，クリプトクロムの反応は分子の種類によって異なると推定されている．すなわち，シロイヌナズナのクリプトクロム（AtCRY2）では，青色光は光シグナルを伝えるが，緑色光は光シグナルを抑制する方向にはたらく．これはおそらく，シロイヌナズナクリプトクロムの光反応が光回復酵素とよく似ており，青色光で還元型FADアニオン（FADH⁻）が活性化されるとセミキノン型ラジカルに変化し，逆にセミキノン型ラジカルが吸収する緑色光は，発色団を還元型FADアニオンに戻して，光シグナルを抑制すると考えられている．一方，ショウジョウバエのクリプトクロムでは，発色団は通常酸化型（FAD^{OX}）だと予想されている[6]．酸化型（FAD^{OX}）が青色光を吸収すると，2つの不対電子（ラジカルペア）をもつ不安定な励起状態となる．この場合は光回復酵素とは逆であり，周囲のトリプトファンなどから電子を1つ受けとることによって，より安定な酸化型FADアニオンラジカル（$FAD^{OX-\bullet}$）に変化する．酸化型アニオンラジカルはやがて，今度は電子を放出してもとの酸化型（FAD^{OX}）に戻ると推定されている（**図5**下）．

2 クリプトクロムの進化

2.1 共通の祖先分子

上述のようにクリプトクロムと光回復酵素は近縁の関係にある．そのため，両者を含めた分子系統樹を作成することができ，そのつながり方をみることによって，分子の進化と機能分化の道筋を推定することができる．**図6**は，これまでに遺伝子が単離されているクリプトクロムおよび光回復酵素のうち代表的な分子について，アミノ酸配列をもとに分子系統解析を行なったものである．図では左側に古い分岐を記しており，大腸菌のCPD光回復酵素および植物（シ

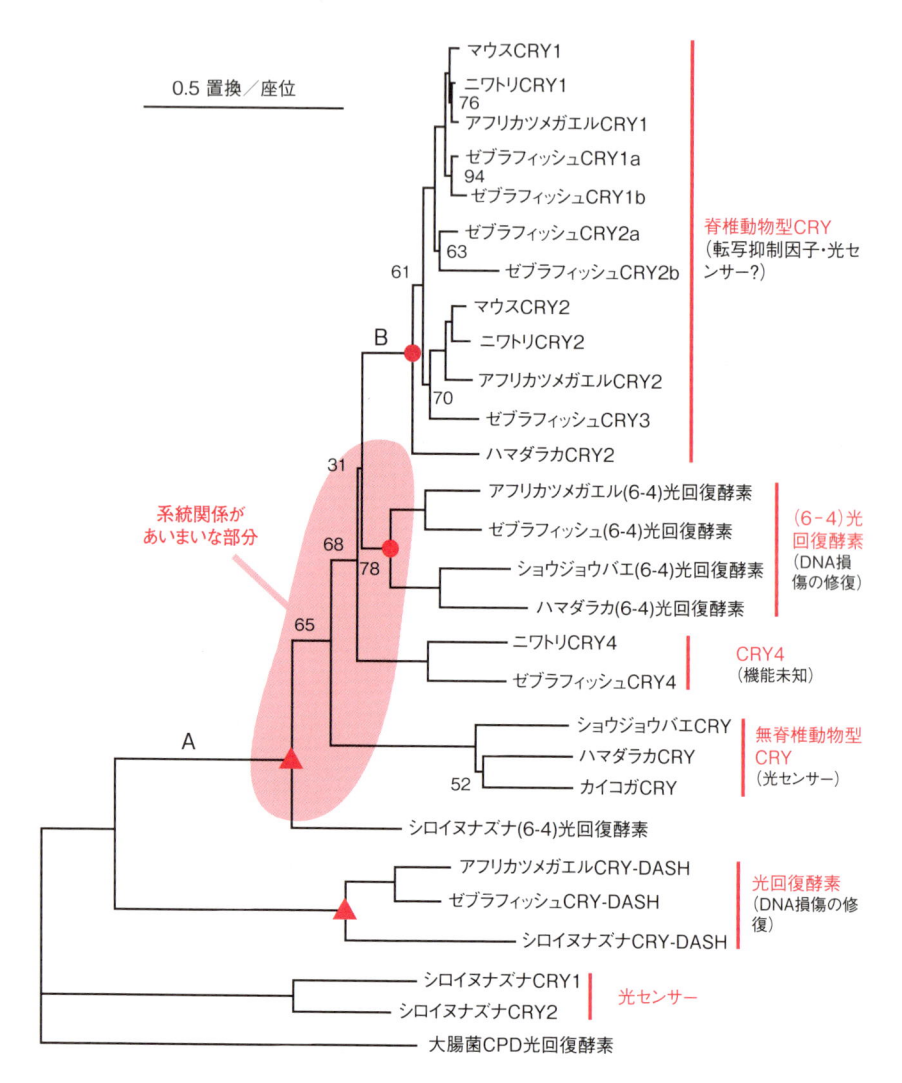

図6 クリプトクロムおよび光回復酵素の分子系統樹

さまざまな生物に存在するクリプトクロム (CRY)・光回復酵素ファミリー分子から代表的なものを選んで,アミノ酸配列をもとに近隣結合法 (NJ法) を用いて作製した.作製の際には,N末端側の保存領域 (約320アミノ酸) のみを用いた.それぞれの枝の信頼度をブートストラップ検定し,検定値が95%を越える部分は数字を表示していない.95%を越えない部分には数字を記した.脊椎動物型CRYは脊椎動物で多数の遺伝子が先に同定されたため脊椎動物型と記したが,実際にはハマダラカなどの無脊椎動物にもオルソログが見いだされている.植物と動物の分岐および脊椎動物と無脊椎動物の分岐と推定される節点を,それぞれ赤三角と赤丸で示した.

ロイヌナズナ）のクリプトクロムが最も古い時代に分岐したように描かれている．したがって，この図からは，この両グループのいずれかが祖先分子に近いように考えられるが，実際にはどのグループが最も古い時代に分岐したのか正確にわからないので注意する必要がある．事実，おもしろいことに，CRY-DASH（**Key Word** 参照）は同じグループのなかに動物と植物が含まれており，さらに図には示していないが，藍藻や菌類にも CRY-DASH が見いだされている．このことから，CRY-DASH グループの祖先分子が生じた時代は，植物と動物が分岐するより以前の非常に古い時代と推定され，CRY-DASH が最も初期に生まれた遺伝子である可能性も考えられる．

2.2 クリプトクロムと（6-4）光回復酵素の曖昧な関係

　大腸菌 CPD 光回復酵素，植物クリプトクロム，CRY-DASH のいずれかが最も古い祖先型に近いとしても，図6中 A の分岐によって，上述の3グループと図中のそのほかすべての分子の共通祖先が分かれたと考えられる．分子系統樹上では，CRY-DASH の次に分岐した分子はシロイヌナズナの（6-4）光回復酵素となっている．分子系統樹のとおりに解釈すると，A の部分では（6-4）光回復酵素として機能していた祖先型の分子が，植物と動物の祖先が分かれた（図6の▲をつけた節点）のちに，遺伝子重複を繰り返しながら4グループ（脊椎動物型 CRY，（6-4）光回復酵素，CRY4，無脊椎動物型 CRY）に機能分化していき，機能が変化しなかったものが動物の（6-4）光回復酵素であると解釈することができる．しかしながら，A の付近（図6の赤色の部分）では分岐の確からしさ（ブートストラップ確率）が低く，系統関係が明確でない．このように分子系統解析の信頼性が低い原因は，おそらくこれら4グループの祖先がほぼ同時期に分岐したか，あるいは，分岐に伴いドメイン構造の取捨選択や進

Key Word

CRY-DASH
藍藻，菌類，植物，昆虫，脊椎動物と幅広い生物に遺伝子が見いだされた分子．長く機能未知であったためクリプトクロムのような名称がつけられているが，2006年，光回復酵素の一種（1本鎖 DNA を基質とする光回復酵素）であることが報告された．

化速度の変化があったと推定される．一般的には，同じ機能をもつタンパク質は単一のグループを形成することが多いが，この分子系統樹では，シロイヌナズナ（6-4）光回復酵素が動物の（6-4）光回復酵素とは別系統になっている点がやや不自然である．もしかすると，正しい系統関係では，これらの（6-4）光回復酵素は1つのグループ（根元が共通するクラスター）を形成するのかもしれない．

　もう1つ注目したいのは，無脊椎動物において光センサーとして機能する無脊椎動物型クリプトクロム（詳細は後述）と，クリプトクロム4とよばれる機能未知のクリプトクロム[7]の関係である．これらのグループは脊椎動物と無脊椎動物の分岐（**図6**の●をつけた節点）よりも古くに分岐しているため，脊椎動物と無脊椎動物の両方に受け継がれていてもおかしくない．にもかかわらず，無脊椎動物型クリプトクロムは脊椎動物には見いだされておらず，逆に，クリプトクロム4は脊椎動物のみに見いだされている．このことから，クリプトクロム4が無脊椎動物型クリプトクロムの脊椎動物オルソログ（遺伝子重複によらず種分岐に伴って分かれた同一の遺伝子）であるかもしれないと考えられる．この仮説は分子系統樹とは若干矛盾するが，もし正しければ，クリプトクロム4は脊椎動物において光センサーとしてはたらくものと期待される．筆者らは現在，そういった可能性を視野に入れながらクリプトクロム4の機能を探っている．今後，下等な無脊椎動物や原生生物から類縁分子の遺伝子が単離されれば，これらのグループ間の分岐の順序や遺伝子の進化の詳細が，より確かになってくると期待できよう．

2.3 脊椎動物型クリプトクロムの祖先

　脊椎動物型クリプトクロム（あるいは単に動物クリプトクロムともよばれる）は，（6-4）光回復酵素やクリプトクロム4とは**図6**中Bの分岐を介して明瞭に分離されている．脊椎動物型クリプトクロムは，脊椎動物において多数の遺伝子が単離されており，CRY3以外は概日時計の転写抑制因子として機能する（後述）．このグループに属する遺伝子は，ハマダラカからも単離されていることから，Bの分岐は，脊椎動物が生じるよりはるか以前と考えられる．このように，クリプトクロム遺伝子の起源は非常に古く，遺伝子重複と機能分化を繰り

3 クリプトクロムの機能

3.1 植物におけるクリプトクロムの機能

はじめに述べたように植物のクリプトクロムは,胚軸伸長をはじめとする光形態形成にかかわっている.詳細は割愛するが,植物クリプトクロムによる光情報伝達経路はシロイヌナズナを用いて研究が進んでいる.シロイヌナズナクリプトクロムは,光依存的にリン酸化され,同時にC末端ドメインが活性化される.そののち,クリプトクロムはCOP1とよばれるユビキチンリガーゼを活性化する[8].COP1は,転写因子HY5のプロテアソーム依存的な分解を調節するので,この一連のカスケードを介して光情報が遺伝子の活性調節に変換されることになる.ここで興味深い点として,クリプトクロムのリン酸化は自己リン酸化であると推定されており[9],クリプトクロム自身が光依存的な活性をもつキナーゼとしてはたらいている可能性も考えられている.

3.2 概日光受容体として機能をもつショウジョウバエクリプトクロム

前述したように,現在のところ,動物のクリプトクロムのうち光センサーとしてはたらくことがはっきりしているのは,無脊椎動物型のクリプトクロムの1つであるショウジョウバエのクリプトクロムのみであり,以下のように概日光受容体として概日時計の同調に寄与している(図7上).

動物の概日時計の分子機構は1990年代後半より急速に研究が進み,発振系を構成する多数の分子が同定された.なかでもショウジョウバエでは,概日時計の中心的な遺伝子の1つであるピリオド遺伝子(*Per*)が最初に同定され,マウスと並んで発振系の解析が進んだ[10-12].ショウジョウバエの概日時計の発振系においては,*Per*の転写産物であるPERのタンパク質量が時刻を決める重要な役割を担っている.PERは,TIMELESSと結合して安定な複合体をつくり,これがさらにCYCLEとCLOCKからなる転写促進因子を抑制する.CYCLEとCLOCKはともに,bHLH-PAS型の転写因子であり,E-box(およびその類似配列)に結合して多くの遺伝子の概日性の発現を制御している.

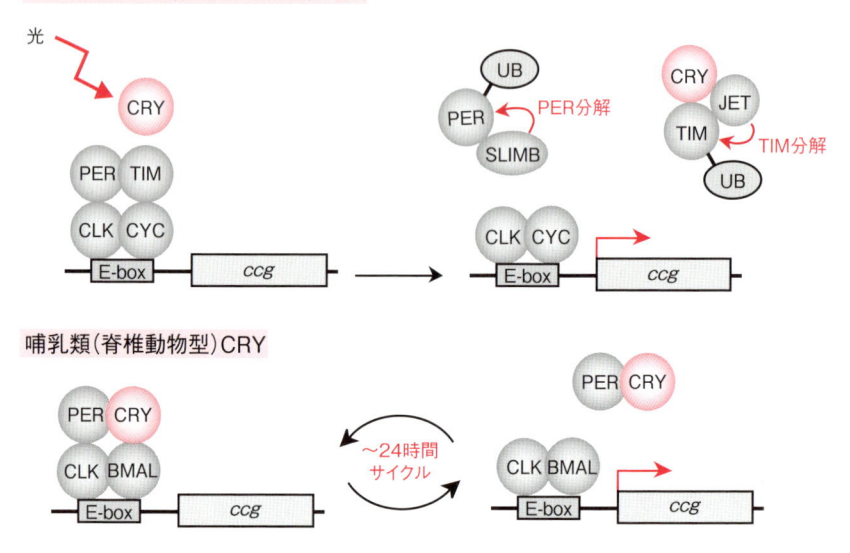

図7 ショウジョウバエおよび哺乳類におけるクリプトクロムの機能

ショウジョウバエ（上）では暗状態を左側に，クリプトクロム（CRY）が光を受容したのちの状態を右側に示した．哺乳類（下）のCRYは光受容能をもたない転写制御因子と考えられているが，転写を抑制している状態を左側に，CRYが存在せず転写が活性化されている状態を右側に示した．E-boxは，CACGTG配列およびその類似配列を示す．ccgはclock-controlled genesの意味であり，概日時計によって転写制御される一群の遺伝子を示す．生物によって多様であるが，時計遺伝子であるPerやCryもccgに含まれる．TIM，CLK，CYC，JET，UBはそれぞれ，TIMELESS，CLOCK，CYCLE，JETLAGおよびユビキチンを表す．

*Per*の転写もE-boxによって制御されているため，遺伝子の転写とタンパク質量がともに概日リズムを示す．つまり，CYCLE-CLOCKによって*Per*が活性化され，PERタンパク質が増加すると，PER-TIM複合体によってCYCLE-CLOCKが抑制される．このような負のフィードバックループ機構が遺伝子発現の周期性を生み出している．

概日時計は一般に，遺伝子発現リズムが約1日の周期で繰り返すが，通常の明暗条件下では外界の明暗サイクルと同調している．これは，光刺激がフィードバックループの一部に作用して発振系の分子の量や活性を変動させるためであり，この際はたらく光受容体を**概日光受容体**とよぶ．ショウジョウバエの場合，光刺激に伴い概日光受容体であるクリプトクロムが活性化され，光依存

的にPER-TIM複合体に結合する（図7上）．PER-TIM複合体には，TIMのユビキチン化酵素であるJETLAGが暗状態で弱く結合しており，活性型クリプトクロムはJETLAGを活性化してTIMのユビキチン化とプロテアソーム依存的な分解を促す．TIMが分解されると，不安定になったPERはJETLAGとは別のユビキチン化酵素SLIMBによってユビキチン化され，TIMと同様に分解される．この一連の反応がPER-TIM複合体の量を急激に減少させ，E-boxを介した転写の増大を介して概日時計の時刻をシフトさせる[11, 12]．

3.3 転写抑制因子としての機能をもつ脊椎動物型クリプトクロム

脊椎動物型クリプトクロムは，もともと，光回復酵素に類似の機能未知遺伝子として見いだされた．哺乳類には*Cry1*および*Cry2*の2つの遺伝子があるが，いずれの翻訳産物も光回復酵素の活性をもたない．哺乳類のクリプトクロムは，培養細胞で強制発現させてもFADとほとんど結合せず，発色団が結合しているかどうか，また，光を受容する能力があるのかどうか，現在のところはっきりした答えはない．

興味深いことに，*Cry1*および*Cry2*の両方の遺伝子を破壊したマウスでは，全身のすべての臓器において概日リズムそのものが完全に消滅している．このことは，マウスにおいてはクリプトクロムが概日時計の発振に必須な因子であることを示している．なぜなら，クリプトクロムが概日光受容体としてのみ機能しているのであれば，概日時計が停止するのではなく，光刺激に応答しなくなって，明暗サイクル下においても恒暗下のようにリズムが自由継続（freerun，**2-3：Key Word**参照）するはずだからである．一方，クリプトクロムの遺伝子を破壊したマウスの解析と並行して，マウスの概日時計発振系の解析が進められ，マウスのクリプトクロムが時計発振系のBMAL1と直接相互作用することがわかった．BMAL1はショウジョウバエのCYCLEの脊椎動物オルソログであり，CLOCKと2量体を形成してE-box依存的に*Per*をはじめ一群の遺伝子の転写を制御している（図7下）[10-12]．このように，脊椎動物の概日時計発振系は，基本的にはショウジョウバエに類似しているが，(1) ショウジョウバエのTIMに相当する因子が脊椎動物ではクリプトクロムである，(2) 光刺激はショウジョウバエでは抑制因子の分解をひき起こすが，脊椎動物では

Per 遺伝子の転写を促進する,といった点で大きく異なっている[10-12]. なお,メラノプシンや網膜視細胞情報伝達系因子の遺伝子を破壊したマウスの解析から,マウスの概日光受容体はメラノプシンおよび視細胞オプシンであり,クリプトクロムは関与していないことが示されている(詳細は**2-3**参照).

脊椎動物型のクリプトクロムはすべて同じ機能をもつのだろうか.ゼブラフィッシュのCRY3は転写抑制能がなく機能が不明である.また,ニワトリのクリプトクロム(CRY1, CRY2)は光受容能が示唆されている.すなわち,Van Gelderらは2004年,ヒヨコの虹彩が単離した状態でも光応答(収縮)すること,その光作用スペクトルがFADの吸収スペクトルと類似していること,さらに,虹彩におけるCRY1およびCRY2の発現をRNA干渉によって抑制すると光収縮が抑制されることを見いだした[13]. この結果は,CRY1およびCRY2が虹彩の光収縮のための光受容体としてはたらいている可能性を強く示唆している.一方,筆者らはVan Gelderらに先立ち,ニワトリ松果体より*Cry1*および*Cry2*の遺伝子を同定し,その翻訳産物がマウスのCRY1やCRY2と同様に時計遺伝子の転写を抑制することを報告した[14]. Van Gelderらと筆者らの知見は一見矛盾するが,今後は,虹彩の光収縮とCRYによる転写抑制の分子機構を詳細に検討することが重要であろう.

column

コラム

植物の光センサー

植物の光受容としては光合成が最も重要であるが,植物には,葉緑体におけるエネルギー産生とは別に,植物の成長や葉緑体の定位にかかわる光センサーが複数存在する.赤色光および近赤外光に応答するフィトクロムは発色団としてテトラピロール化合物をもつ.また,青色光および近紫外光に応答する分子として,FADを発色団とするクリプトクロムおよびFMN(フラビンモノヌクレオチド)を発色団とするフォトトロピンがある.クリプトクロムは動物にも存在するのに対し,フィトクロムやフォトトロピンは動物では見いだされていない.ホウライシダではフィトクロムとフォトトロピンが単一のポリペプチドとしてつながった構造の光センサー(ネオクロム:phy3)も発見されている.

3.4 磁界センサー

近年,多くの生物が地磁気レベルの磁界を感知できることが明らかになってきた[15,16].脊椎動物においても,魚類から鳥類まで広く磁界感知能力が見いだされている.確定的な証明はないが,磁界センサーとしてクリプトクロムがはたらく可能性が強く示唆されており,ここでは,磁場感知の特徴や想定されるメカニズムについてふれておきたい.

生物における磁界の感知機構は一般に,**極性コンパス**(polarity compass)と**伏角コンパス**(inclination compass)の2種類に大別され,両者を併用しているものも多い[16].前者は絶対的な方位を弁別することが原理的に可能で,たとえば磁性細菌では,マグネタイトとよばれる微小な粒子を使って極性コンパスを実現している.マグネタイトには酸化鉄が含まれているため小さな磁石の役割を果たし,さらに複数のマグネタイトが連なることによって棒磁石のようなはたらきをしている.また,魚類や鳥類では,ある種の感覚細胞にマグネトソームとよばれ鉄イオンを含む細胞内構造が存在する.この感覚細胞の機能を阻害することによって磁界感知能が妨げられることから,おそらくマグネトソームは極性コンパスに関与すると考えられている.

一方,伏角コンパスは,磁力線の傾きを検知するのに利用される.ここで重要なことは,地磁気のベクトルは必ずしも水平ではなく,赤道付近では水平であるが,緯度が大きくなると垂直に近づいていくことである.このように,地磁気ベクトルと水平面がなす角(伏角)は,緯度の増加に従ってしだいに大きくなるため,伏角をもとに地球上での位置(緯度)を知ることが可能である.渡り鳥やイモリを用いた数多くの実験から,伏角コンパスは光刺激を必要とすることや,絶対的な方位は検出できないことなどが明らかにされている.

伏角コンパスにかかわる磁界センサーとして,現在最も有力視されているのがクリプトクロムである[15-17].1.4項で詳しく述べたように,クリプトクロムの発色団であるFADが光刺激によって励起された際,あるいはFADとアポタンパク質の間で電子がやりとりされた際に,1対の不対電子(**ラジカルペア**)が生じると考えられている.電子にはそれぞれ,自転軸の方向(正確にはスピン磁気量子数)の異なる2種類のスピンがあるが,光刺激によってまず生じる

励起1重項状態では,ラジカルペアのスピンは互いに逆方向を向いている.電子のスピンはさまざまな状況下で偶然逆向きに変化すること(項間交差:intersystem crossing)があり,同じ方向を向いた3重項状態になると1重項状態よりも安定化して,より寿命の長い中間体として存在することになる.励起状態によって,次に生成する物質が異なってくるため,項間交差の効率が生成物の種類やその量に影響を与えることになる.ここで重要なことは,項間交差はスピンの反転を伴うため,周囲の磁界の影響を強く受けることである.たとえるならば,2本の風見鶏が逆方向を向いているとき風が強く吹くほど同じ方向を向きやすいことをイメージすればよい.クリプトクロムの光反応過程の詳細はいまだ不明であるが,おそらく発色団の励起にひき続き電子移動が起こり,分子全体の構造変化がひき起こされるのであろう.この際に周囲の磁界が強いほど,また,励起された発色団と磁界のなす角度がある一定の角度に近いほどクリプトクロムの活性化の度合いが高くなると推定される(図8).Ritzら[18]によると,このラジカルペアモデルでは,地磁気程度の弱い磁界であっても反応効率の差として検出することが可能と想定されている.

このラジカルペアを利用したメカニズムが生体内ではたらいているとした場

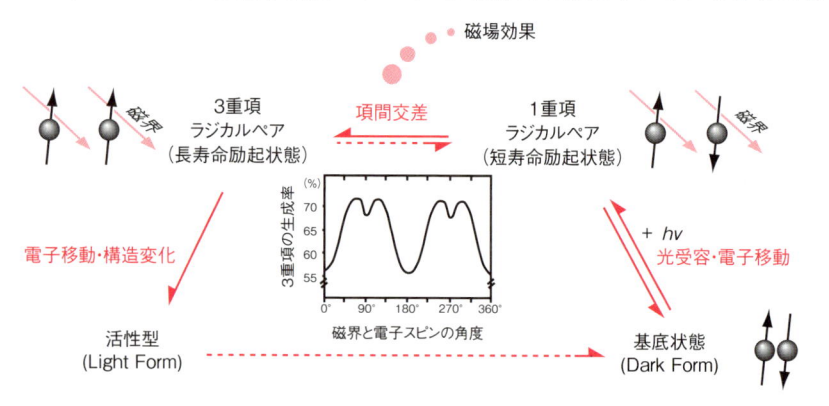

図8 光励起によって生じるラジカルペアを利用して磁界を感知するラジカルペア機構のモデル

光によってラジカルペアが生成した場合,先に生じる励起1重項状態(1重項ラジカルペア)は,項間交差を起こして3重項状態(3重項ラジカルペア)に変化することがある.この項間交差は電子のスピンの反転を伴い,その起こりやすさは周囲の磁界とスピンの向きによって変化すると推定される(グラフは文献16より改変引用).このような磁場効果は,磁界の方向の情報を光による活性化の度合いに変換して検出することを可能とする.

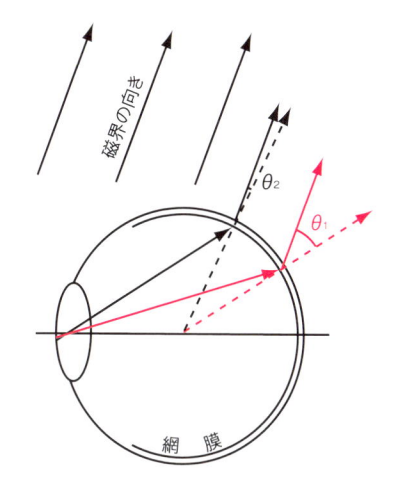

図9 網膜におけるラジカルペア反応によって磁界を2次元情報に変換するというモデル
網膜において光受容体の発色団が配向していれば，網膜内の位置によって，生じるラジカルペアのスピンの方向が変化する．たとえば，スピンの方向が網膜に垂直であれば図の点線の方向となり，周囲の磁界とのなす角度は θ_1, θ_2 に示されたように変化する．この角度が最も項間交差に適した角度の場合に光受容体の活性化も最大となる．光受容体が強く活性化される部分は，網膜内において，点状，線状，あるいはリング状など多様なパターンとなって現れると推定されている．ここでは，クリプトクロムのようにラジカルペアを生成する分子が網膜構造に対して一定の角度で配向していると仮定しているが，網膜内に光受容体が配向していない（ランダムに分布している）場合は，外界からの入射角と磁界のなす角度が重要となる．文献18より改変引用．

合，さまざまな角度の電子スピンをもつ励起状態の光受容体が球面状に配置されていることが望ましく，このような条件を満たせる部位として，網膜が想定されている（**図9**）．網膜内にクリプトクロムが分布していれば，レンズからの入射光によって活性化される光受容分子の方向と周囲の磁界の方向（**図9**, θ_1 や θ_2）は，眼球内の位置によって違いが生じる．したがって，網膜内におけるクリプトクロムの活性の分布を神経活動の分布に変換することにより磁界の方向を脳に伝えることが可能である[18]．この方式の場合，検出には光が必須であり，原理的に絶対方位を見分けることは不可能である．こういった性質は，伏角コンパスの特徴とよく合致している．実際，渡り鳥では，眼帯のようなもので眼を覆うとコンパスが機能しなくなり，その場合，左眼を隠しても方位を知ることができるが右眼を隠すと方位を知ることができないという興味深い実験結果も報告されている[19]．

クリプトクロムが脊椎動物において,磁界センサーとしてはたらく証拠はまだない.しかし,磁界と光に依存した渡り鳥の定位に伴って網膜内のクリプトクロム(CRY1)発現細胞が活性化されること[17]や,シロイヌナズナにおいては地磁気の数倍程度の磁界によって生理的な変化が起こり,クリプトクロムの変異株ではその変化が起こらなくなること[20]が示されている.

おわりに

動物においてクリプトクロムが,概日時計の光同調や転写抑制,あるいは磁界センサーとしてはたらく際に,どのような構造変化を起こし,どのような分子に光情報を伝えるのかまだほとんどわかってない.また,動物において光センサーであることが確かめられているのはショウジョウバエCRYのみであり,脊椎動物にも機能未知のクリプトクロムファミリー分子が存在する.今後が楽しみな分野である.なお,本稿の図の作製にあたり筆者研究室の岡野恵子博士にご協力いただいた.

引用文献

1) Armad, M., Cashmore, AR. (1993) HY4 gene of A. thaliana encodes a protein with characteristics of a blue-light photoreceptor. *Nature*, **366**, 162-166

2) 和田正三 他 編,飯野盛利 著(2001)「青色光受容体研究のたどってきた道」,『植物の光センシング —光情報の受容とシグナル伝達』,88-98,秀潤社

3) 藤堂 剛(2001)「紫外線損傷を修復する光回復酵素」,『DNA修復ネットワークとその破綻の分子病態』,950-958,共立出版

4) Weber, S. (2005) Light-driven enzymatic catalysis of DNA repair: a review of recent biophysical studies on photolyase. *Biochim. Biophys. Acta*, **1707**, 1-23

5) 和田正三 他 編,徳富 哲 著(2001)「クリプトクロム」,『植物の光センシング —光情報の受容とシグナル伝達』,14-17,秀潤社

6) Berndt, A., *et al.* (2007) A novel photoreaction mechanism for the circadian blue light photoreceptor Drosophila cryptochrome. *J. Biol. Chem.*, **282**, 13011-13021

7) Kubo, Y., *et al.* (2006) Molecular cloning, mRNA expression, and immunocytochemical localization of a putative blue-light photoreceptror CRY4 in the chicken pineal gland. *J*

Neurochem., **97**, 1155-1165

8) Li, Q. H. and Yang, H. Q.（2007）Cryptochrome signaling in plants. *Photochem. Photobiol.*, **83**, 94-101

9) Shalitin, D., *et al.*（2003）Blue light-dependent in vivo and in vitro phosphorylation of Arabidopsis cryptochrome 1. *Plant Cell*, **15**, 2421-2419

10) 岡村 均・深田吉孝 編（2004）「哺乳類」, 『時計遺伝子の分子生物学』, 49-64, シュプリンガーフェアラーク東京

11) 七田芳則・深田吉孝 編, 岡野俊行・深田吉孝 著（2007）「概日リズムの分子機構」, 『動物の感覚とリズム』, シリーズ21世紀の動物科学**9**, 126-147, 培風館

12) Zheng, X. and Sehgal A.（2008）Probing the relative importance of molecular oscillations in the circadian clock. *Genetics*, **178**, 1147-1155

13) Tu, D. C., *et al.*（2004）Nonvisual photoreception in the chick iris. *Science*, **306**, 129-131

14) Yamamoto K., *et al.*（2001）Chicken pineal Cry genes: light-dependent upregulation of cCry1 and cCry2 transcripts. *Neurosci. Lett.*, **313**, 13-16

15) Bohannon, J.（2007）Michael Walker: Seeking Nature's inner compass. *Science*, **318**, 905-907

16) Wiltschko, W. and Wiltschko R.（2006）Magnetoreception. *BioEssays*, **28**, 157-168

17) Mouritsen, H., *et al.*（2004）Cryptochromes and neuronal-activity markers colocalize in the retina of migratory birds during magnetic orientation. *Proc. Natl. Acad. Sci. USA*, **101**, 14294-14299

18) Ritz, T., *et al.*（2000）A model for photoreceptor-based magnetoreception in birds. *Biophys.* J., **78**, 707-718

19) Wiltschko, W., *et al.*（2002）Lateralization of magnetic compass orientation in a migratory bird. *Nature*, **419**, 467-470

20) Ahmad, M., *et al.*（2007）Magnetic intensity affects cryptochrome-dependent responses in Arabidopsis thaliana. *Planta*, **225**, 615-624

参考文献

高橋不二雄（1996）『磁気と生物 ―分子レベルからのアプローチ』, 学会出版センター

市橋正光・佐々木政子 編（2000）『生物の光障害とその防御機構』, シリーズ光が拓く生命科学**4**, 共立出版

岡村 均・深田吉孝 編（2004）『時計遺伝子の分子生物学』, シュプリンガーフェアラーク東京

七田芳則・深田吉孝 編（2007）「概日リズムの分子機構」, 『動物の感覚とリズム』, シリーズ21世紀の動物科学**9**, 培風館

■ ■ ■ 第2章 光と生体リズム ■ ■ ■

2 「第3の目」松果体

保 智己

　発達した視覚器官をもつ多くの動物は，それとは別に視覚以外の光受容を担う光受容器官をもつ．脊椎動物とて例外ではなく，とても発達した2つの眼（側眼）に加えて松果体に代表される眼外光受容器官も備えている．松果体は内分泌器官であるが，哺乳類以外の脊椎動物の松果体は光受容能をもっており，「第3の目」とよばれている．哺乳類以外の脊椎動物は，松果体を用いてみずからの生息環境の光を測光して，生体の維持に役立てている．松果体は光情報をホルモンという液性情報と，神経節細胞を介する神経情報の2通りの方法で中枢に伝達している．そのため，光感覚性の松果体には多様な細胞が存在する．

はじめに

　松果体という器官は，読者にはあまりなじみがない器官かもしれない．松果体はほとんどの脊椎動物にみられる内分泌器官の1つであるが，同じ脳にある内分泌器官である脳下垂体と比べるとサイズが小さく地味である．松果体は，その形がまつぼっくりに似ていることからこの名前がついたらしい．ヒトの場合，ヒトの松果体は脳の中心部に存在するため，ギリシャ時代から注目されていたようである．16世紀の哲学者であるデカルトは彼の著書である『人間論』のなかで松果体について，「人が筋肉を動かすときには血液から造られる「精気」

を脳から送り込む．そして，脳の中心にある松果体にこの「精気」が集まっていて，ここから刺激に応じて各筋肉へ送っている」と紹介している．[かなり省略したので，詳細なことを知りたい読者は『人間論：デカルト著作集』（白水社）を参考にしていただきたい．]

「第3の目」というと何か神話かアニメの世界を思い浮かべてしまうかもしれない．インドのシバ神などの額には「第3の目」が描かれている．神話のなかには「第3の目」は「第1と第2の目（両眼）」では見えない光を見ており，それは松果体であると紹介されている場合もあるらしい．ヒトを含めて哺乳類の松果体は光受容することはできないが，哺乳類以外の脊椎動物の松果体は，内分泌器官であるだけでなく，光受容器官としてもはたらく．そこから，松果体が「第3の目」とよばれているのである．本稿では「第3の目」としての松果体のおもしろさを少しでも知ってもらうために，さまざまな動物の松果体の特徴を紹介する．まず，簡単に松果体研究の歴史を紹介する．

1 松果体研究の歴史

松果体と光の関係が最初に科学的に見いだされたのは1911年Frischによってである．彼は淡水魚の一種（アブラハヤの仲間）の体色変化の観察中に，松果体のあたりに光が当たると体色の変化が起こることに気がついた．ここから松果体の科学的な解析が始まったといってもいいかもしれない．前述したように，松果体は内分泌器官であると同時に光感覚器官でもある．そのため松果体の研究はその両方の機能に着目して行われてきた．内分泌機能はどの動物にも共通している松果体の最も重要な機能である．そして，松果体から分泌されるホルモンはメラトニンとよばれている．これまでに報告されている内分泌機能の研究はほとんどがメラトニンに関するものである．そのため内分泌器官の研究はメラトニンの研究の歴史でもある．一方，光感覚機能については哺乳類では消失しているので，下等脊椎動物，特に魚類と両生類が研究対象として用いられてきた．

1.1 内分泌器官としての松果体

　松果体が内分泌器官としてはたらくうえで最も重要なホルモンであるメラトニンの発見のきっかけは，McCord and Allen が行ったオタマジャクシをカエルに変態させる物質を見つけるための実験から偶然に生まれたものであった．彼らは高等動物の組織のなかにも変態をひき起こす物質があるのではないかと考え，オタマジャクシにウシの松果体を食べさせた．すると体色が急激に「白化」したのだ．この体色変化を起こさせた「漂白物質」の正体が実はメラトニンなのだが，メラトニンはその後約40年が経過して1958年に発見された．具体的には，皮膚科の教授であったLernerが大量のウシの松果体を用いて，この漂白物質の精製を行い，化学構造を明らかにした[1,2]．当初はこの「漂白物質」が皮膚の悪性腫瘍に効果があるのではないかと考えられていたようである．残念ながら悪性腫瘍の特効薬にはならなかったが，これが松果体研究においてとても大きな発見となったのである．そして，この研究には，高橋善弥太と森亘の2人の日本人研究者が多大の貢献をしている．メラトニンの発見ののち，内分泌器官としての松果体研究の中心はメラトニンを対象とする研究となった．Axelrodら（1960）によって哺乳類におけるメラトニン合成経路が明らかにされた．さらにQuay（1963）がメラトニン量に日周リズムがあることを見いだし，クラインKleinら（1979）はこのリズムがメラトニン合成にかかわるN-アセチル転移酵素（のちのアリルアルキルアミンN-アセチル転移酵素）によるものであることを明らかにした．ヒトの松果体研究が始まったのは，19世紀末から20世紀初頭にかけて，松果体腫瘍と性早熟との関連が示されてからである．メラトニンのはたらきが一般の人たちにも広く知られたのは時差ボケとメラトニンの関係が明らかとなってからである．メラトニンが体内時計の調節に関与し，睡眠誘導作用があることが報告され，メラトニンは天然の睡眠薬とよばれた．メラトニンを睡眠の少しまえに服用すると快適な睡眠が得られるという効能のため，一般の人びとにも広がった．アメリカでは，メラトニンにより快適な睡眠が得られるといって健康食品としても販売されているので，旅行先で見かけた読者もいるかもしれない．以上のように，松果体の研究はおもにメラトニンを中心とした薬理作用や体内時計との関連について進められて

きた.

1.2 光感覚器官としての松果体

本稿の話題の中心である松果体の「第3の目」としての機能についての研究は哺乳類以外の脊椎動物の松果体について続けられてきた．前述したFrischの発見ののち，Bargmann（1943）は下等脊椎動物の光感覚性松果体が哺乳類の内分泌性松果体へと進化したという説を提唱し，その後OkscheやCollinらによる電子顕微鏡を用いた形態学的な知見からその仮説が支持された．また1962年頃にDodtや森田らによって下等脊椎動物の松果体から電気生理学的に光応答が記録され，下等脊椎動物の松果体は光を受容する能力をもつことが証明された．またニワトリの松果体は，哺乳類とは異なり摘出したあとでもメラトニン分泌が夜に高く昼には低いというリズムを示す．夜に摘出された松果体に光を照射するとメラトニン合成が抑えられることが出口らによって報告され，鳥類においても松果体がみずから光を受容して，メラトニン合成を調節していることが示された．網膜の視細胞における分子レベルの解析が進んでいたころ，サイズが小さいことから松果体の光受容タンパク質に関する研究は立ち遅れていた．しかし，遺伝子のクローニング技術が進歩し，この問題が乗り越えられた．そして，岡野や深田らによるピノプシンの発見[3]（2-3参照）は，松果体には両眼の視細胞に含まれる視物質とは異なる光受容タンパク質（ロドプシン類，1-1参照）が存在することを証明した最初の報告である．ピノプシンの発見以降，後述するパラピノプシンの解析[4]など松果体に特異的な光受容タンパク質の研究が飛躍的に進んだのである．

2 松果体と松果体細胞の多様性

2.1 松果体の形態

松果体はヒトを含む多くの哺乳類では脳の中心にあるのだが（図1a，図2f），哺乳類以外の脊椎動物では「頭蓋骨の直下」にある（図1b，図2）．哺乳類でもげっ歯類では，大脳と小脳にはさまれた状態で基部第3脳室に接する格好で頭蓋骨の直下に位置する（図2e）．大脳が発達するにつれて松果体は

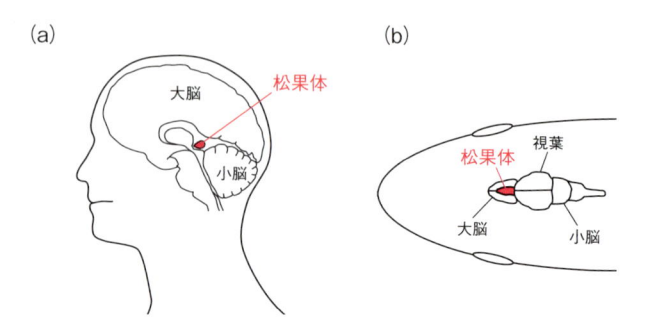

図1 ヒト（a）と硬骨魚類（b）の松果体（赤色部分）

脳の内側に押し込まれ，その結果ヒトをはじめとして多くの哺乳類では前述したように松果体は脳の中心に位置すると考えられている．哺乳類以外では松果体（図2a～d）は光を受容する能力をもっているので，頭蓋骨を通過してきた光を松果体は受けとることになる．また魚類の副松果体（図2a），両生類無尾類（カエル）の前頭器官（図2b），爬虫類トカゲ目の頭頂眼（図2c）は松果体の「兄弟」のような器官であり，松果体とともに松果体複合体とよばれている．特に，前頭器官や頭頂眼は発達した光受容器官であることが知られている．これらの「兄弟」器官は鳥類や哺乳類では消失してしまう．

　松果体は，発生過程で間脳の第3脳室の背側の壁が隆起して形成される．この時同時にその壁は両側にも隆起する．これが眼（側眼）となる．隆起した先端が膨らみ松果体が形成されるため，ヒトを含めて多くの動物でみられる松果体は，みな同じような水滴状（まつぼっくり状）の形態をしている．一方，カエルの前頭器官は松果体原基の先端部がさらに伸びて，頭蓋骨を越えて皮下に形成される．前頭器官は無尾類にのみみられるが，有尾類でも松果体の前方に松果体から分離した嚢胞状の構造がみられる．また，頭頂眼は間脳の頭頂部の隆起した壁から形成されるが，松果体にはみられないレンズ様の構造までもっている．光感覚性である魚類の松果体は先端の膨らんだ終末嚢（end-vesicle）と終末嚢が脳に向かってしだいに細くなる松果体柄（pineal stalk）からなる（図2a）．この松果体柄の開口部は第3脳室へとつながっている．哺乳類以外の多くの動物の松果体では松果体柄に求心性神経線維が通っていて光情報を脳へ伝達している．一方，終末嚢の形態は種類によってさまざまである．よく研究に

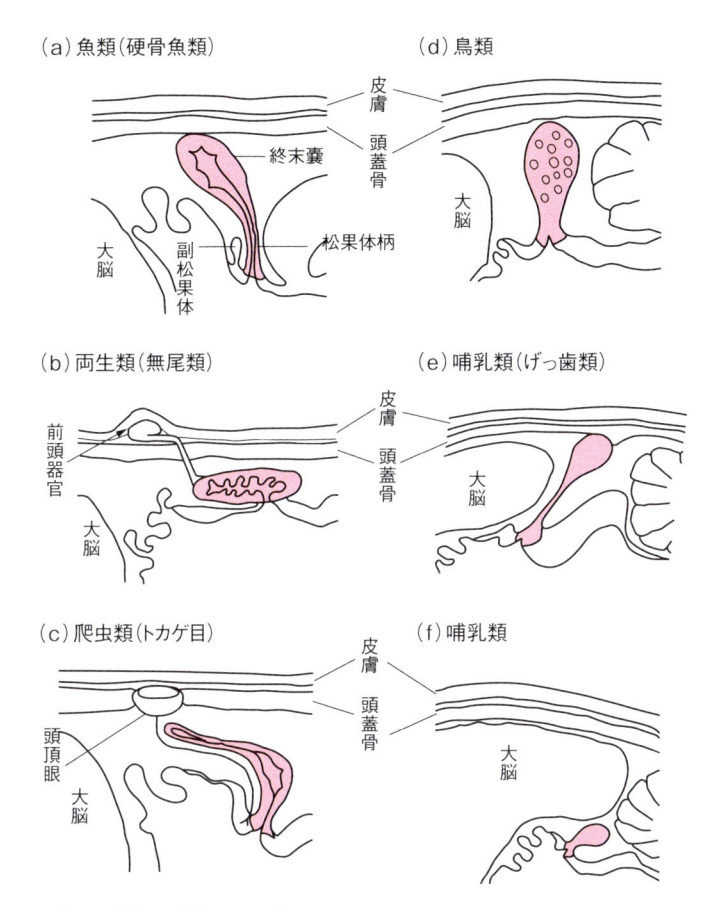

図2 さまざまな動物の「第3の目」
(a) 硬骨魚類，(b) 両生類無尾類，(c) 爬虫類トカゲ目，(d) 鳥類，(e) 哺乳類（げっ歯類），(f) 哺乳類．赤色部分：松果体．

用いられている魚種としてニジマスがあるが，ニジマスの松果体は比較的大きく脳の上に房状のものがのっているように観察される．それに対して，キンギョの松果体は上から見るとちょうどT字型をしている．また，南極に生息する魚類の一種（*Pagothenia borchgrevinki*）では，脳は非常に厚い脂肪（油滴）の層に覆われている．この脂肪層は脳の高さ（厚み）よりも厚いが，松果体はこの脂肪層を貫いて頭蓋骨まで到達している．そして，細長い糸状松果体柄の先端に，膨らんだ終末嚢がある．終末嚢はもちろんのこと，細長い松果体柄に

も光受容細胞が詰まっている．このように魚類の種類によって終末嚢はさまざまな形をしているが，終末嚢の内部も魚類の種類によって異なる[5]．終末嚢の内部には内腔とよばれる空間があり，脳脊髄液で満たされているのが一般的であるが，この内腔の形態的な特徴から，魚類の松果体はさらに6つのタイプに分類されることもある．

2.2 松果体の窓

松果体が光を感じるという話をすると，「頭蓋骨を光が透過してくるのか？」とよく質問される．魚類や両生類のなかには頭頂部の松果体の上部組織の色素が薄くなっているものもいる．このような部位のことを「**松果体窓**（pineal window）」とよぶ．水族館や魚屋で魚を見かけたら，ぜひ頭頂部を見てもらいたい．この松果体窓が明瞭なのが，無顎類のヤツメウナギ（図3）とニジマス，特に若魚である．これまでに報告されている松果体窓の光の透過率を**表1**に示す．多くの動物では，環境光は1/100～1/1000に減光されるが，松果体に到達する[6,7]．

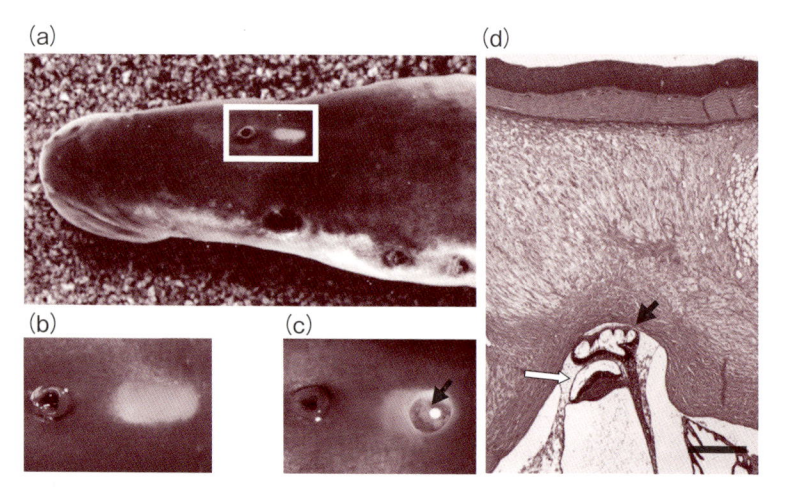

図3 ヤツメウナギの松果体窓（pineal window）
（a）カワヤツメ頭部には鼻孔の後ろに色素を欠いた白い部分がある．これが松果体窓である．→口絵5参照．（b）aの四角の部分を拡大した写真．（c）bの松果体窓を丸くくり抜くと白い松果体（黒矢印）が見える．（d）松果体窓と松果体を含む頭部の矢状断切片のヘマトキリン・エオジン染色像．松果体（黒矢印）とその腹側に副松果体（白矢印）がある．スケール：500μm

表1 さまざまな動物の松果体窓の透過率

動物名	透過率(%)
カワヤツメ	6
トラザメ	1
ニジマス	10
エンゼルフィッシュ	1〜3
アカガエル	0.3
トノサマガエル	0.1
アカミミガメ	0.1〜1
グリーンイグアナ	1

2.3 松果体を構成する細胞

　哺乳類以外の脊椎動物の松果体は光受容能を有しているが，メラトニンを合成し，分泌する機能はすべての脊椎動物の松果体に共通している．メラトニンを分泌する細胞は**松果体細胞**とよばれている．血中のメラトニン量に日周リズムがあることから，松果体のメラトニン分泌が光によって制御されていることは古くから知られていた．哺乳類では，眼でとらえた光情報が交感神経を介して松果体細胞へ入力されている．一方，哺乳類以外の脊椎動物では，松果体細胞自身が光受容能をもっていて，メラトニン分泌を制御している．それゆえ，哺乳類以外の松果体細胞では**松果体光受容細胞**という用語が用いられているので，本稿でも光受容能をもつ松果体細胞を松果体光受容細胞とよぶことにする．つまり，「第3の目」の受け取った光情報はホルモン（メラトニン）という液性情報として伝導されていく．また，光感覚性松果体のほとんどは神経節細胞をもっており，光情報を液性情報に加えて神経情報としても中枢に伝えている．つまり松果体は神経性と液性の2つの出力系をもっている光感覚器官である．そのためそれぞれの出力系にかかわる多様な細胞が存在している．なお，下等脊椎動物において，神経性出力のみを行う光受容細胞も松果体細胞として分類される．光感覚性松果体は，神経性応答にかかわる光受容細胞と神経節細胞に

加えて，介在性ニューロンの存在も報告されている．そして液性応答にかかわる内分泌機能をもった光受容細胞が存在する．松果体は出力には直接関与していないが，ほかの神経組織と同様にグリア細胞も存在する．次に，光情報の受容と出力に関係する松果体光受容細胞と神経節細胞について紹介する．

A 松果体細胞

下等脊椎動物の松果体が光を感じているという直接的な証拠は前述したような電気生理学的な研究から得られた．つまり，光刺激を与えると松果体から光応答が記録されたのである．そののち，単一細胞からの電気生理学的な細胞内記録が可能となり，松果体光受容細胞の光応答に関する研究が行われるようになった．通常の感覚細胞は刺激に対して，脱分極（よりプラス側への電位変化）するが，脊椎動物の視細胞は例外的に過分極性応答（よりマイナス側への電位変化）である．松果体光受容細胞の光応答は網膜の視細胞と同じで過分極性応答を示す（**図4**）．電気生理学的研究から，緑色光に最もよく反応する光受容細胞と紫外光によく反応する細胞がさまざまな下等脊椎動物の松果体に存在することが知られていた．ヤツメウナギ［本稿ではすべてカワヤツメ（*Lethenteron japonicum*）である］の場合，前者の最大応答を示す光の波長は525 nmであり，後者は380 nmである[6,8]．

図5は系統発生学的にみた松果体細胞の変遷である．下等脊椎動物松果体に多くみられる典型的な光受容細胞が**図5a**である．細胞の先端には膜が積み重なった外節という構造があり，ここにロドプシンなどの光受容タンパク質が含まれている．この外節構造は網膜視細胞の外節と酷似しており，繊毛が変化

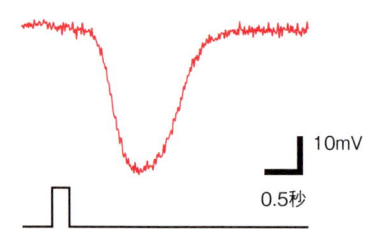

図4 ヤツメウナギ松果体光受容細胞の光応答
　　光刺激に対して，ゆっくりとした過分極性応答を示す．波形の下のバーは光刺激を示している．

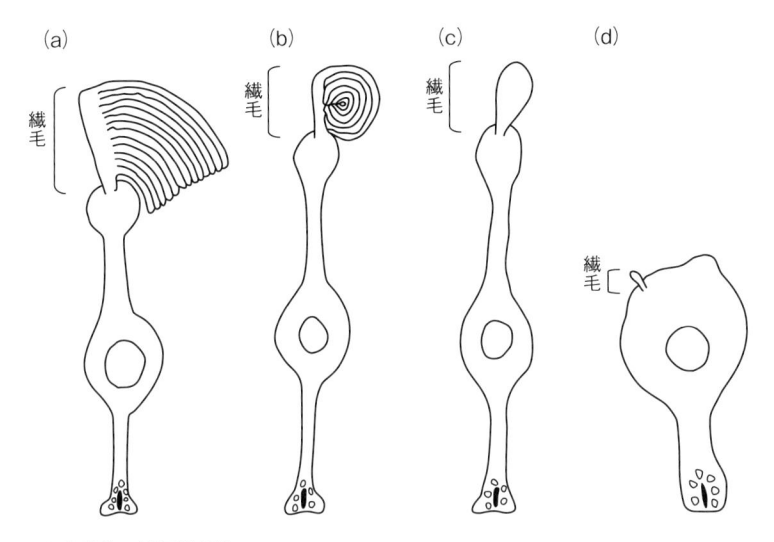

図 5　脊椎動物の松果体細胞
(a) 魚類や両性類にみられる発達した光受容細胞．(b) 爬虫類や鳥類に多くみられる外節が未発達な光受容細胞．(c) 爬虫類や鳥類でみられる松果体細胞．膨らんだ繊毛がみられるだけである．(d) 哺乳類の松果体細胞．外節は完全に消失しているが繊毛だけが残っている．

してできたものである．具体的には，繊毛の鞘が膨張し，鞘の細胞膜が陥入してできたもので，細胞膜が折りたたまれて幾重にも重なっているため細胞膜の表面積が増大し，光を受容する視物質をより多く含有できるようになっている．外節は結合繊毛で内節とよばれる部位とつながっている．動物の進化とともに外節が退化していき（**図 5b, c**），哺乳類では消失したと考えられている（**図 5d**）．実際，光受容能をもたない哺乳類の松果体細胞において，いつくかの光受容細胞の名残がみられる．松果体光受容細胞は，網膜視細胞と同じように2次ニューロンとのシナプスはリボンシナプスという形態をなしている．前シナプス部位にリボン状の構造があることからこの名前がつけられている．このリボン状の構造が，シナプスをもたない哺乳類の松果体細胞の基底部にもみられる（**図 5d**）[5]．一方，脊椎動物で最も原始的なヤツメウナギの松果体には発達した外節をもつ松果体光受容細胞と，外節が未発達または消失している松果体光受容細胞が存在する．前者は典型的光受容細胞，後者は変性光受容細胞とよばれている．最も大きな違いは，変性光受容細胞がセロトニンを多く含有す

る構造を細胞内にもっていることである．また，変性光受容細胞は，基底部に分泌顆粒を有しており，メラトニンを分泌する内分泌細胞であると考えられている．つまり，光神経内分泌細胞であることから，本稿では内分泌性光受容細胞とよぶことにする．この内分泌性光受容細胞には，外節の大きさが異なるサブタイプが存在する．極端なものは，哺乳類の松果体細胞に類似して外節をもたない．これらは松果体柄に多くみられる．

松果体光受容細胞は大別すると上述の典型的光受容細胞と内分泌性光受容細胞の2つのタイプになるのだが，それぞれの光受容タンパク質の種類や形態的な特徴を加えると，さらに細分される．ヤツメウナギ松果体において，これまでに明らかにされてきた松果体細胞の細分を図6に示す．これらの光受容細胞の生理学的特性を決定する重要な要因の1つは光受容タンパク質（視物質）である．光受容タンパク質については1-1で詳しく述べられているので，ここではヤツメウナギ松果体に限定して簡単に説明する．

ヤツメウナギ松果体には光受容細胞内で機能していると考えられる光受容タンパク質が3種類同定されている．1つは網膜の桿体視細胞のものと同じロドプシンであり，2番目は後述するように松果体特異的なパラピノプシン，3番目はそのアミノ酸配列から赤感受性であると考えられる視物質と同じ光受容タンパク質である[4]．ロドプシンとパラピノプシンは，それぞれ緑色光受容細胞，紫外光受容細胞に局在することが明らかとなった[4,10]．紫外光受容細胞（パラピノプシン）は終末嚢ではほとんどが背側に分布している．一方，緑色光受容細胞（ロドプシン）は腹側に分布している．3番目の赤感受性の視物質の存在に関しては，電気生理学的には同定されていないが，トリ赤錐体視物質（アイオドプシン）の抗体を用いた研究から内分泌性光受容細胞と一部の典型的光受容細胞に存在していると推測されている[10]．この3種類の光受容細胞のなかで最も興味深い特性をもっているのが，松果体特異的に存在しているパラピノプシンである．

一般的には脊椎動物の視物質は光を吸収し，最終的には発色団とオプシンに分離する．ヤツメウナギ松果体には，脊椎動物視物質とは異なり，無脊椎動物視物質のように光産物が再度光を受容すると戻る，つまり光再生（1-1参照）をする光受容タンパク質が存在することが予想されていた．研究の進展ととも

に，このパラピノプシンが光再生をする光受容タンパク質であることが明らかになった．紫外光を受容するとパラピノプシンの大部分は光産物に変化するが，さらに緑色光を受容するとほとんどの光産物は効率よく再び紫外光受容が可能なもとの形に戻るのである．つまり自然光下では両方の波長域の光が存在するので，つねに光再生によりパラピノプシンが供給される．したがって，退色による光受容タンパク質の量の低下は起こらず，光受容細胞の感度の低下は起こらないことになる．さらにこのパラピノプシンを含有する紫外光受容細胞には興味深い特徴がある．隣接する細胞どうしがギャップ結合という結合様式でつながっていることである[4, 9]．ギャップ結合では隣り合う細胞どうしが孔のあいている膜タンパク質により結合されているので，イオンなどの小さな分子は通り抜けられ，電気信号は容易に広がる．このことにより松果体が受け取った紫外光の情報はひとまとめにされ，神経節細胞に伝達される[9]．このように異なる細胞が受容した光情報がまとめられることにより，光源に対する分解能は悪くなるが，神経節細胞の感度は高くなり，応答範囲は広くなる．これは松果体にとっては非常に合目的な特性である．

松果体光受容細胞
- 内分泌性光受容細胞
  - アイオドプシン陽性（赤?）
  - ロドプシン陽性
- 典型的光受容細胞
  - アイオドプシン陽性（赤?）
  - ロドプシン陽性（525 nm）
  - 1次感覚性光受容細胞（?）
  - パラピノプシン陽性（380 nm）（紫外光受容細胞）

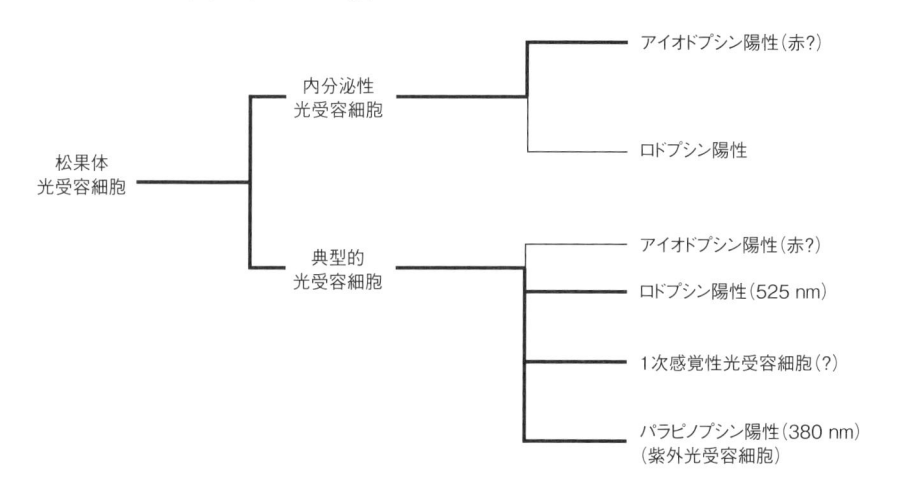

図6　ヤツメウナギ松果体細胞
これまでに6種類の光受容細胞の存在が示されている．抗体を用いた免疫組織化学的研究により特徴づけされた細胞には「陽性」という言葉が使われている．たとえば，抗ロドプシン抗体により染色された松果体細胞は，ロドプシン陽性細胞と名づけられ，ロドプシンを含む細胞として分類されている．線の太さはおよその細胞数に対応している．括弧内は測定された分光感度の極大値，文字は予想される感受性を示している．

典型的光受容細胞のなかには，形態的な特徴の違いからほかの典型的光受容細胞とは区別される細胞が存在する．ほとんどの典型的光受容細胞は網膜の視細胞と同様に神経節細胞を介して中枢への神経情報を伝達している．しかしながら，典型的光受容細胞のなかには嗅細胞のようにみずからが軸索を中枢へ伸ばしている細胞が存在し，1次感覚性光受容細胞とよばれている．このタイプの細胞は最初，光受容細胞ではないのだが，ハムスターの松果体で見つかった．その後，軸索を中枢まで伸ばす典型的光受容細胞がニジマス，ヤツメウナギ，ウズラなどで報告された．細胞数の絶対数はわずかであるが動物種を越えて存在すると思われることから何か重要な役割があるのかもしれない．

　以上のように，ヤツメウナギの松果体細胞は，3種類の光受容タンパク質や，液性と神経性の2つの異なる出力系などにより多様化している（**図6**）．また，この松果体細胞の多様性は，後述するように松果体の波長識別能とも関係していると思われる．次に光情報を脳へと出力する神経節細胞について説明する[9]．

B 神経節細胞

　松果体からの神経性情報の出力は神経節細胞が担っている．神経節細胞の軸索，つまり求心性神経線維は松果体柄に沿って走行し，脳内へと続く．神経節

表2　さまざまな動物の松果体神経節細胞のスペクトル感度

動物名	光応答の様式	極大値（色）
カワヤツメ	感色性応答	近紫外
		黄緑
	非感色性応答	緑
ニジマス	感色性応答	近紫外
		黄緑
	非感色性応答	緑−黄緑
カエル	感色性応答	近紫外
		緑
	非感色性応答	緑

細胞の数は魚類，両生類の光感覚性松果体では多数分布しているが，鳥類では激減する．鳥類では種によってさまざまである．スズメやジュウシマツでは70〜100個ほど，ブンチョウでは200個近い神経節細胞が存在する．また，ニワトリやウズラでは孵化前の胚の段階においては神経節細胞が確認できるが，孵化とともにほとんど消失してしまい成鳥ではほとんどみられない．このように鳥類では神経節細胞の数は種によってさまざまである．

　神経節細胞は，松果体から中枢へ軸索を伸ばして信号を伝播する細胞であることから，この細胞の信号を調べれば松果体から中枢へどのような情報が伝播しているのかがわかる．下等脊椎動物の松果体の神経節細胞には，刺激光の波長に関係なく可視光域の光により活動が抑制される応答を示す非感色性神経節細胞と，可視光域の光で興奮し紫外光で抑制性の応答をする感色性神経節細胞がある（表2）．前者は明暗情報を伝達する．後者は緑色光と紫外光の割合に応じてインパルスが増減し，緑色光と紫外光の比率を検出している．すなわち，松果体は感色性神経節細胞によって「色」を識別，というといいすぎかもしれないが，波長識別をしているのである．

非感色性応答（明るさ応答）　非感色性応答は，電極を松果体の終末嚢や松果体柄に置き，光を照射すると一番効率よく記録できる光応答である．このタイプの応答をする神経節細胞では，暗い状態でのスパイク放電，いわゆる自発放電がみられる．そして光刺激によってスパイクの抑制が起こる（**図7a** 上）．カエルの松果体では，光刺激が強くなるにつれスパイク頻度が減少していくことが詳細に示されている．また，細胞内記録が比較的容易に行えるカワヤツメ松果体の場合，光刺激に対して過分極性応答をする．またそのスペクトル感度の極大（λ_{max}）は525 nmであり，ロドプシン陽性細胞の最大応答波長と一致する（**図7a** 下）．神経節細胞の抑制性応答（スパイク頻度の減少）は光受容細胞が抑制性の神経伝達物質を放出したためではなく，興奮性神経伝達物質の放出量が減少したためによるものであることが電気生理学的な解析から明らかにされている．なお，この神経伝達物質はグルタミン酸であることが示唆されている．

　非感色性応答の閾値は動物によっても異なるが，カワヤツメやトラザメの場

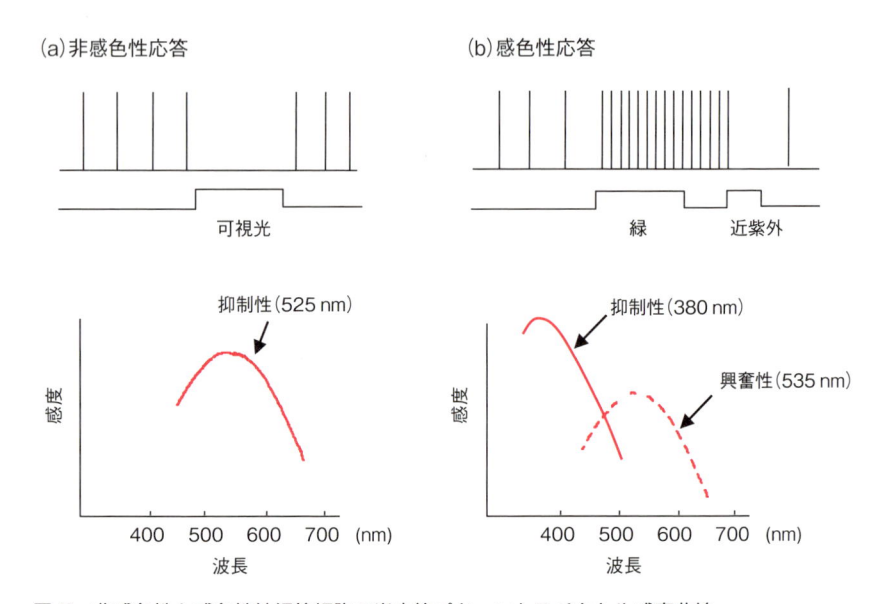

図7 非感色性と感色性神経節細胞の光応答パターンとスペクトル感度曲線
(a) 非感色性応答（上）は可視光域の光に反応し，波長に関係なく自発放電を抑制する．スペクトル感度（下）曲線のピークは 525 nm である．(b) 感色性応答（上）は緑色光刺激によってインパルスの増大がみられ，近紫外光刺激によって抑制性の応答がひき起こされる．スペクトル感度（下）は抑制性の応答が 380 nm に，興奮性の応答は 535 nm に極大をもつ．また抑制性の応答の閾値のほうが約 100 倍低い．

合，10^{-5} ルクスである．また，ニジマスが 2.5×10^{-5} ルクス，トノサマガエルが 3.6×10^{-6} ルクスである．前述した松果体窓の透過率を考えると頭部への照射される光は $10^{-3} \sim 10^{-2}$ ルクスということになる．真昼の太陽の光だと 10^{5} ルクス程度であり，月夜の光でも 10^{-2} ルクスはある．水の吸収を考えても昼間の光であれば松果体は光感覚器官として十分に機能することができる[4]．

感色性応答（波長識別応答） 感色性応答は非感色性応答に比べて非常に記録されにくいことから，感色性神経節細胞の数は非感色性神経節細胞に比べてかなり少ないと考えられている．感色性神経節細胞からの細胞内記録は唯一カワヤツメにおいて成功しており，長波長光で脱分極とスパイクの増大，近紫外光で過分極性応答とスパイクの抑制がみられる（**図 7b** 上）．カワヤツメ松果体では，感色性応答における抑制性の感度は興奮性よりも 100 倍程度高い．また

松果体ではないが，カエルの前頭器官（**図2b**）においても同じような結果が得られている．ヤツメウナギの場合，抑制性の応答にかかわる紫外光受容細胞はパラピノプシン陽性細胞であるが，興奮性のスペクトル感度の最大波長は535 nm近辺であり，ロドプシン陽性細胞の最大感度波長から多少ずれている（**図7b**下）．

3 松果体の役割

　松果体の重要な役割の1つはメラトニンの分泌である．魚類や両生類でのメラトニンのはたらきとして，その名前の由来である黒色素胞のメラニン色素の凝集が最初にあげられる．哺乳類については，ヒトでは古くから松果体と性早熟との関連が知られていたが，ハムスターを用いた研究によって，メラトニンを介する松果体と性腺の関係が示された．ハムスターは日長が短くなると生殖腺が退行し（小さくなり），春になって日長が長くなる少し前にまた発達が始まる長日動物である．ハムスターの松果体を摘出すると光周期に関係なく繁殖活動がみられ[11]，また松果体の生殖腺への作用は松果体から分泌されるメラトニンによることが明らかにされた．

　それでは松果体内ではどのようにしてメラトニンを合成しているのであろうか．まずは必須アミノ酸であるトリプトファンが松果体細胞に取り込まれ，これをもとにセロトニン，N-アセチルセロトニンを経て，メラトニンが合成される（**図8**）．この合成過程において，セロトニンからN-アセチルセロトニンを合成するアリルアルキルアミンN-アセチル転移酵素がメラトニンの産生量に最も影響を与える律速酵素であり，この酵素の遺伝子の発現量や活性が体内時計や光刺激によって制御されて，メラトニン量の日周変動が生じる．

　近年，松果体に関する研究において，最も注目されている松果体機能の1つは体内時計との関連である．体内時計に関しては**2-3**で扱われているので，本稿では簡単に述べることにする．松果体に光受容能がない哺乳類では，体内時計（マスタークロック）は視床下部の視交叉上核にあることが知られている．松果体はこの時計の支配を受けているが，松果体は分泌するメラトニンを介しては視交叉上核に対してフィードバックし，視交差上核の活動電位を制御して

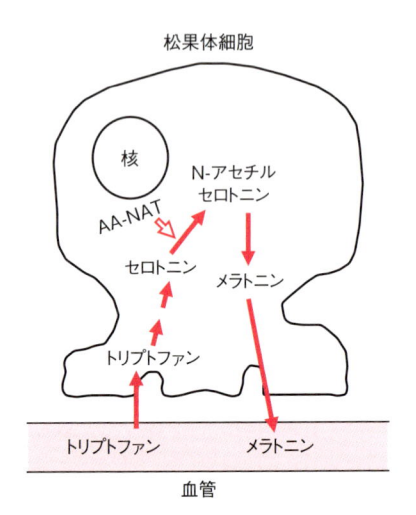

図8　哺乳類松果体細胞でのメラトニン合成系
血液から必須アミノ酸であるトリプトファンを取り込み，5-ヒドロキシトリプトファンを経て，セロトニンを合成する．そして，セロトニンからN-アセチルセロトニン，メラトニンの順に合成していく．セロトニンからN-アセチルセロトニンを合成する酵素，アリルアルキルアミンN-アセチル転移酵素（AA-NAT）の量と活性が合成されるメラトニン量を決めている．哺乳類だけでなく，ほかの脊椎動物でもAA-NATが律速酵素になっている．

いる．
　一方，光受容能をもっている鳥類の松果体ではどうであろうか．鳥類では行動の概日リズムへの松果体の影響は種によって異なる．たとえば，ニワトリやウズラでは，松果体摘出による概日リズムへの影響はほとんどみられないことから，松果体の関与は少ないと思われる．ニワトリやウズラでも摘出した松果体のメラトニン分泌は規則正しいリズムを示す．一方，ブンチョウでは松果体摘出により概日リズムが消失することから，松果体が行動リズムを制御していると考えられる．松果体と行動リズムとの関連を調べた実験では，スズメの行動リズムの研究が有名で，松果体を摘出すると恒暗条件での行動リズムは消失し，消失した個体にほかの個体の松果体を移植するとドナーの周期で行動リズムが復活する．このことから松果体が行動リズムの制御をしていると考えられた．しかし，松果体が無傷であっても視交叉上核を破壊すると無周期となる．このことから，行動リズムには松果体と視床下部の両者が必要であることが示された．また，前述したウズラでは眼が大きく関与していることが知られてい

る．これらのことから行動リズムには松果体－視床下部－眼の3者がかかわっているらしいが，どれが重要であるかは種によってかなり異なるようである．

　また，脊椎動物で最も原始的であり，光感覚器として非常に発達した松果体をもつヤツメウナギは夜行性であり，恒暗条件での行動リズムの周期は約22時間である．眼を摘出しても明暗サイクルへの同調は何ら影響を受けない．しかし，松果体を摘出すると昼間でも動き始める．このことから松果体が光を同調因子として受容している器官であることが示された．さらに，恒暗条件では概日リズムを示すが，松果体を摘出すると概日リズムは消失する．また別の個体の松果体を移植してやると概日リズムは回復する．視床下部の関与は否定できていないが，これらから，少なくとも松果体が行動リズムにおいて必要不可欠であるといえる．また，摘出松果体のメラトニン分泌リズムを調べた研究では，摘出された松果体からも明暗リズムに同調したメラトニン分泌がみられ，さらに恒暗条件でも概日リズムを示すことから，メラトニンが活動リズムの制御を担っている可能性が示唆された．しかし，筆者らがメラトニン分泌量と活動リズムとの関係を詳細に解析したところ，ヤツメウナギの活動リズム調節へのメラトニンの関与は明確ではないことがわかった．同じ無顎類であるメクラウナギでは前述したように松果体がなく，神経性の情報のみが行動リズムを調節しているので，ヤツメウナギにおける行動リズムの制御にメラトニンが関与しているのかどうかについては今後の課題である．

　先に述べたように，光感覚性松果体では神経節細胞からの神経性の出力もある．この神経系を介した光情報は生体にどのような影響を与えているのだろうか．その可能性として，遊泳活動があげられる．アフリカツメガエルのオタマジャクシは黒と透明なプラスチックの板を水面に浮かべておくと，黒いほうの直下に集まってくる[12]．この行動は光の減光によって生じ，松果体を摘出するとこの陰影反応はなくなる．また，松果体の自発放電の抑制と運動中枢の活動がほぼ同期していることからこの反応は松果体からの神経性応答（非感色性応答）によるものであると考えられる．また，同じような行動は洞窟に生息する洞穴魚にもみられる．洞穴魚の側眼はほとんど退化しているが松果体には光受容細胞が存在する．洞穴魚もオタマジャクシと同じような陰影反応を示すが，松果体を摘出することで消失する[13]．これらの影に対する反応は，暗さによっ

て反応することから,松果体の非感色性神経節細胞が光照射に対して抑制性の応答,つまり暗くなるとスパイクが増大するという反応とよく一致する.先に述べたように,もう1つの神経性応答である感色性応答は眼外光受容器官でありながら,波長識別にかかわる.この応答が生体内でどのようなはたらきと関係しているのかは非常に興味深い.しかしながら,これに対する答えはいまだ得られていない.自然環境下でどのような場合に,紫外光と可視光の割合が感色性応答に影響するくらい変化するのかという問題も含めて,近い将来には光感覚性松果体において古くから問われてきた「感色性応答は動物にとってどのような意味があるのか?」の疑問に正確に答えられることが期待される.

おわりに

眼(側眼)は視覚器官であり,松果体は非視覚器官である.前者に要求されることは空間分解能と時間分解能である.しかし,非視覚器官においてこれらはむしろ低いほうが適しているし,感度もなるべく一定であってほしい.それぞれの器官の目的が異なるわけである.つまり言い換えれば「第3の目」と第1と第2の目(側眼)とは異なる光の世界をみていることになる.さらなる研究によって,「第3の目」がみている世界が明らかにされるであろう.

引用文献

1) Lerner, A. B., *et al.* (1958) Isolation of melatonin, the pineal factor that lightens melanocytes. *J. Am. Chem. Soc.*, **80**, 2587
2) Lerner, A. B., *et al.* (1959) Structure of melatonin. *J. Am. Chem. Soc.*, **81**, 6084-6085.
3) Okano, T., *et al.* (1994) Pinopsin is a chicken pineal photoreceptive molecule. *Nature*, **372**, 94-97
4) Koyanagi, M., *et al.* (2004) Bistable UV pigment in the lamprey pineal. *Proc. Natl. Acad. Sci. USA,* **101**, 6687-6691
5) Vollrath, L (1981) *The pineal organ*, 665, Springer
6) Tamotsu, S. and Morita Y. (1986) Photoreception in pineal organs of larval and adult lamprey, *Lampetra japonica. J. Comp. Physiol. A,* **159**, 1-5
7) Meissl, H. and Dod, t E. (1981) Comparative physiology of pineal photoreceptor organs. *The pineal organ: photobiology-biochronometry-endocrinology* (eds. Oksche A. and Pevet P), 61-80,

Elsevier

8) Uchida, K. and Morita, Y. (1990) Intracellular responses from UV-sensitive cells in the photosensory pineal organ. *Brain Res.*, **534**, 237-42
9) 森田之大・保 智己 他 (1989)「光受容性松果体の応答パターンと視物質」,『蛋白質核酸酵素』, **34** (5), 622-630
10) Kawano-Yamashita, E., *et al.* (2007) Immunohistochemical characterization of a parapinopsin-containing photoreceptor cell involved in the ultraviolet/green discrimination in the pineal organ of the river lamprey *Lethenteron japonicum*. *J. Exp. Biol.*, **210**, 3821-3829
11) 保 智己・稲垣公美 他 (2005)「ヤツメウナギにおける側眼と松果体の光受容細胞」,『境界動物の生物学 ―脊椎動物への進化の研究最前線―』, 号外海洋 **41**, 238-246
12) Reiter, R. J. (1975) Exogenous and endogenous control of the annual reproductive cycle in the male golden hamster: participation of the pineal gland. *J. Exp. Zool.*, **191**, 111-120
13) Jamieson, D. and Roberts, A. (2000) Responses of young *Xenopus laevis* tadpoles to light dimming possible roles for the pineal eye. *J. Exp. Biol.*, **203**, 1857-1867
14) Yoshizawa, M. and Jeffery, W. R. (2008) Shadow response in the blind cavefish *Astyanax* reveals conservation of a functional pineal eye. *J. Exp. Biol.*, **211**, 292-299

第2章 光と生体リズム

3 時を刻む体内時計

鳥居雅樹・深田吉孝

> 単細胞生物，植物，動物などさまざまな生物の生理機能には，地球の自転と調和した約24時間周期のリズムがみられる．このリズムを支配する時計，すなわち概日時計は内因性の生物機構であり，外界から時刻情報が得られなくても約24時間周期のリズムは持続する．その一方で，概日時計は外界からの情報をもとに時刻合わせを行い，外界の位相とのずれを補正する．近年の研究により，概日時計に入力する光シグナルは視覚とは異なるメカニズムにより受容されることが明らかになりつつある．

はじめに

　ヒトを含むすべての生物は，永い歴史のなかで地球上の多様な生息環境に適応してきた．この適応戦略の1つとして，地球の自転と公転に伴う約24時間周期の環境変動に適応する形で，生物は「**概日リズム**（circadian rhythm）」とよばれる約1日周期の生物リズムを獲得し，これを維持してきた．

　概日リズムは，生物が一定の環境条件におかれても継続することから，自律的な計時機構に支配されていることがわかる．概日リズムを支配する**概日時計**（circadian clock）の発振周期は，「概ね1日」の名のとおり，正確に24時間ではない．そのため，外界の環境を一定に保った場合，約1日の周期から少しずつずれてゆく．たとえば，哺乳類のモデルとして実験室でよく使われるハツ

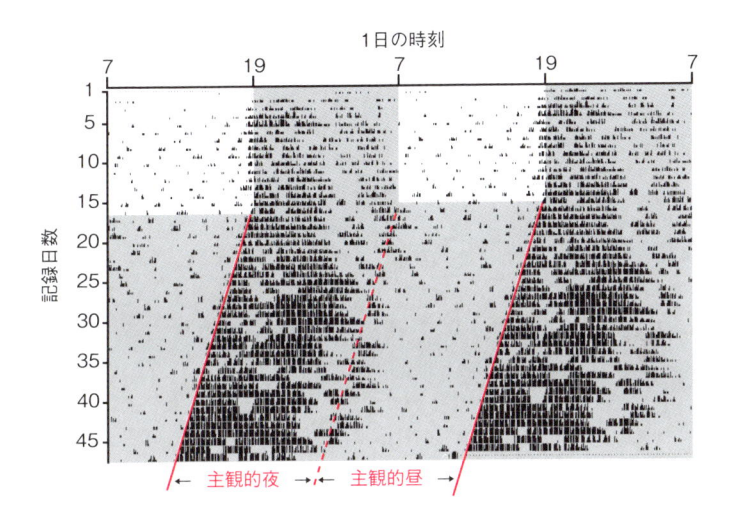

図1 マウス輪回し行動の概日リズム
野生型マウス（C57BL/6系統）の輪回し行動リズムを，輪の回転数の連続記録（小さな黒スパイクの高さで表示）から観測した例．細長い1行は連続する2日間の記録を示し，48日間にわたる記録を1日ずつずらして並べてある．1～16日目は明期12時間（記録の背景が白い時間帯）・暗期12時間（灰色の時間帯）の明暗サイクルで飼育し，17日目から恒暗条件に移行した．

カネズミ（*Mus musculus*，以下マウス）の場合，系統による差はあるものの，概日時計の周期は24時間よりも少し短い．したがって，恒常的な暗条件にマウスをおくと，1日の行動期の開始時刻は日を追って早まっていく（**図1**）．このような，外界の時刻と体内時計の時刻のずれを解消するために，概日時計は外界の環境変化を利用して時刻を合わせる位相調節（同調）機能を備えている．位相調節因子のなかでも，すべての生物の概日時計に共通で重要な因子は昼夜の明暗サイクルをもたらす光シグナルである．本稿では，概日時計の発振機構とともに，光による位相調節のしくみを解説する．

1 地球の自転と同期する体内時計

1.1 概日リズムと適応進化

概日リズムは藍色細菌（*Synechococcus elongatus*）のような真正細菌やアカパンカビ（*Neurospora crassa*）といった比較的単純な生き物から，高等植物

やヒトまで広くみられる生理機能である．この事実から，地球の自転と公転に伴う環境変動が生物の生存にいかに重要な影響を与えてきたかがうかがえる．実際，概日時計を破壊すると環境への適応が低下することが実験的に示されている．以下にその例を紹介する．

　藍色細菌は，概日時計機能をもつことが証明されている最も単純な生物である．この藍色細菌において，概日時計が環境適応に重要であることが初めて実験的に検証された[1]．この実験では，恒明条件下における自由継続リズムの周期が野生株（約25時間）より短縮（約23時間）または延長（約30時間）した変異株が使用された．これらの変異株を純粋培養した場合には野生株と増殖速度に違いが認められない．ところが，この変異株を野生株と混合して競合的に培養した場合には大きな差が生じた．たとえば，これらの変異株を野生株と混合して明期11時間，暗期11時間の明暗サイクルで培養した場合には，短周期型の変異株が優勢に増殖した．一方，明期15時間，暗期15時間では長周期型の変異株が優先的に増殖した．ところが恒明条件においては，このような増殖の差はほとんど認められなかった．したがって，地球上の明暗サイクルに近い周期の概日時計をもつことが，環境への適応度の上昇に寄与すると結論された．わずか2時間の周期の差でも，これほど大きな影響をもたらすことは注目に値する．

　一方，分子生物学のモデル生物として重要な役割を果たしてきたキイロショウジョウバエ（*Drosophila melanogaster*）においては，時計発振に重要な遺伝子を欠失した変異個体の雄は精子数が低下し，精子の受精能も低下している[2]．この低下は時計に関連する遺伝子の複数の欠失変異に共通してみられることから，時計機構の異常そのものが生殖能力の低下に結びついていると考えられた．概日時計と生殖機能が関連するメカニズムは不明であるが，正常な時計機能を維持することが適応度の上昇に寄与する例と考えられる．また哺乳類では，個体のリズム維持に必須な役割を果たす視床下部の視交叉上核（suprachiasmatic nucleus：SCN）の切除実験が行われた[3]．この実験では，SCNを切除して概日時計を破壊したシマリス（*Tamias striatus*）30匹を，擬似手術を施したシマリス24匹，ならびに手術を施していないシマリス20匹とともに4ヘクタールの森林に放し飼いにし，各個体につけた電波発信機により生存率をモニター

した．すると，SCNを切除したシマリスは，未切除の個体に比べて生存率が低下し，おもにイタチによって捕食された．通常シマリスは，夜間には巣穴に入って休む行動を示す．SCNを切除した個体も夜間には巣穴にこもるが，巣穴の中で活発に活動するため，捕食者に発見されやすくなったと推測されている．このように概日時計機能は，生物が外界の環境に適応して生き残るためにきわめて重要な役割を果たしている．

1.2 遺伝子のフィードバックループにより刻まれる時刻

　前項で述べたように，概日時計はさまざまな生物種間で広く保存された生理機能であるが，時計発振機構に必須な遺伝子は種によって大きく異なる．この項では，約24時間の周期を生み出す一群の遺伝子のはたらきについて，おもに哺乳類に焦点を絞って解説する．

A 中枢時計と末梢時計

　脊椎動物や昆虫などの多細胞生物の多くの細胞は，個体から切り離して培養しても，適切な条件であれば特定の遺伝子の転写・翻訳のリズムが継続する．このことから，全身の多くの細胞に時計機能が備わっていることがわかる．これらの時計は，末梢組織に存在する時計，という意味で末梢時計（peripheral clock）とよばれ，各組織において固有のリズムを生み出す[4]（図2）．個体レベルでみられる睡眠と覚醒のリズムや，摂食リズム，体温のリズム，ホルモンの分泌といった生理現象のリズムは，生体の個々の細胞時計が調和して形成されると考えられる．哺乳類の場合，このような個体レベルにおけるリズム形成には間脳視床下部の視交叉上核（SCN）が重要な役割を果たしており，SCNを破壊した個体においては，恒暗条件などの恒常状態で行動リズムがみられなくなる．SCNは，1～2万個の細胞からなる左右1対の神経核であり，これらを分散培養しても自律的な発火リズムを示すことから，個々のSCNニューロンに時計機能が内蔵されていることがわかる．これら個々のSCNニューロンの振動体のカップリングにより，個体のリズムを生み出す強力な振動がSCNに形成されると考えられる（図2）．哺乳類におけるSCNのように，個体のリズム形成に重要な地位を占める組織の時計は中枢時計（central clock）とよば

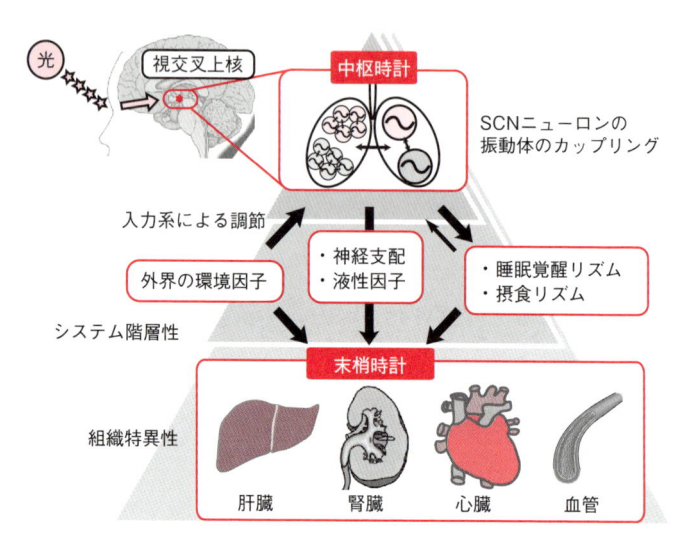

図2 哺乳類の概日時計システムの階層性
哺乳類の概日時計システムは，視交叉上核に存在する中枢時計と，その支配を受ける末梢時計により構成される．文献5より改変引用．

れ，先述の末梢時計と対をなす概念である．グルココルチコイドやメラトニンなどの液性因子や神経連絡によって中枢時計は末梢時計の位相を制御するという階層構造をもつ一方，中枢時計と末梢時計は，それぞれ外界の環境因子による直接的な調節も受ける（**図2**）．中枢時計の存在場所や，個体の階層構造に対する中枢時計の影響力の強さの程度は，生物種により異なる．

B 時計遺伝子の刻む細胞時計

個々の細胞のなかで概日リズムを生み出す分子機構の基本骨格は，種を越えて互いに類似しており，中枢時計と末梢時計の間でも大きな違いはないと考えられている．その基本構造は，**時計遺伝子**（clock gene）とよばれる一群の遺伝子の転写と翻訳を介したフィードバック制御である．哺乳類の場合，この基本構造に主要な役割を果たす時計遺伝子として，*Clock*，*Bmal1*，*Period*（ピリオド，以下 *Per*），*Cryptochrome*（クリプトクローム，以下 *Cry*）の各遺伝子があげられる（注：ここで登場する *Clock* は遺伝子名であり，一般的な意味の時計遺伝子 clock gene とは異なる）．*Per* 遺伝子には *Per1*，*Per2*，および *Per3* の

3種類が存在し，*Cry* 遺伝子には *Cry1* と *Cry2* の2種類が存在する．以下，これらの時計遺伝子がどのようにフィードバックループを形成するかを説明する．

　CLOCK タンパク質と BMAL1 タンパク質は2量体を形成し，さまざまな遺伝子の転写調節領域に存在する CACGTG 配列（とその類似配列，以下 E-box とよぶ）に結合する．その結果，この調節領域が支配する遺伝子から mRNA が盛んに転写される．CLOCK と BMAL1 は転写を活性化するはたらきをもつことから，時計遺伝子の正の制御因子とよばれる．さて，この CLOCK-BMAL1 複合体により転写が活性化される時計遺伝子のなかには *Per* 遺伝子と *Cry* 遺伝子が含まれる．転写された *Per* と *Cry* の mRNA からは細胞質においてそれぞれ PER タンパク質と CRY タンパク質が翻訳され，これらが核内に移行し，CLOCK-BMAL1 複合体の転写促進活性を阻害する．このように PER と CRY は転写活性を阻害する性質をもつことから時計遺伝子の負の制御因子とよばれる．このような負の制御因子のはたらきの結果，*Per* と *Cry* の転写量が低下し，それに続いて翻訳量も低下する．同時に，すでに翻訳された PER と CRY は徐々に分解されるため，転写の低下から少し遅れて負の制御因子のタンパク質レベルが減少する．その結果，負の制御が解除されて CLOCK-BMAL1 複合体による転写の活性化が再開し，1サイクルが完結する．このループは，負の制御因子である PER と CRY が自分自身の遺伝子の転写を負に制御することから**負のフィードバックループ**（negative feedback loop）とよばれ，約24時間のリズムを生み出す基本骨格であることから時計発振の**コアループ**（core loop）ともよばれる（**図3**）．このようなフィードバックループが約24時間という長い周期のリズムを何サイクルも安定に刻むためには，さまざまなステップを正確にゆっくりと進める（遅延）機構や，コアループを安定化するサブループが存在すると推測されている．

　時計発振のコアループを安定化するサブループとして，正の制御因子である *Bmal1* 遺伝子の転写リズムが知られている．このサブループに登場する *Ror* 遺伝子（α, β, γ の3種が存在する）および *Rev-erb* 遺伝子（α と β の2種が存在する）は，*Per* や *Cry* と同様に，E-box を介して CLOCK-BMAL1 複合体により転写が活性化される．翻訳された ROR タンパク質と REV-ERB タンパク質は，ROR 応答配列を介して *Bmal1* 遺伝子の転写を，それぞれ促進および

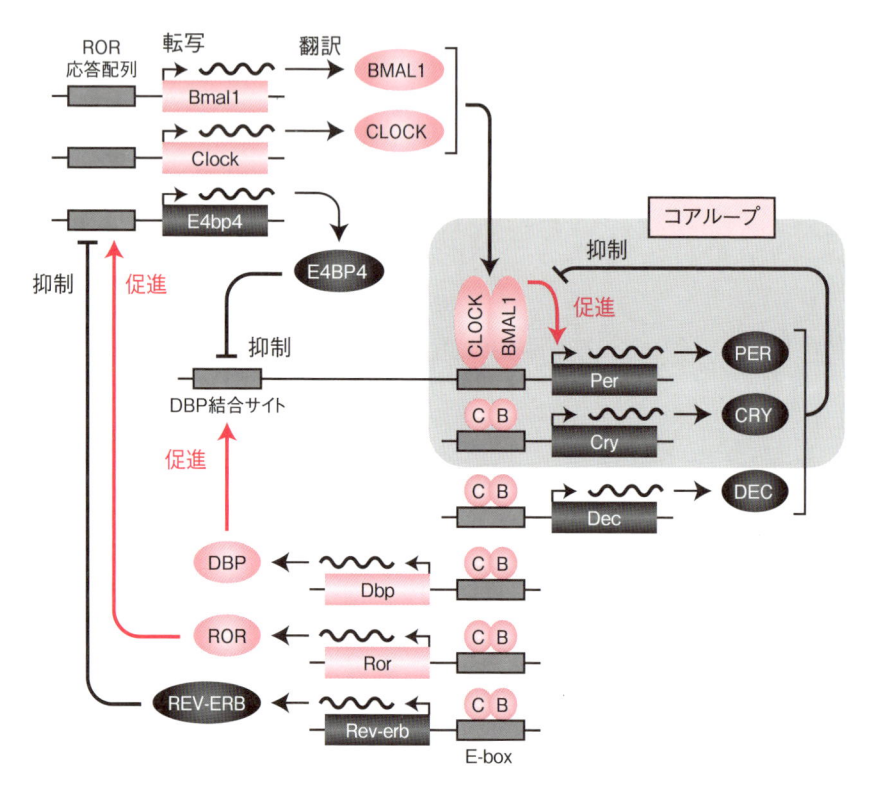

図3 脊椎動物の概日リズムを形成するフィードバックループモデル
一群の時計遺伝子の転写と翻訳に基づく複数のフィードバックループにより約24時間周期の振動が形成される．転写を促進する因子を赤色で，転写を抑制する因子を黒色で示した．文献6より改変引用．

抑制する．これらの作用により，コアループとは独立のサブループが形成される．このサブループは *Clock* 遺伝子にも存在する（**図3**）が作用は弱い．これとは別に，転写因子 DBP と E4BP4 は，DBP 結合サイトに結合して *Per* 遺伝子の転写をそれぞれ促進および抑制する．*Dbp* 遺伝子の転写は E-box を介して CLOK-BMAL1 複合体により活性化され，*E4bp4* は ROR 応答配列を介した転写制御の支配下にある（**図3**）．このような複数の共役したループ構造によりコアループは安定化されている．

一方，時計タンパク質の調節を介した時刻遅延メカニズムとしては，PER のリン酸化を介した調節機構がよく知られている．ここで重要なはたらきをす

るのは，野生型よりも短い行動リズム周期を示す tau 変異ハムスターの原因遺伝子 CKIε がコードするタンパク質キナーゼ CKIε である．CKIε とその近縁キナーゼである CKIδ は，PER をリン酸化することが知られており，このリン酸化によって PER のタンパク質分解が誘導されるとともに，核移行も調節される．この核移行の調節に関しては，実験に用いた培養細胞の種類によって結果が異なり，リン酸化される部位が多いために実験結果の解釈がむずかしく，いまだに不明の部分が多い．CKIε の tau 変異（アミノ酸の点変異）は，CKIε のキナーゼ活性を亢進（当初は低下させると報告されたが，PER1〜3 を基質にするとリン酸化を亢進）する．つまり，tau 変異ハムスターが短周期を示すという表現型は，PER タンパク質のリン酸化がフィードバックループの遅延メカニズムの1つとして重要な役割を果たすことを示す．

　ヒトでは，睡眠異常を訴えた患者から PER タンパク質のリン酸化の重要性が判明した．家族性の睡眠位相前進症候群（familial advanced sleep phase syndrome：FASPS）では，睡眠時間帯が望ましい時間帯から前進するが，その原因遺伝子の1つが Per2 と判明した[7]．この研究で調査された家系の概日リズム周期を隔離実験室で調べたところ，正常者が 24.0〜24.5 時間であるのに対して 23.3 時間と短縮していた．その原因遺伝子の探索から，PER2 タンパク質の CKIε の結合部位に存在する Ser662 が Gly に置換される変異が見つかり，この S662G 変異型 PER2 では CKIε によるリン酸化が低下していることが試験管内の実験で示された．S662G 変異により低リン酸化状態で分解されにくくなった PER2 は，細胞質での蓄積と核内への流入が早まり，周期の短縮に至ったと推測されている．この研究は，時計タンパク質の翻訳後修飾による時刻調節の重要性を示すとともに，時計遺伝子 Per2 を中心とする分子発振が，睡眠・覚醒というヒトのリズムに確かに反映していることを示した点で注目を集めた．

　もう1つの負の制御因子 CRY についても，リン酸化を介した調節機構が明らかになりつつある．CRY2 は Ser557 が何らかのタンパク質キナーゼによってリン酸化されると，その近傍の Ser553 が GSK-3β によって逐次的にリン酸化される．哺乳類の培養細胞における強制発現系や肝臓の懸濁液においては，この逐次的な CRY2 のリン酸化がプロテアソームを介した CRY2 のタンパ

質分解を導く．mCRY2 の Ser557 リン酸化レベルはマウス SCN においても日内変動することから，中枢時計発振にも深く関与している可能性がある．

なお，他の生物種の概日時計システムにおいても，時計遺伝子の転写と翻訳を介したフィードバックループが時計の発振に重要である点は共通している．一方，藍色細菌においては，転写と翻訳を完全に停止させても時計発振は停止しない[8]．これは，時計遺伝子産物である KaiC の自己リン酸化と脱リン酸化が自律的に変動を繰り返すためであり，試験管の中で KaiA，KaiB，KaiC の3つのタンパク質を一定の比率で混合して ATP を添加するだけで KaiC タンパク質のリン酸化リズムが観察される[9]．したがって，生物が獲得した概日時計メカニズムの基本形としては，転写・翻訳を介したフィードバックループとタンパク質のリン酸化ループの2つのタイプが存在すると考えられ，哺乳類においてはリン酸化ループがサブループに変貌したと推定できる．最近，藍色細菌の KaiC の自己リン酸化リズムを停止させても転写・翻訳を介したループが発振すると報告され[10]，藍色細菌においても転写・翻訳のループの重要性が再確認されている．

2 概日時計と光受容

冒頭に述べたように，概日時計は自律発振するだけではなく，明暗サイクルをはじめ外界の環境変化に対して同調する機能が備わっている．概日時計に入力する光受容は特に**概日光受容**（circadian photoreception）とよばれ，視覚機能とは異なる光受容，いわゆる非視覚性光受容（non-visual photoreception）の代表例として知られる．

光による概日時計の位相同調は，**図4**に示したように位相の前進と後退という正反対の光応答により達成される．すなわち，概日時計の位相が夜の前半にあるときに光を受けた場合には，時計の位相は後退する．この応答は，夜なのに「まだ夕暮れ」であると判断したと解釈すればわかりやすい．一方，夜の後半に光を受けた場合は，夜なのに「もう朝」だと判断して時計の位相は前進する．また，主観的昼（**Key Word** 参照）に光を受けても概日時計の位相に大きな影響はない．このように，光を受けた時刻に依存して位相シフトの向き

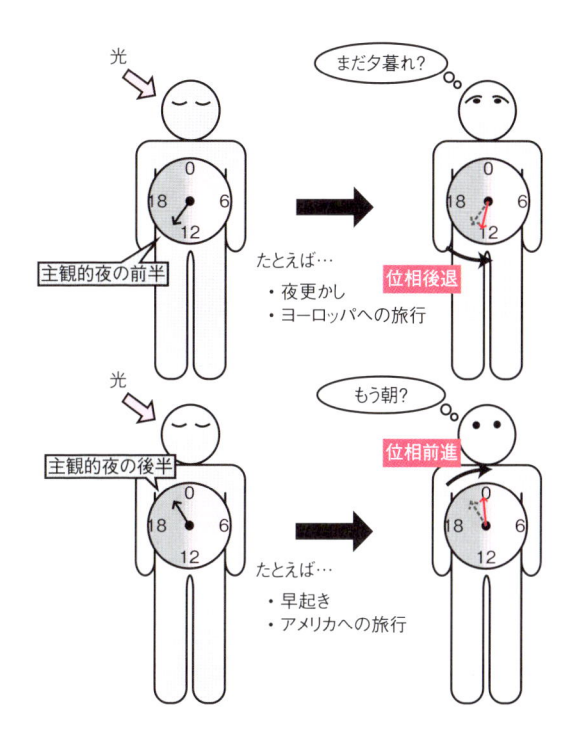

図4 光位相シフトの2タイプ:「まだ夕暮れ」と「もう朝」
概日時計の示す時刻を体内の時計の針になぞらえて示した.時計の針が夜間(主観的夜)の前半にあるとき(夕暮れから夜更け)に光を受けた場合,「まだ夕暮れ」だと感じて時計の時刻(位相)は後退する(上段).このタイプの位相シフトは,夜更かししたときやヨーロッパ旅行した到着地で起こる.一方,主観的夜の後半(夜更けから夜明け)に光を受けた場合には,「もう朝」だと感じて位相前進が起こる(下段).このタイプの位相シフトは,早起きしたときやアメリカ旅行をした到着地で起こる.

や大きさが変わる現象(位相依存的な位相シフト)は,すべての種の概日時計に保存された特徴である.概日時計のフィードバックループの項で登場した$E4bp4$遺伝子は,このような位相調節の特徴に着目し,夜の前半の光刺激(明期の延長)によって顕著にmRNAが光誘導される遺伝子として,ディファレンシャルディスプレイ(**Key Word**参照)により見つかった[11].明期の延長に伴って$E4bp4$のmRNA量は高いレベルに保たれ,その結果,高レベルに維持されたE4BP4タンパク質が,$Per2$の転写を抑制して位相後退をひき起こす[12].次に,概日時計の位相調節に必要な光情報がどこでどのように受容されるかを解説する.

2.1 哺乳類における概日光受容

A 中枢時計に入力する光情報

　哺乳類の末梢組織を個体から単離して培養した場合も，概日時計の発振が継続することはすでに述べた．この末梢時計は，高濃度血清やデキサメタゾンなどの細胞刺激によりリセットされるが，光によって位相が直接調節されることはない．したがって個体内において光シグナルはまずSCNの中枢時計に作用し，その結果として全身の末梢時計が位相調節されると考えられる．両眼を摘出したハムスターにおいては光同調が起こらなくなることから，哺乳類の概日光受容は眼球（網膜）においてのみ起こることがわかる．この事実と解剖学的な知見とを合わせて，網膜に入射した外界の光情報は視細胞で受容され，これが網膜視床下部路（retinohypothalamic tract：RHT）を経由してSCNに入力し，光位相同調をひき起こすと考えられてきた．網膜の光受容細胞（視細胞）には桿体と錐体の2種類が存在するが，遺伝性網膜変性（retinal degeneration：rd）マウスの行動リズムも光に対して位相シフト応答することが

Key Word

自由継続リズムと主観的昼・夜

恒暗条件などの定常的な環境でみられる概日リズムを特に自由継続リズム（free-run rhythm）という．この自由継続リズムのなかで，定常状態に移る前の明暗サイクルの昼（明期）に対応する時間帯を主観的昼（または主観的明期，subjective day）とよび，夜（暗期）に対応する時間帯を主観的夜（または主観的暗期，subjective night）とよぶ（図1参照）．

ディファレンシャルディスプレイ法

複数の試料間における遺伝子の発現パターンの違いを網羅的に解析する手法の1つ．目的の試料から抽出したmRNAを逆転写して得られるcDNAプールを鋳型にしてPCR解析をすると，増幅されたcDNA断片のバンドパターンが得られる．このパターンを複数の試料で比較することにより，特定の試料で発現レベルが異なる遺伝子を網羅的に同定することができる．概日時計の研究においては，時計組織において発現レベルが日内変動を示す遺伝子や，光による位相調節に伴って発現が誘導される遺伝子の同定に力を発揮した．近年では，同様の目的のスクリーニングにはマイクロアレイを用いることが多くなりつつある．

示された．この変異マウスでは網膜の視細胞層が変性し，ほとんどの桿体が消失し錐体の数も減少しているが，光に対して瞳孔が収縮する瞳孔反射が残存する．*rd* マウスにおいてみられるこれらの光反応は，当初，残存する錐体の光受容に由来すると考えられたが，錐体を欠損する遺伝子改変マウス（*cl* マウス）と *rd* マウスをかけあわせて作製された *rd/rd cl* マウスや，これと同様に桿体と錐体を欠損する他の変異マウス（*rdta cl* マウス）においても光位相シフトや瞳孔反射が観察された．これらの事実から，視細胞のほかにも光を受容する細胞が網膜に存在し，概日光受容や瞳孔反射といった非視覚性の光受容に関与していると結論づけられた．興味深いことに，*rd/rd cl* 変異マウスにおける瞳孔反射の作用スペクトル（**1-6:Key Word** 参照）は 479 nm に極大値をもち，マウスの既知の視物質の吸収極大波長のいずれとも一致しなかった．したがって，視物質とは異なる未知の光受容分子が，視細胞以外の光受容細胞に存在すると推測された．

B 概日光受容体メラノプシン

　この光受容分子の候補は，アフリカツメガエルの黒色素胞の研究から浮上してきた．アフリカツメガエル幼生の尾部を頭・胴体部から切り離し，遮光してリンガー液中に置いておくと，尾ひれの黒色素胞が拡散して体色が黒色化する．この単離した尾ひれに光を当てると黒色素胞が凝集して体色が白色化する．このような性質をもつ黒色素胞の光応答を担う光受容分子の候補として，ロドプシン様の分子が同定された．この分子は黒色素胞（melanophore）のオプシンという意味でメラノプシン（melanopsin）と命名された．興味深いことに，メラノプシンのアミノ酸配列は脊椎動物の視物質よりも軟体動物や節足動物の視物質のアミノ酸配列と近いと報告された．メラノプシンの相同分子は，ニワトリやゼブラフィッシュなど他の脊椎動物の種からも報告され，ヒトを含む哺乳類にも存在することがわかった（**図5**）．メラノプシンの分子レベルでの機能解析は充分には進んでいないが，メラノプシン遺伝子を強制発現させた培養細胞やアフリカツメガエルの卵母細胞が光応答を示すことから，メラノプシン自身が光受容分子として機能すると考えられた．メラノプシン遺伝子の発現は，アフリカツメガエルにおいては皮膚，脳深部，眼球といったさまざまな組織に

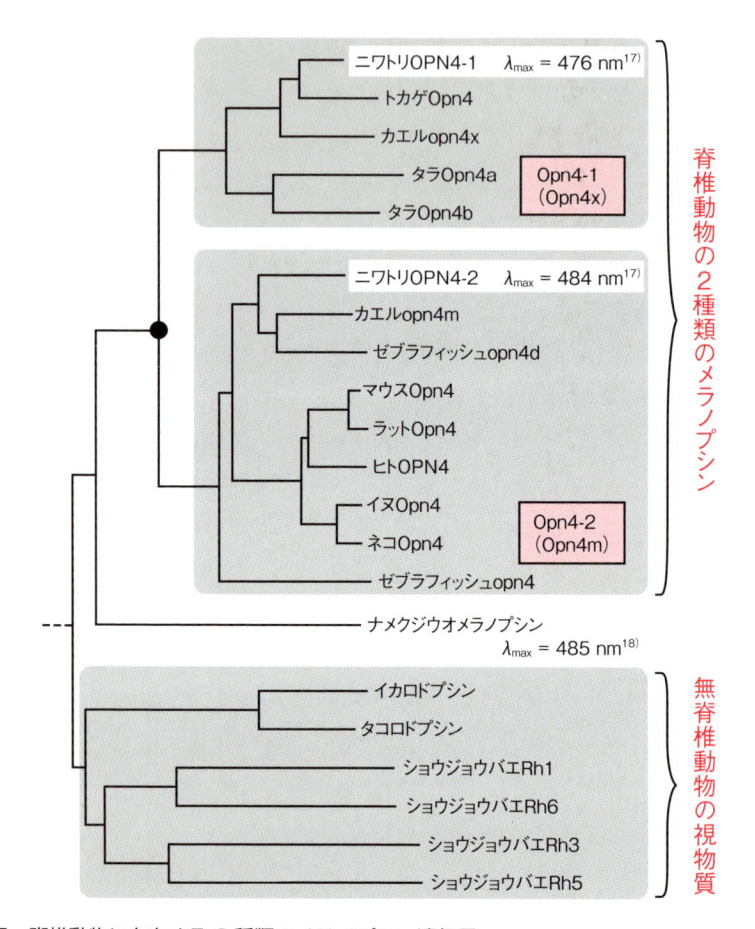

```
                ┌─ ニワトリOPN4-1    λmax = 476 nm[17]
              ┌─┤
              │  └─ トカゲOpn4
           ┌──┤
           │  └──── カエルopn4x
           │                              ┌─────────┐
           │      ┌── タラOpn4a            │ Opn4-1  │
           └──────┤                        │ (Opn4x) │
                  └── タラOpn4b            └─────────┘
    脊椎動物の2種類のメラノプシン
                ┌─ ニワトリOPN4-2    λmax = 484 nm[17]
              ┌─┤
              │  └─ カエルopn4m
           ┌──┤
           │  └──── ゼブラフィッシュopn4d
           │      ┌── マウスOpn4
           │    ┌─┤
           │    │ └── ラットOpn4
           ├────┤
           │    └──── ヒトOPN4
           │      ┌── イヌOpn4
           │    ┌─┤                       ┌─────────┐
           ├────┤ └── ネコOpn4            │ Opn4-2  │
           │    │                         │ (Opn4m) │
           │    └──── ゼブラフィッシュopn4 └─────────┘

    ─ ─ ─── ナメクジウオメラノプシン
                              λmax = 485 nm[18]

              ┌── イカロドプシン
           ┌──┤
           │  └── タコロドプシン
           │
           │     ┌── ショウジョウバエRh1
           │   ┌─┤
           └───┤ └── ショウジョウバエRh6
               │
               │  ┌── ショウジョウバエRh3
               └──┤
                  └── ショウジョウバエRh5
    無脊椎動物の視物質
```

図5 脊椎動物に存在する2種類のメラノプシン遺伝子
さまざまな動物のメラノプシンと無脊椎動物の視物質の遺伝子のcDNA配列から推定されるアミノ酸配列のうち，7つの膜貫通領域とそれらをつなぐループ領域のアミノ酸配列から互いの相同性の程度を計算し，その値から近隣接合法を用いて分子系統樹を作成した．この樹形から，メラノプシン遺伝子は脊椎動物の共通祖先（か，それに近い生物）において遺伝子重複を起こしたと推定される（図中の●印）．11シス型レチナールにより再構成したメラノプシンの吸収極大波長（λ_{max}）もあわせて示した．

みられるが，哺乳類においては対照的に，網膜の一部の神経節細胞のみで検出された．

新規オプシンであるメラノプシンの発見とほぼ同時に，網膜に存在する新規の光受容細胞が発見された．ラットにおいて視床下部に逆行性の色素を注入し

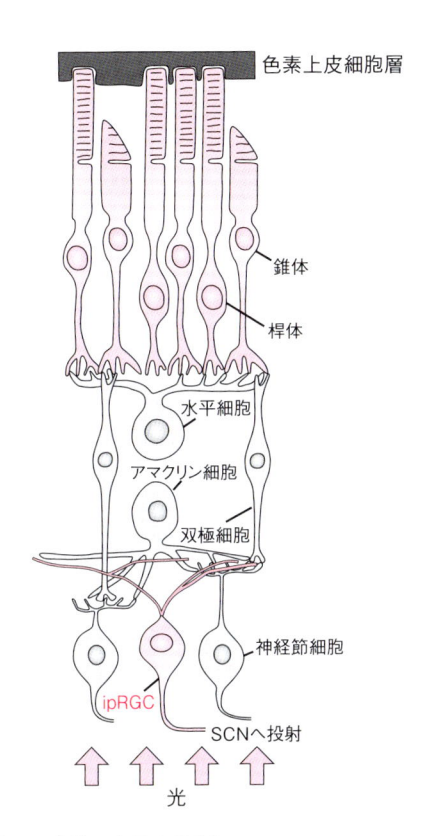

図6 光を受容する第3の細胞であるipRGC
哺乳類の網膜に存在する光受容細胞を赤色で示した．2種類の視細胞（桿体と錐体）のほかに，一部の神経節細胞（ipRGC）が光感受性を示す．ipRGCに存在するメラノプシンが光を受容し，その軸索がSCNに直接投射する．SCNに投射したRHT終末からはグルタミン酸やPACAPが放出され，SCNニューロンにおける中枢時計の光位相シフトを誘導する．

た研究から，SCNに投射する網膜の神経節細胞群が同定され，この細胞が光に応答すること，さらにこの細胞がメラノプシン陽性細胞と一致することがわかった．この細胞へのシナプス入力を遮断しても光応答は影響を受けないことから，この神経節細胞それ自身が光感受性をもつことがわかる．この細胞は網膜の神経節細胞のごく一部（1〜2%）に相当し，光感受性神経節細胞（intrinsically photosensitive retinal ganglion cell：ipRGC）と命名された（**図6**）．ipRGCは，スパイクを伴う脱分極性の光応答を示すことや，光刺激を与えて

から応答が始まるまでに長い潜時があること，フラッシュ光による刺激後に暗中で1分以上も応答が継続する，といった特性を示し，高い時間分解能を示す視細胞から記録される過分極性の光応答とは大きく異なる．ipRGCの光応答の作用スペクトルは484 nmにピークがあり，*rd/rd cl* 変異マウスにおける瞳孔反射の作用スペクトルのピーク（479 nm：先述）と非常に近い．このことから，*rd/rd cl* 変異マウスにおける非視覚性の光応答は，ipRGCの光応答に由来すると推測された．メラノプシン遺伝子を破壊したマウス（*Opn4-/-*）においてはipRGCに相当する神経節細胞は光に応答しないので，ipRGCの光応答にはメラノプシンが必須であると結論された．しかし，*Opn4-/-* マウスの行動リズムの光位相シフトは，野生型に比べて約半分に低下している（位相シフト時間が短縮される）ものの，*Opn4-/-* マウスは12時間ずつの明暗サイクルに同調する．この *Opn4-/-* マウスをさらに視細胞の機能欠損マウスとかけあわせて作製されたマウスは，行動リズムが明暗サイクルにまったく同調しない．したがってマウスの概日光受容においては，桿体と錐体の視物質による光受容と，ipRGCにおけるメラノプシンによる光受容の両方が重要な役割を果たしており，それらの機能が重複していることが明らかになった．各変異マウスは，瞳孔反射に関しても概日光受容と同様の表現型を示すので，これらの機能重複は非視覚性の光受容に共通していると推定される．

　メラノプシン遺伝子をジフテリア毒素遺伝子に置換するとipRGCが選択的に破壊されるが，この変異マウスにおいては，概日光受容能と瞳孔反射がともに大きく減弱した[13]．この表現型は，視細胞の機能欠損マウスと *Opn4-/-* マウスをかけあわせたマウスの表現型に近いが，視覚機能には異常がみられない．したがって，ipRGCを欠損しても視覚機能は十分に機能する一方，非視覚型の光応答はipRGCを経由する神経連絡が重要な役割を果たしていると結論された．

2.2　鳥類の松果体における光受容

　哺乳類とは異なり，鳥類においては行動リズムを支配する中枢時計はSCNに限局しているわけではなく，視床下部や松果体あるいは網膜が相互に重要な役割を果たしていると考えられており，これら各組織の重要性は種によって異

なる．このうち松果体は，メラトニンというホルモンの合成と分泌を行う内分泌器官である．メラトニンは，夜間のみに分泌されるホルモンであり，概日時計の出力系ホルモンとしてよく知られている．メラトニン自身の生理的役割には不明な部分もあるが，哺乳類においてはSCNに存在する中枢時計の時刻調節因子としてはたらくことが知られている．メラトニンの分泌リズムは，ニワトリの松果体を恒暗条件において培養しても持続するので，ニワトリ松果体細胞には概日時計の発振系が内在していることがわかる[14]．

A 2つの光シグナル伝達経路

　これまでの時計研究において，ニワトリ松果体が広く用いられてきた最大の理由は，光感受性をもつためであろう．培養したニワトリ松果体に光照射すると，メラトニンの分泌に対して2種類の効果が現れる．1つは，メラトニンの合成・分泌に対する急性抑制効果である．この効果は光照射の時刻にかかわらず観察され，概日時計の発振系には関係しない．もう1つの位相シフト効果は，松果体に内在する概日時計の位相が前進または後退する効果である．この効果は，光照射の時刻に応じて効果の大きさや向き（位相前進または位相後退）が異なり，概日時計の光位相シフトの特徴を備えている．これら2つの光応答のうち，急性抑制効果は百日咳毒素により阻害されるが位相シフト効果は百日咳毒素の影響を受けない．したがって，両者は互いに別のシグナル伝達経路を経由していると結論される．また，オプシンの発色団の前駆体であるビタミンAを枯渇させると，急性抑制効果は強く影響を受けるが，位相シフトはほとんど影響を受けない．したがって，光照射の急性抑制効果についてはオプシン型光受容分子の関与が強く示唆される一方，位相シフト効果には，急性抑制効果とは異なるタイプの光受容分子の関与も考えられる．

B ピノプシンとトランスデューシン

　1994年に，ニワトリ松果体からオプシン様の遺伝子がクローニングされた．松果体（pineal gland）にちなんでピノプシン（pinopsin）と命名されたこのオプシンは，網膜以外で初めて発見されたオプシンである[15]．分子系統学的な解析から，ピノプシンは視物質と共通の祖先遺伝子から重複したと推定され

る.培養細胞に強制発現させたピノプシンは,視物質と同様に発色団として11シス型のレチナールと結合し,吸収極大を468 nmにもつ青色感受性の色素を生成する.またニワトリ松果体には,桿体の光シグナル伝達をつかさどるGタンパク質トランスデューシン(Gt)が発現しており,松果体の光受容細胞においてピノプシンとGtは共局在する.さらに,レチナールと結合したピノプシンは光依存的にGtを活性化する.これらの事実から,光→ピノプシン→Gtという光シグナル伝達経路が松果体細胞で機能していると推定される.一方,先にあげた百日咳毒素は,Gtを介したシグナル伝達を遮断するので,この経路はおもにメラトニン合成・分泌の急性抑制効果を制御していると考えられる.

C メラノプシンとG_{11}

　概日時計に入力する光シグナル伝達経路は,百日咳毒素の影響を受けない.したがって,概日時計の発振系への光シグナル入力系には,百日咳毒素に非感受性のGタンパク質が介在する可能性が考えられ,現在のところ,G_{11}の関与が推定されている.G_{11}はニワトリ松果体に発現しており,百日咳毒素に非感受性の,Gqクラスの Gタンパク質である.ニワトリ松果体におけるG_{11}シグナル伝達経路の重要性を検討するため,G_{11}共役型受容体の1つであるムスカリン性アセチルコリン受容体を培養松果体細胞に異所的に発現させ,この受容体を作動薬により刺激する実験が行われた.このように,光を用いないでG_{11}経路を刺激したところ,ニワトリ松果体の概日時計の位相シフトがひき起こされた.G_{11}経路を活性化する時刻に依存して,概日時計の位相前進もしくは位相後退が起こることから,G_{11}が光シグナル伝達経路の上流に位置することが予測される[16].

　ニワトリ松果体には,ピノプシンのほかにオプシン型光受容分子としてメラノプシンが発現しており,メラノプシンはG_{11}を活性化する光受容体の有力候補である.哺乳類とは異なり,ニワトリには*OPN4-1*(もしくは*Opn4x*)と*OPN4-2*(もしくは*Opn4m*)という2種類のメラノプシン遺伝子が存在する(図5).脊椎動物に存在するメラノプシン遺伝子の分子進化の解析から,これらは脊椎動物の共通祖先(あるいはそれに近い生物)において遺伝子重複によっ

て生まれたと推定される（**図5**）．ヒトを含む哺乳類には，脊椎動物の2種類のメラノプシン遺伝子のうちの一方のみが存在し，もう一方は哺乳類の進化の過程で失われている．ニワトリの松果体には，2種類のメラノプシン遺伝子の両方が発現している．これらのメラノプシン遺伝子を培養細胞に強制発現させて11シス型レチナールと再構成すると，OPN4-1とOPN4-2はそれぞれ吸収極大476 nmと484 nmの色素を生成する[17]．したがって，脊椎動物に存在する2種類のメラノプシンはどちらも青色感受性であると推定される．

図5の分子系統樹から，メラノプシンは軟体動物や節足動物といった無脊椎動物の視物質と起源を同じくすることがわかる．これら無脊椎動物の視物質は光を受容するとGqを活性化することが知られており，この観点からメラノプシンは$G_{q/11}$と共役すると予測される．実際，培養細胞に発現させたメラノプシンは$G_{q/11}$シグナル伝達経路を活性化する，という細胞レベルでの状況証拠が蓄積してきている．また興味深いことに，脊椎動物に最も近縁な頭索動物に属するナメクジウオのメラノプシンは，軟体動物の視物質と類似した分光学的かつ生化学的性質を示す[18]．これらの事実から，ニワトリ松果体においても，光→メラノプシン→G_{11}というシグナル伝達経路が存在すると推定されるが，その詳細は今後の解析を待たなければならない．

なお，ニワトリ松果体における光位相シフトは，百日咳毒素の影響もビタミンA枯渇の影響も受けないことから，オプシン－Gタンパク質という光シグナル伝達経路以外のシグナル伝達経路が存在する可能性もある．たとえばニワトリ松果体には，概日時計のコアループにおいて負の制御因子としてはたらく*Cry*とは別のタイプの*Cry*遺伝子（*CRY4*）が発現している[19]．*Cry*ファミリーは光回復酵素と相同性を示し，ショウジョウバエのCRYは概日光受容体として機能することから，ニワトリ松果体においてCRY4が概日光受容体として機能している可能性もある．詳細は**2-1**を参照されたい．

2.3 硬骨魚類における概日光受容

硬骨魚類のなかでは，ゼブラフィッシュ（*Danio rerio*）を用いた研究が進んでいる．ゼブラフィッシュの胚から樹立した細胞株や，成体から取り出した末梢器官を培養すると，時計遺伝子の発現量に概日リズムが観測されるが，こ

れらの概日リズムは明暗サイクルに同調する[20]．概日光受容能をもつというこの特徴は，哺乳類の末梢時計や培養細胞株ではみられない．これまでのところ，この光応答を担う光受容分子の実体は謎である．ショウジョウバエの末梢時計も概日光受容能をもち，CRYが光受容分子として機能することから，ゼブラフィッシュの末梢組織においても光感受性を示すCRYが存在しているのかもしれない．

おわりに

メラノプシンとipRGCの発見と，それに続く一連の遺伝子を破壊したマウスによる解析から，哺乳類における概日光受容分子の実体がほぼ明らかにされた．しかし一方で，概日光受容のユニークな特性がどのような分子メカニズムに支えられているのか，という重要な課題が残されている．つまり，概日時計の光位相シフト応答においては，位相シフトをひき起こすのに必要な光量が高く，また光強度だけでなく光照射時間にも依存した位相シフトが観察される[21]が，そのしくみは謎である．今後の研究の展開に興味がもたれる．

引用文献

1) Ouyang, Y., et al. (1998) Resonating circadian clocks enhance fitness in cyanobacteria. *Proc. Natl. Acad. Sci. USA*, **95**, 8660-8664
2) Beaver, L. M., et al. (2002) Loss of circadian clock function decreases reproductive fitness in males of *Drosophila melanogaster*. *Proc. Natl. Acad. Sci. USA*, **99**, 2134-2139
3) DeCoursey, P. J., et al. (2000) A circadian pacemaker in free-living chipmunks: essential for survival? *J. Comp. Physiol. A*, **186**, 169-180
4) Reppert, S. M. and Weaver, D. R. (2002) Coordination of circadian timing in mammals. *Nature*, **418**, 935-941
5) 深田吉孝 (2006)「生物時計システムへの分子アプローチ」,『実験医学』, **24**, 446-451
6) 広田 毅・深田吉孝 (2006)「時計タンパク質の多段階リン酸化」,『実験医学』, **24**, 452-459
7) Toh, K. L., et al. (2001) An h*Per2* phosphorylation site mutation in familial advanced sleep phase syndrome. *Science*, **291**, 1040-1043

8) Tomita, J., et al. (2005) No transcription-translation feedback in circadian rhythm of KaiC phosphorylation. *Science*, **307**, 251-254
9) Nakajima, M., et al. (2005) Reconstitution of circadian oscillation of cyanobacterial KaiC phosphorylation *in vitro*. *Science*, **308**, 414-415
10) Kitayama, Y., et al. (2008) Dual KaiC-based oscillations constitute the circadian system of cyanobacteria. *Genes Dev.*, **22**, 1513-21
11) Doi, M., et al. (2001) Light-induced phase-delay of the chicken pineal circadian clock is associated with the induction of *cE4bp4*, a potential transcriptional repressor of *cPer2* gene. *Proc. Natl. Acad. Sci. USA*, **98**, 8089-8094
12) Doi, M., et al. (2004) Negative control of circadian clock regulator E4BP4 by casein kinase Iε-mediated phosphorylation. *Curr. Biol.*, **14**, 975-980
13) Güler, A. D., et al. (2008) Melanopsin cells are the principal conduits for rod-cone input to non-image-forming vision. *Nature*, **453**, 102-105
14) Okano, T. and Fukada, Y. (2003) Chicktacking pineal clock. *J. Biochem.*, **134**, 791-797
15) Okano, T., et al. (1994) Pinopsin is a chicken pineal photoreceptive molecule. *Nature*, **372**, 94-97
16) Kasahara, T., et al. (2002) Opsin-G11-mediated signaling pathway for photic entrainment of the chicken pineal circadian clock. *J. Neurosci.*, **22**, 7321-7325
17) Torii, M., et al. (2007) Two isoforms of chicken melanopsins show blue light sensitivity. *FEBS Lett.*, **581**, 5327-5331
18) Terakita, A., et al. (2008) Expression and comparative characterization of Gq-coupled invertebrate visual pigments and melanopsin. *J. Neurochem.*, **105**, 883-890
19) Kubo, Y., et al. (2006) Molecular cloning, mRNA expression, and immunocytochemical localization of a putative blue-light photoreceptor CRY4 in the chicken pineal gland. *J. Neurochem.*, **97**, 1155-1165
20) Whitmore, D., et al. (2000) Light acts directly on organs and cells in culture to set the vertebrate circadian clock. *Nature*, **404**, 87-91
21) Nelson, D. E. and Takahashi, J. S. (1991) Sensitivity and integration in a visual pathway for circadian entrainment in the hamster (*Mesocricetus auratus*). *J. Physiol.*, **439**, 115-145

参考文献

岡村 均・深田吉孝 編 (2004)『時計遺伝子の分子生物学』, シュプリンガーフェアラーク東京
石田直理雄・本間研一 編 (2008)『時間生物学事典』, 朝倉書店
Nayak, S. K., et al. (2007) Role of a novel photopigment, melanopsin, in behavioral adaptation to light. *Cell. Mol. Life Sci.*, **64**, 144-154

第2章 光と生体リズム

4 昆虫の体内時計

富岡憲治

　体内時計は環境の日周期に調和した生活を営むために必須のしくみである．体内時計は，*period* や *timeless* など時計遺伝子とよばれる遺伝子とその産物タンパク質の周期的発現により動く自律振動体であるが，日周期の下では光によってリセットされ，正確に 24 時間で動いている．体内時計は，夜行性や昼行性などの活動リズムを制御するだけでなく，北米大陸のオオカバマダラの偏光を利用した渡り行動や，ウミユスリカの大潮の午後の干潮時に限定された羽化行動，さらにはコオロギの日長の読みとりによる季節への適応など，光を利用した環境へのさまざまな時間的適応行動にも重要な役割を果たしている．

はじめに

　昆虫は，地球上で最も繁栄している動物であり，全動物種の約 70％を占めるといわれ，熱帯から寒帯まで，また乾燥地帯から水中にまで生息範囲を広げている．その繁栄の理由の 1 つは広範な環境条件への適応にあるが，日周的・月周期的あるいは季節的に変化する環境への時間的適応も忘れてはならない要因である．特に活動する時間帯を変えることで同じ空間を共有する，いわゆる**時間的すみわけ**は多様な昆虫の共存を可能にしている．美しい緑の輝きを放つチョウの一種，ミドリシジミ類はその好例である．ジョウザンミドリシジミ

（*Favonius taxila*）とエゾミドリシジミ（*Favonius jezoensis*）は，早春に孵化した幼虫がナラの仲間を食べて成長し，初夏にあいついで羽化する．ジョウザンミドリシジミの成虫は，朝10時頃活発に活動する．雄は一定の空間を占有して飛び回り，縄張りに入ってくる他個体を追跡する．多数の個体が入り乱れて追尾するさまは壮観である．午後に入るとジョウザンミドリシジミは姿を消し，代わってエゾミドリシジミが縄張り行動を示すようになる．このように，前者が朝に，後者は午後に活動することで見事に同じ空間を共有しているのである．このような時間的すみわけは，ほかにも多くの例で知られており，異なる種を生殖的に隔離する一方で，同一の種内では個体間の活動を同調させ雌雄の遭遇の機会を広げている．

　このような環境への時間的適応は，生物が単に環境の変化に反応することによって成り立つのではなく，環境の変化を**予知**することで可能となる．この予知は，半月周的に生じる大潮小潮のサイクルや季節のサイクルへの適応の場合にも重要である．たとえばサンゴ礁の生物には大潮に合わせて一斉に放卵・放精するものが知られているが，これには卵巣・精巣の発育などの前段階の準備が必要である．したがって，大潮になってからそのための準備を始めても間に合わない．大潮を予測する必要があるのだ．同様に，蛹で越冬する昆虫も冬になる前に，その到来を予知して休眠のための生理的な準備を整えておかねばならない．

　体内時計は，生物が上述のような環境の周期的変化を予知し，日周期や半月周サイクル，季節に調和して生活するために必須のしくみである．体内時計の性質や季節適応への役割，また体内時計が行動リズムを制御するしくみなどは，昆虫を用いて詳しく研究されてきた．さらに，最近ではいくつかの昆虫で，体内時計そのものがどのような分子で構成され，どのようなしくみで動いているのかが明らかにされつつある．本稿では，この体内時計について紹介するとともに，昆虫がどのようにこの時計を利用して環境に適応しているのかを，いくつかの例をあげ，神経や分子のレベルまで掘り下げて紹介する．

1 日周リズムとそのしくみ

ほとんどの生物は昼夜のサイクルに合わせて，日周的な生活リズムを営んでいる．まず，このリズムとそれを制御するしくみをみることにしよう．

1.1 概日リズムと体内時計

生物をとりまく環境は昼夜の日周的な変動を繰り返しているので，一見したところ生物の日周リズムは光や温度などの日周期的な変化に直接反応して生じているように思われるが，実はそうではない．このことを示す実験の一例が図1に示されている．この図はフタホシコオロギ（*Gryllus bimaculatus*）の歩行活動記録である．このコオロギは明暗サイクル下で夜行性のリズムを示しているが，このリズムは恒暗・恒温（25℃）条件下でも24時間よりわずかに短い周期で継続（**自由継続**）する．このように環境サイクルから隔離され，恒常条件下におかれても自由継続することから，このリズムが生物自身の体内にある，いわゆる体内時計によってつくられるものであることがわかる．またその周期が約24時間であることから，このリズムは**概日リズム**（circadian rhythm）

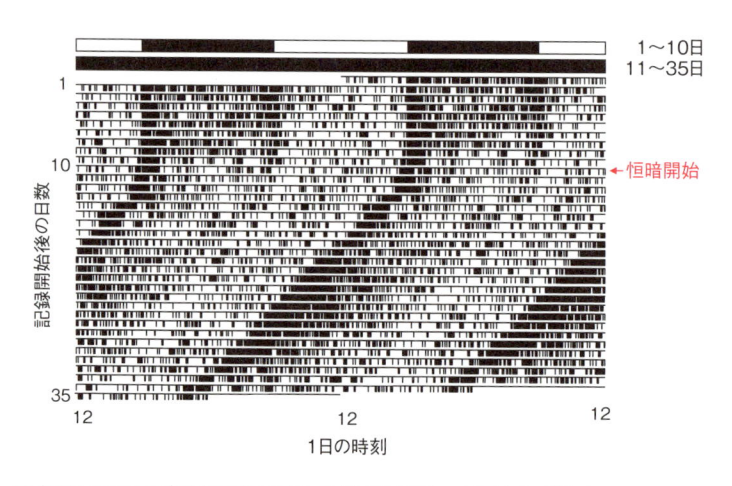

図1　フタホシコオロギ成虫活動リズムのダブルプロットアクトグラム
　　　縦方向のスパイク状の記録がコオロギが動いたことを示す．最初の10日間は明期12時間：暗期12時間の条件下での，11日目以降は恒暗条件下での記録．温度は25℃．

とよばれている．概日リズムは，光や温度などの環境サイクルに対して同調する性質をもち，リズムを同調させる環境因子を **同調因子**（Zeitgeber）とよんでいる．概日リズムの周期は温度の影響をほとんど受けず，環境温度を変えてもその周期はほとんど変化しない．化学反応は通常温度に強く依存しており，温度が10度上昇すれば反応速度は2～3倍になることが知られている．後述するように，概日リズムは生化学的反応に基づいて動いている．にもかかわらず周期が温度の影響をほとんど受けないということから，体内時計には温度による反応速度の変化を補償するしくみ（**温度補償性**）が備わっていると考えられている．

1.2 昆虫の体内時計の分子機構

　昆虫の体内時計の振動のしくみはキイロショウジョウバエ（*Drosophila melanogaster*）で詳細に解析されている．研究の発端は，突然変異誘発剤を用いた体内時計の突然変異体の単離による，**時計遺伝子*period*の発見**である（**Key Word**参照）．マッピングやドーセージ効果などの古典的な解析ののち，遺伝

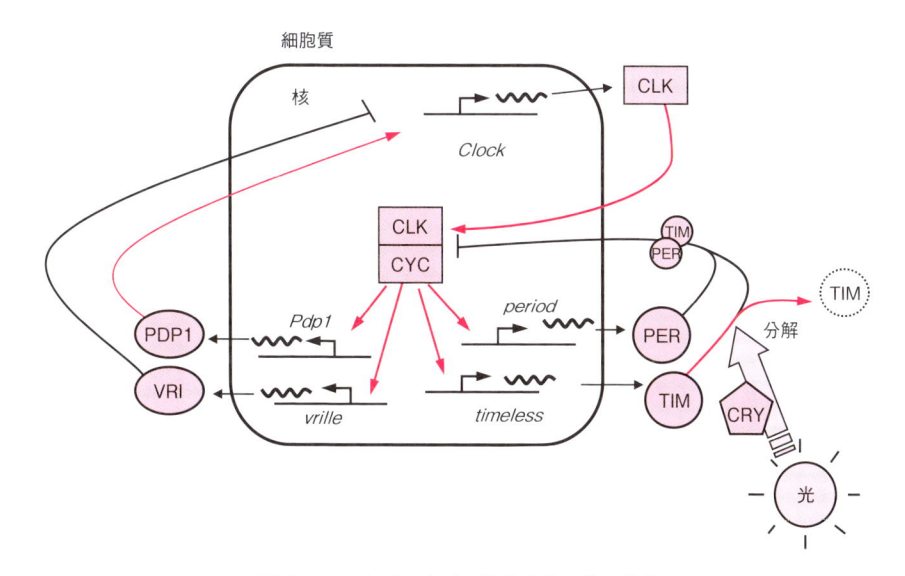

図2　ショウジョウバエ体内時計の分子機構

子のクローニング，mRNA や産物タンパク質の発現が詳細に検討された．これら一連の研究により 1990 年代に，概日リズムの発振が時計遺伝子とその産物タンパク質の自己フィードバックによって生じるという仮説がほぼ確立した[1]．その概略は以下のようである（図2）．すなわち時計遺伝子 *period*（*per*）とそのパートナーである *timeless*（*tim*）が，転写因子 CLOCK（CLK）と CYCLE（CYC）のヘテロ 2 量体 CLK-CYC により，昼の後半から夜の始めにかけて活発に転写される．*per, tim* の mRNA は夜間に活発に翻訳され，産物タンパク質 PERIOD（PER）と TIMELESS（TIM）は夜間に増加する．増加したタンパク質は夜の後半には PER-TIM ヘテロ 2 量体を形成して核に入り，転写因子 CLK-CYC を不活性化し，*per, tim* の転写を停止させる．その結果，夜の後半から昼にかけて *per* と *tim* の mRNA が減少することになり，PER，TIM も分解により減少する．この減少により CLK-CYC への抑制が解け，再び *per, tim* の転写が活性化し次のサイクルへと進むことになる．

　その後の研究により，CLK も PER とは逆位相で周期的に発現していることが発見され，この発振は VRILLE（VRI）と PDP1 が関与するループにより生じることが報告された．このループでは CLK-CYC は時計遺伝子 *vrille*（*vri*）と *Pdp1* の転写を昼の後半から夜の始めにかけて活性化し，*vri* mRNA はただちにタンパク質 VRI に翻訳され，*Clk* の転写を抑制する．これによって夜間に CLK は減少する．一方，*Pdp1* は VRI に遅れて翻訳され，PDP1 タンパク質は夜の後半に増加し，VRI と競合的にはたらき，*Clk* の転写を活性化する．したがって，*Clk* mRNA は昼に増加し，CLK も昼増加するサイクルを示す．すなわち，ショウジョウバエの体内時計は *per/tim* ループと *Clk* ループが CLK を介して結合した 2 重ループにより，24 時間の周期をつくり出しているのである[2,3]．

1.3 光同調のしくみと光受容器

　はじめに述べたように体内時計は光に対して同調する．光は，一般的には主観的夜（体内時間の夜）の前半で時計の位相後退を，夜の後半では位相の前進をひき起こし，主観的昼（体内時間の昼）にはほとんど位相変位を誘導しない．この光同調に関与する光受容器は昆虫によって異なっている．たとえば，ゴキ

ブリやコオロギなどの不完全変態昆虫では複眼が主要な光受容器官である[4]．一方，カやショウジョウバエなどでは，複眼以外の光受容系も関係している．キイロショウジョウバエでの最も重要な光受容は**クリプトクロム**（CRY）によるものである（**2-1**参照）．CRY は青色光を受容する分子であり，光依存的に TIM の分解を誘導することで，時計をリセットするといわれている（**図2**）．この分子の機能欠損をもつハエは，光パルスへの反応性が著しく低下しているが，明暗サイクルへは同調できる．これは，複眼や複眼網膜の近くにある H-B eyelet とよばれる幼虫単眼の痕跡器官も光同調に関与するためである[5]．これらの光受容器は，CRY とは別の神経路を介する経路で *per/tim* ループをリセットすると思われる．

2 体内時計を利用した行動

体内時計のはたらきは昼行性や夜行性のような活動性を制御するだけではない．環境の周期的な変化に適応した行動を間接的に制御する役割を担うことも知られている．次にこうした行動をいくつか紹介する．

2.1 オオカバマダラの渡り

オオカバマダラ（*Danaus plexippus*）は北米大陸に生息するチョウで，渡りをすることで有名である．メキシコの山中で越冬した成虫は，春から夏にかけて繁殖を繰り返しながら北へ移動し，北米中・東北部へと分布を広げカナダにまで達する．秋になると逆に南に向かって移動し，やがてメキシコ山中の特定の場所へと到達し，そこで越冬する．夏の移動は数世代をかけて行われるのに対して，秋の移動は単一の世代で起こる．この数千 km にも達する渡りのルートは，北米の一般市民も参加して行われた調査によってほぼ解明された[6]．同様な移動は，日本列島に住む同じマダラチョウ科のアサギマダラでも報告されている．このチョウもやはり春から夏にかけて北方へ移動し，東北地方にまで達するが，秋には南へと移動し，奄美大島の山中で越冬することが報告されている．しかし，なぜこのような大移動が，しかも決まったルートに沿って起こるのだろうか．

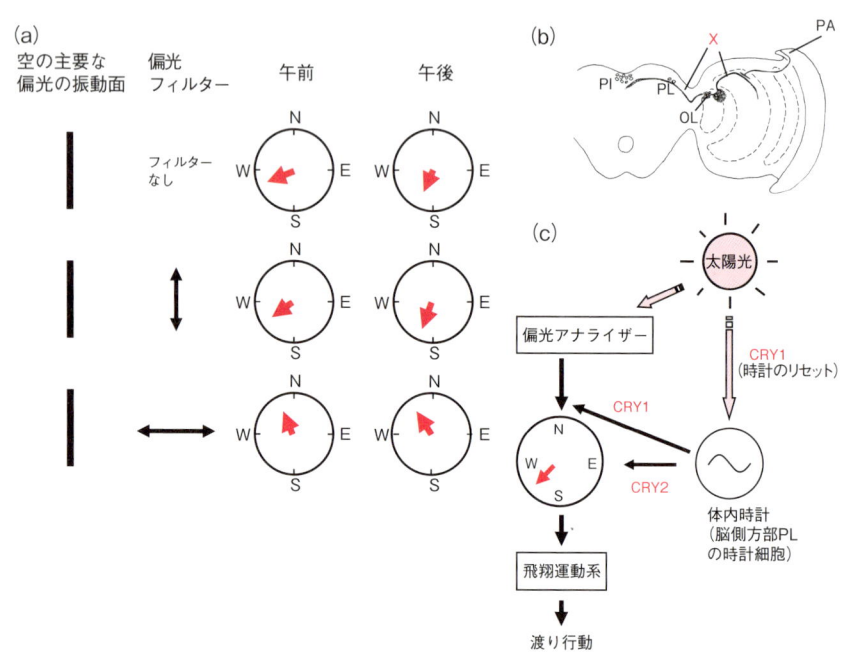

図3 オオカバマダラの渡り行動のメカニズム
(a) 偏光による定位の解析. 文献 8 より改変引用. (b) 体内時計候補ニューロン. 時計遺伝子産物 PERIOD を発現する細胞は脳間部（PI）, 脳側方部（PL）および視葉（OL）の3ヵ所にある. X はクリプトクロムを発現するニューロンの軸索を, PA は偏光アナライザーとの軸索の経路を示す. 文献 9 より改変引用. (c) 定位行動の仮説. 文献 7 より改変引用.

　オオカバマダラの移動は秋に日長が短くなることによって誘発される．ここではアラタ体から分泌される幼若ホルモン（JH）が主要な役割を果たしている[7]．渡りを始めたチョウでは JH のレベルが低下し，生殖活動性が低下する．それとともに，夏の間は数週間しかない寿命が冬を越して翌春まで何ヵ月も生きられるように長くなる．飛行の方位を決定するためには，太陽コンパスが使われている．太陽コンパスは，太陽の位置を基準にして，方位を決定する．太陽は日の出には東にあるので，南は太陽を左手に見て，太陽の位置から時計回りに約 90° の方角になる．太陽が見えない曇りの日にはどうするのだろうか．曇りの日でも青空が少しでものぞいていれば，方向づけは可能である．このときには太陽ではなく，太陽光の偏光（Key Word 参照）を手がかりにしていることを Reppert ら[8]が明らかにしている．天空の偏光の分布は太陽の位置

によって変化し，方向定位のための最も信頼できる手がかりになる．Reppert ら[8]は，オオカバマダラをフライト・シミュレータに入れて擬似飛行させ，飛行方向を調べた．青空の下で飛ばせると，オオカバマダラは午前でも午後でも南西方向に飛行した（図3a 上）．このことは，太陽の位置によって変化する偏光のパターンを体内時計によって補正していることを示している．偏光フィルターを偏光の振動面が天空のそれと同じになるように置いても，飛行の方向は変化しない（図3a 中）．ところが，偏光の振動面を天空のそれと直行させるようにしたところ，オオカバマダラは南西から90°ずれた方角に飛行するようになったのである（図3a 下）．

オオカバマダラの複眼の最も背側に位置する光受容細胞には，この偏光受容に適したしくみがある．昆虫の視細胞には，視細胞から突出した微絨毛が集まっ

Key Word

時計遺伝子

体内時計の振動機構にかかわる遺伝子を一般的に時計遺伝子とよんでいる．遺伝子には発見者が自由に名前をつけてよいことになっており，period, timeless, Clock, cycle などのように時間や周期に関係した名前がつけられている．異なる生物で別々の名前がつけられているものもある．たとえば，ショウジョウバエで cycle とよばれる遺伝子は脊椎動物では Bmal1 とよばれている．

偏光

光は進行方向と直行する面で振動する横波としての性質をもつ．太陽光はあらゆる方向に振動する光を含んでいるが，大気を通過する間に特定の振動面をもつ光を多く含むようになる．このような特定の振動面だけをもつ光を偏光とよんでいる．青空の偏光の分布は太陽の位置によって刻々と変わるので，昆虫は偏光を見るだけで太陽の位置を知ることができる．

半月周リズム

月の満ち欠けに関連して約15日周期で生じる生物のリズムを半月周リズムという．多くの場合に約15日間隔で起こる大潮に関係している．月は地球の周りを約30日かけて1周しているが，満月と新月のときには地球と月と太陽とが一直線上に並び，月の引力と太陽の引力とが加算的にはたらき，潮の干満の差が最大となる大潮となるのである．したがって，このリズムを示す生物の多くが潮間帯に生息している．

た感桿とよばれる光受容部位がある（**1-4** 参照）．偏光受容部位の視細胞の感桿では，この微絨毛が互いに直行するように配置している．光受容分子はこの微絨毛の上に配列しているので，微絨毛と同じ方向の振動面をもつ偏光を効率よく受容できることになる．このような役割をもつ視細胞は偏光アナライザーとよばれ，複眼のなかでも特に背側の内側に沿った背縁部（dorsal rim area）とよばれる部分にあり[8]，紫外線を受容する[9]（**1-5** 参照）．

上述のように，太陽は時刻とともにその位置を変えてしまう．天空の偏光パターンも太陽の動きに従って変化する．このため，飛翔の正確な方向定位のためには，太陽の位置や偏光パターンを時間の進行とともに補正する必要がある．この補正には体内時計が重要な役割を担っている[7]（**図 3c**）．このことは，体内時計の時刻を人為的に進めたり遅らせたりすると，定位方向が変化することや，体内時計が停止する連続照明下ではこの補正ができなくなってしまうことから明らかにされている．

では複眼背縁部の偏光情報はどのようにして体内時計によって補正されるのだろうか．この疑問に答えるために，まず，体内時計の所在が追及された．時計タンパク質 PER の抗体を使った免疫組織化学染色により，時計としてはたらく候補ニューロンとして脳間部に 8 〜 12 個，脳側方部に 2 個，そして視葉にも小型の細胞が複数あることが明らかにされた（**図 3b**）．これらのうち，脳側方部の細胞が最も明瞭な PER 発現リズムを示すことから，この 2 個の細胞が時刻補正にはたらく時計ニューロンと推定されている．ひき続く詳細な研究の結果，偏光アナライザーと時計ニューロンとは，クリプトクロムの一種，CRY1 を発現するニューロンによって接続されているらしいことが示されている（**図 3b, c**）．Sauman ら[9]は，この経路により時計情報が偏光アナライザーの軸索に送られ，偏光情報が時刻補正されると考えている．最近，クリプトクロムにはもう一種 CRY2 というものがあり，太陽コンパスがあると考えられている脳の中心複合体へ体内時計の情報を伝達する神経路で発現していることがわかった[10]．この事実から，CRY2 を発現する神経路が，体内時計と太陽コンパスを連結し[10]，太陽コンパスの時刻補正に関係すると考えられる（**図 3c**）．

2.2 ウミユスリカの環境適応

　ウミユスリカ（*Clunio marinus*）は海水域に生息する数少ない昆虫の1つである．この昆虫は大西洋岸の潮間帯の最も深いところに生息しており，この部分が海面上に現れる大潮を中心とした数日間の干潮時の午後にだけ成虫が羽化

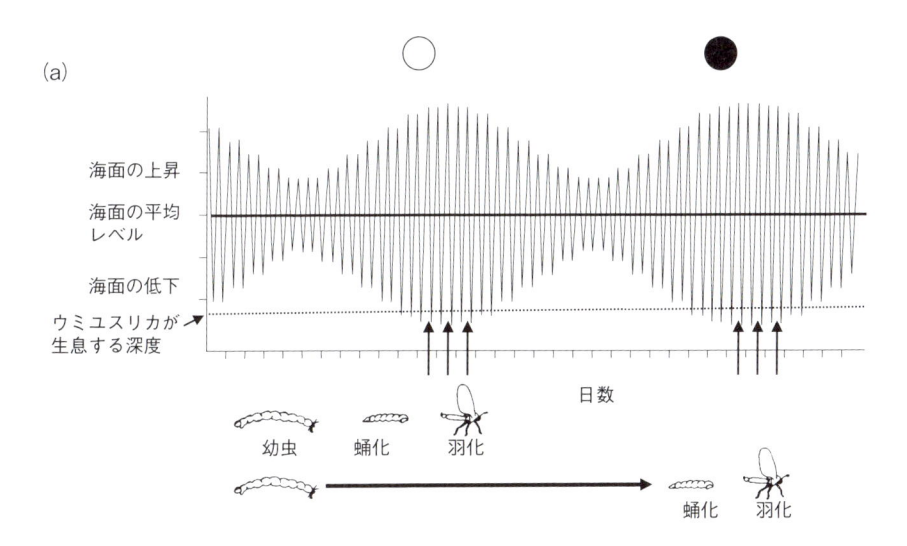

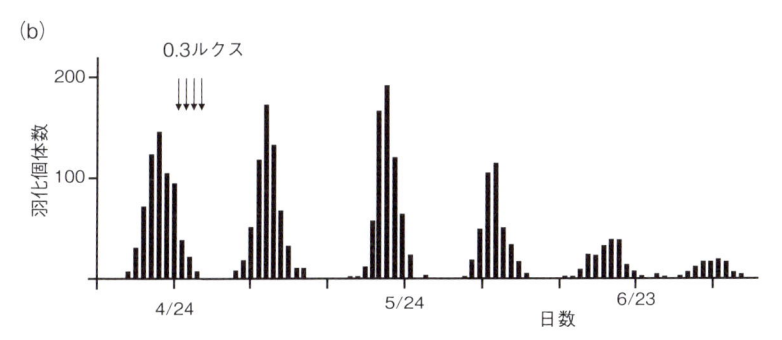

図4　ウミユスリカの羽化のタイミング
　　（a）野外では満月と新月の直後に羽化が起こる．上図は海面の変化を，上向きの矢印は羽化の生じるタイミングを示す．（b）屋内でも明期12時間：暗期12時間の夜間に4日間0.3ルクスの月明かりを30日間隔で与えると約15日周期のリズムが現れる．文献11より改変引用．

する（図4a）．この昆虫の成虫が生存できる期間はわずかに2時間ほどにすぎない．雄は，雌に先立って羽化して翅のない雌の羽化を助け，交尾し，雌を幼虫の成育に適した場所に運ぶのである．雌は，幼虫の生育場所が海水で覆われないうちに産卵せねばならない．

ウミユスリカの生態が詳細に研究されたフランスのノルマンディでは，干潮は12.4時間間隔で1日に2度起こる．大潮は満月と新月のころに対応して約15日間隔で起こる．ここでのウミユスリカの羽化はこの約15日周期に対応した半月周リズム（semilunar rhythm, **Key Word** 参照）を示すが，羽化時刻は，大潮のしかも午後の引き潮時に限られている．Neumann[11]は以下のような詳細な実験によりこの羽化のタイミングを決定するしくみを調べている．いろいろな発育段階の混ざったウミユスリカを明暗サイクル下におくと，点灯12時間後に羽化のピークが現れ，それを恒明条件に移しても，羽化のピークが約24時間ごとに現れることから，羽化のタイミングは体内時計によって制御されることがわかった．それでは，半月周リズムはどのように制御されるのだろうか．この制御には，月明かりがかかわることが示されている[11]．明期12時間：暗期12時間のなかにずっとおかれたツシマウミユスリカ（*Clunio tsushimensis*）は，毎日ほぼ同数の個体が羽化し，半月周リズムは現れない．ところが，夜の間に30日間隔で薄暗い月明かりを4～6日間与えると，羽化

column

コラム

月の光

夜は月と星のわずかな光しかない．しかし，このわずかな光もウミユスリカの例のように重要な役割を演じている．最近，概日リズムにも月明かりが重要な意味をもつことが報告された[18]．ショウジョウバエは夜明けと日暮れに活動のピークをもつが，夜間に上弦の月程度の明るさの光を与えると，夜間の活動量が増加し，しかも夜明けの活動ピークはより早く，日暮れのピークはより遅く生じ，いずれもピーク時刻が夜間に訪れるようになったのである．時計細胞のいくつかが非常に高感度の光感受性をもち，この変化を起こさせているらしい．時計細胞の光同調にはクリプトクロムが最も重要な役割を担っているが，この月明かりによる位相の変化はクリプトクロムではなく，網膜からの光入力が関与することが示されている．

する個体数が約15日周期で増減する半月周リズムが現れるようになる（**図4b**）．このリズムは，一度月光サイクルを与えると，その後は与えなくとも数サイクル継続するので，何らかの時計機構によって駆動されていると考えられる．この半月周リズムを駆動する時計がどのようなものか，どこにあってどのようにして振動するのかはまったく不明である．最近，月明かりの受容に関して，満月の5日前に繊毛型のオプシン（cOpsin1）が発現することが発見されており，これが半月周リズムの発現にかかわる可能性がある[12]．

興味深いことに，北海に浮かぶヘルゴランド島（ドイツ）のウミユスリカは月光ではほとんど同調できない．ここでは，月は地平線からほんのわずかしか昇らず，月光は同調に必要な十分な明るさがない．しかも夏の夜は短いばかりでなく，太陽が地平線から十分には沈まないためノルマンディほど暗くはならない．この地方のウミユスリカは，代わりに干満に伴う海水の動きの刺激を同調のために使っているようである[11]．

3 季節への適応

温帯域では日長は季節とともに変化する．すなわち夏には日長が長く，冬には短くなる．高緯度地方では特にこの変化が顕著である．この原因は，地球の自転軸が公転軸に対して23.4°傾いており，公転はこの傾きを維持したまま起こるためである．昆虫はこの日長変化に対して活動リズムを変化させるとともに，日長を利用して季節変化を知り，休眠などの季節に適応した生理的状態をとる．

3.1 概日リズムの季節適応

昆虫の活動リズムは日長の変化に応じて変化する．たとえば，夜行性のコオロギでは，その活動時間帯の長さが夜が短い夏の期間は短く，夜が長くなる秋には長くなる．昼行性のハエではその逆のことが起こる[13, 14]．**図5**はフタホシコオロギの活動リズムへの日長の影響を示している．各光条件を経験させたのちに恒暗条件下において活動リズムを計測した．このコオロギは夜行性であり，明暗条件下での活動時間は暗期の長さに依存して，暗期が長いほど長くな

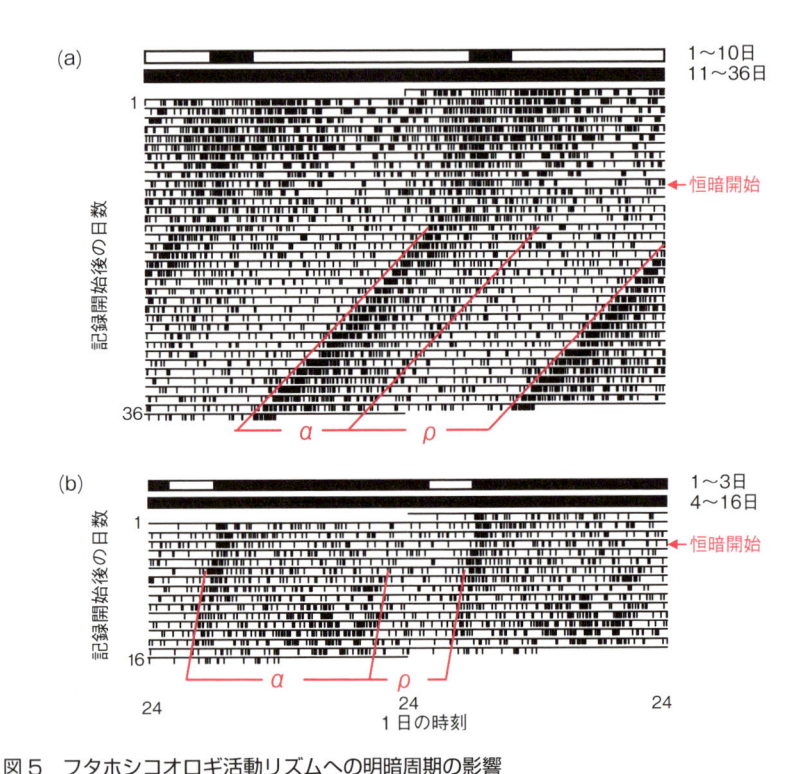

図5 フタホシコオロギ活動リズムへの明暗周期の影響
（a）長日条件（明期20時間：暗期4時間）下におかれたコオロギの活動リズム．図1やbに比べ，恒暗での活動時間帯（α）が短くなっている．（b）短日（明期4時間：暗期20時間）下におかれたコオロギの活動リズム．図1やaに比べ，活動時間帯が長くなっている．

る傾向がある．ところが，恒暗条件に移しても，この波形が長期にわたって維持される．コオロギにとっての夜，すなわち主観的夜の長さ（α）と主観的昼の長さ（ρ）の比（α/ρ比）を求めると，この値は夜の長さが長いほど大きくなることがわかった．この現象にはいくつかの問題が隠されている．1つは，どのようにしてこの波形の変化，すなわち夜昼の配分が変わるのかという点である．上述のように，リズムをつくり出すのは遺伝子の周期的発現を含む分子レベルでの発振であるが，それが日長によって変わるのであろうか．あるいは，いくつかの時計間の位相角が変化することで日長に応じた波形がつくられるのであろうか．さらに，どのようにしてこの変化した波形が暗黒中で長期にわたって維持されるのかという興味深い問題点もある．

昼夜の配分が変わるしくみについては，いくつかの解析結果がある．この変化はすぐに起こるわけではなく，経験するサイクル数に従って大きくなる[14]．明期20時間：暗期4時間の光周期を用いて日長の効果を検討したところ，a/ρ比は，1サイクルでも経験すればいくぶんかは小さくなったが，経験するサイクル数に依存して小さくなり，約10サイクルでその変化が最大に達し，それ以上経験させても変化しないことがわかった．この結果は，明暗サイクルの経験が時計機構のどこかに蓄積されていることを物語っている．

3.2 光周測時機構への関与

昆虫の休眠などを誘導する日長を測るしくみ，すなわち光周測時機構に体内時計が関係する可能性がいろいろな実験結果から示唆されてきた[15]．たとえば，いろいろな長さの明暗サイクルを与えて光周反応を調べると，周期が24時間

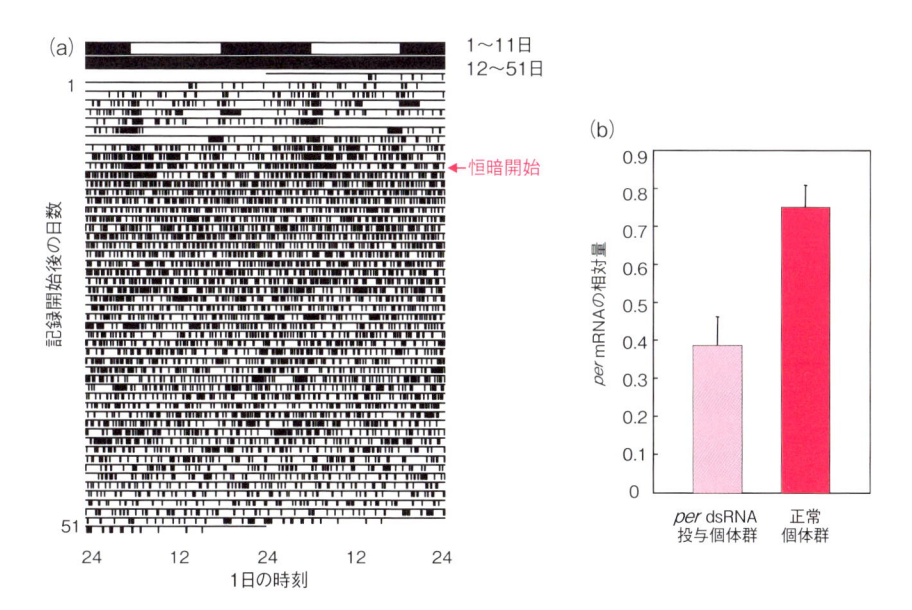

図6 *per* 2本鎖RNAを投与したフタホシコオロギの活動記録（a）と *per* mRNAレベルの低下（b）
　（a）明暗サイクル下では明期開始にピークをもつ活動リズムがみられるが，恒暗条件下ではただちに無周期になる．（b）時計組織である視葉（脳の一部）での *per* mRNA量は，*per* 2本鎖RNA（dsRNA）投与コオロギで著しく低下する．文献16より改変引用．

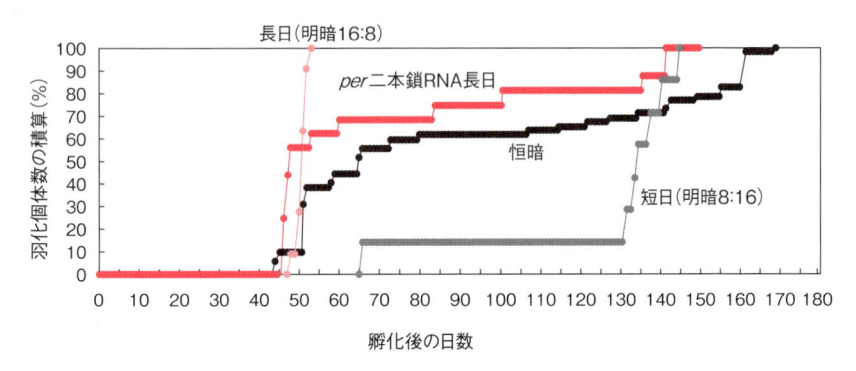

図7 タンボコオロギ幼虫発育の光周期依存性と *per* 2本鎖 RNA の長日での影響
線で結んだ点は各光周条件下での成虫の羽化の時間経過を示す．坂本・富岡，未発表データより．

の倍数になった場合にのみ光周反応が誘導されることが知られている．一方，一定の明期に長い暗期を組み合わせて暗期のいろいろな時刻に光を照射する暗中断実験の結果から，24時間ごとに光感受期が現れたという報告もある．これらはいずれも光周反応に体内時計が関与する可能性を示唆するものである．しかし，実際に光周測時機構に体内時計が直接関与することを実証した例はこれまでにない．体内時計の所在がわかっているコオロギやゴキブリでは，その所在である視葉を切除して光周反応をみる実験も考えられるが，視葉の切除は光受容器である複眼からの入力を遮断することになり，この実験は事実上不可能である．

そこで，筆者らは外科的な手術を行うことなく時計を停止させる実験を試みた．それは時計遺伝子 *per* の **RNA 干渉**（1-6：Key Word 参照）である．RNA 干渉は，目的遺伝子の2本鎖 RNA を投与すると，それが Dicer という酵素で siRNA という短い2本鎖 RNA に分解され，それが RISC というタンパク質複合体と結合し，その RNA と相補的な塩基配列をもつ mRNA を分解するというしくみである．したがって，mRNA 量が低下し，遺伝子のはたらきが阻害されることになる．そこで，時計遺伝子 *per* の2本鎖 RNA を合成し，腹腔内に投与したところ，*per* mRNA 量が有意に低下することがわかった（図6b）．そこで，*per* の2本鎖 RNA を投与したフタホシコオロギの活動リズムを測定してみたところ，その活動は完全に無周期になることがわかった[16]（図

6a).この事実は，時計遺伝子 *per* の RNA 干渉により体内時計が停止することを示している．

そこで，体内時計が停止したコオロギで光周反応が起こるかどうかをみることにした．これにはタンボコオロギ（*Modicogryllus siamensis*）を用いた．このコオロギは幼虫発育に際立った光周性を示し，25℃のもとで，長日（明暗16：8）では孵化後約 50 日ですべての個体が羽化するのに対して，短日（明暗8：16）ではそれが著しく延長し，半数の個体が羽化するのに 135 日を要する（**図7**）．このような幼虫発育の違いを決定するのは，幼虫のごく初期の孵化後わずか 10 日ほどの間である[17]．タンボコオロギで *per* 遺伝子をクローニングし，その 2 本鎖 RNA を用いて RNA 干渉により体内時計を停止させ，長日で幼虫発育を調べた．その結果，このような処理を受けたコオロギの羽化のパターンは，短日型でも長日型でもなかった（**図7**）．そのパターンはむしろ暗黒中で発育させたものに酷似していることがわかった．この結果は，体内時計を停止させることで光周反応が阻害されることを明瞭に示している．すなわち，タンボコオロギでは幼虫発育の光周性を制御する光周測時機構に体内時計が関与しているのである．

おわりに

昆虫の体内時計について，その機構と行動や季節適応などに果たす役割などを紹介した．実のところ未解明の問題も多い．たとえば，振動機構がいろいろな分子の関与するフィードバックによることはわかってきたが，どのようにして 24 時間という時間が決められているのかはわかっていないし，体内時計による行動の制御や時刻の補正，日長の読みとりなどの実態も大部分が未解明である．これらは，24 時間周期で寝起きを繰り返す私たちヒトの時計機構にも共通の問題であり，今後の研究は私たち自身の理解にもおおいに貢献するであろう．

column

コラム

夜明けと日暮れの2振動体説

哺乳類では夜明けに同調する時計（M）と日暮れに同調する時計（E）があり，それらが一定の関係で明暗に同調するため，日長変化に対応して活動時間帯が伸縮すると説明されてきた．哺乳類の体内時計は視交叉の上部にある視交叉上核とよばれる神経核にある．視交叉上核は左右1対あり，それぞれ数万個の細胞を含んでいる．最近，時計遺伝子 *Period1* のプロモーターにルシフェラーゼを連結した発光レポーターを用いて，マウスで興味深い研究結果が報告されている[19]．24時間中の明暗比を変化させると，上述のようにその変化に応じて ME の関係が変化しそれによって活動リズムの α/ρ が変化するが，この ME に対応する2つの細胞グループが存在することがわかったのだ．それによると，視交叉上核の後方部に夜明けに同調する M が，前方部には日暮れに同調する E がある．さらに，前方部の細胞は長日になると夜明けに同調するものと，それに遅れるものの2つに分割するので，前方部には M に対応するもののほかにも時計があるらしい．なぜ，E と M はそれぞれ日暮れと夜明けに同調するのか，どのようなしくみで行動を制御するのかなど，興味深い問題が残されている．

ショウジョウバエでも，同様に M と E に相当する細胞が見つかっており，日長に対応してこの細胞間の位相角が変化し，活動リズムが変わることが報告されている[20]．フタホシコオロギでは今のところ時計細胞の特定にまで至っていないが，もしかすると視葉内に夜明けと日暮れに対応する複数の時計細胞があり，それによって本文に述べたような日長に依存した波形変調が生じているのかもしれない．

引用文献

1) 富岡憲治（2006）「昆虫の体内時計機構」,『学術月報』, **59**, 6-11
2) 谷村禎一・松本 顕（2004）「I. 時計遺伝子総論, 3. ショウジョウバエ」,『時計遺伝子の分子生物学』, 岡村 均・深田吉孝 編, 29-39, シュプリンガーフェアラーク東京
3) Hardin, P. E.（2004）Transcription regulation within the circadian clock: the E-box and beyond. *J Biol Rhythms*, **19**, 348-360
4) Tomioka, K., Abdelsalam, S. A.（2004）Circadian organization in hemimetabolous insects. *Zool Sci*, **21**, 1153-1162
5) Helfrich-Förster, C., *et al.*（2002）The extraretinal eyelet of *Drosophila*: Development, ultrastracture, and putative circadian function. *J Neurosci*, **22**, 9255-9266
6) Howard, E., Davis, A. K.（2008）The fall migration flyways of monarch butterflies in eastern North America revealed by citizen scientists. *J Insect Conserv*, DOI 10.1007/s10841-008-9196-y
7) Reppert, S. M.（2006）A colorful model of the circadian clock. *Cell*, **124**, 233-236
8) Reppert, S. M., *et al.*（2004）Polarized light helps monarch butterflies navigate. *Curr Biol*, **14**, 155-158
9) Sauman, I., *et al.*（2005）Connecting the navigational clock to sun compass input in monarch butterfly brain. *Neuron*, **46**, 457-467
10) Zhu, H., *et al.*（2008）Cryptochromes define a novel circadian clock mechanism in monarch butterflies that may underlie sun compass navigation. *PLoS Biol*, **6**, 138-155
11) Neumann, D.（1985）Photoperiodic influences of the moon on behavioral and developmental performances of organisms. *Int J Biometeorol*, **29**（supplement 2）, 165-177
12) Kaiser, T., *et al.*（2008）*Abstracts of XXIII International Congress of Entomology*, No. 641, Durban
13) Tomioka, K., *et al.*（1997）Light cycles given during development affect freerunning period of circadian locomotor rhythm of *period* mutants in *Drosophila melanogaster*. *J Insect Physiol*, **43**, 297-305
14) Koga, M., *et al.*（2005）Photoperiodic modulation of circadian rhythms in the cricket *Gryllus bimaculatus*. *J Insect Physiol*, **51**, 681-690
15) Saunders, D. S.（2002）*Insect Clocks*, Elsevier
16) Moriyama, Y., *et al.*（2008）RNA interference of the clock gene period disrupts circadian rhythms in the cricket *Gryllus bimaculatus*. *J Biol Rhythms*, **23**, 308-318
17) Taniguchi, N., Tomioka, K.（2003）Duration of development and number of nymphal instars are differentially regulated by photoperiod in the cricket *Modicogryllus siamensis*（Orthoptera: Gryllidae）. *Eur J Entomol*, **100**, 275-281

18) Bachleitner, W., et al. (2007) Moonlights shifts the endogenous clock of *Drosophila melanogaster*. Proc Natl Acad Sci USA, **104**, 3538-3543

19) Inagaki, N., et al. (2007) Separate oscillating cell groups in mouse suprachiasmatic nucleus couple photoperiodically to the onset and end of daily activity. *Proc Natl Acad Sci USA*, **104**, 7664-7669

20) Stoleru, D., et al. (2007) The *Drosophila* circadian network is a seasonal timer. *Cell*, **129**, 207-219

第2章 光と生体リズム

5 光周性における「光」

沼田英治

　多くの生物は，1日のうちの明るい時間の長さという情報を使って季節の変化に対応している．この性質を光周性とよび，それには光受容器と日長を測定する光周時計（測時機構および計数機構），その結果を出力する内分泌効果器のメカニズムが必要である．また，これまでの研究から光周時計に概日時計が関係することが明らかになっている．本稿では，光周性において，朝の薄明，夕方の薄暮のうちどのくらいを明るいと読み取っているのか，そして，光の強さはどのような意味をもつのか，どのような波長の光が有効であるのかについて概説し，光周性における「光」とは何かを考える．

はじめに

　地球上に生息する生物は，わずかな例外を除いて1年周期の季節変化にさらされており，この変化にうまく対応できなければ子孫を残すことができない．多くの生物は，季節変化を知るための情報として「光」を利用している．1年間に光はどのように変化するのだろうか．地球の自転軸と公転軸は23.4°傾いているために，太陽の動きは季節によって異なる．したがって，赤道直下を除いて太陽が出ている明るい時間の長さは季節によって異なる．多くの動物がこの1日のうちの明るい時間の長さ，日長（daylength）という情報を使って季

節の変化に対応している．明暗のサイクルを光周期（photoperiod）とよぶので，それに応答する性質を光周性（photoperiodism）という．

光周性は1920年に植物のタバコで発見され，動物では1923年にイチゴネアブラムシ（*Aphis forbesi*）で最初に報告された[1]．この種を含む多くのアブラムシでは春から夏の間は雌だけが単為生殖を行って増殖する．そして，秋になると，単為生殖によって雌と雄の両方が生まれて，これらが両性生殖を行う．この単為生殖と両性生殖の切り替えに光周性が使われており，短日のもとで育ったイチゴネアブラムシの単為生殖雌は両性生殖を行う個体を産むようになることが明らかになった．その後，光周性を示す動物が次々と報告され，現在では単細胞の原生動物から脊椎動物に至るさまざまな動物が光周性によって季節変化に対応していることがわかっている．

ところで，同じ昼間でも夏の陽射しはぎらぎらしているのに対して冬の陽射しは穏やかである．その理由は，地平線からの太陽の高さの違いにある．たとえば東京では，南中時の太陽は夏至では地平線から78°，冬至では31°の高さにある．この太陽の高さに従って，夏のほうがずっと陽射しが強い．光のエネルギーに依存する光合成は，光の強い夏に効率がよくなる．しかし，光の強さを季節変化を知らせる情報として使っている生物はほとんど知られていない．同じ季節であっても，光の強さには天候などの影響が大きいからであろう．

本稿では，光周性の研究が進んでおり，その多様な性質が報告されている昆虫の例をみながら，光周性における「光」とは何かを考えてみよう．

1 光周性のしくみ

光周性には，少なくとも光受容器（photoreceptor），日長を測定する光周時計（photoperiodic clock），そしてその結果を出力する内分泌効果器（endocrine effector）の3つのメカニズムが必要である（図1）．

まず，ある範囲の波長をもつ電磁波である「光」を吸収して神経情報に変換する光受容器が必要である．光周性において，哺乳類では眼の網膜，それ以外の脊椎動物では脳深部の光受容器がはたらいている．昆虫では，脳（brain）が光周性のための光受容器としてはたらいていることが古くから知られてい

2-5 光周性における「光」

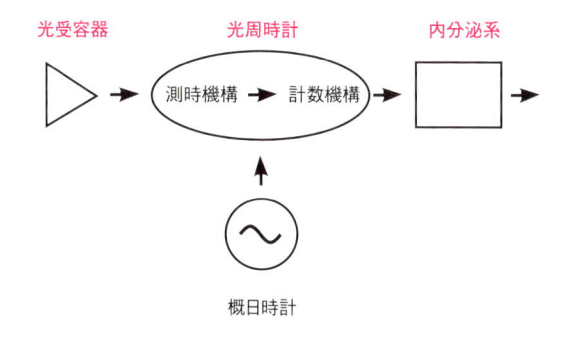

```
光受容器        光周時計         内分泌系
  ▷ → 測時機構 → 計数機構 → □ →
              ↑
             (∿)
            概日時計
```

図1 動物の光周性機構の模式図

た．とりわけ有名なのは，イチゴネアブラムシと同様に光周性によって単為生殖と両性生殖を切り替えているソラマメヒゲナガアブラムシ（*Megoura viciae*）において1964年に報告された，Antony D. Lees の研究である[1]．この研究では，微小な光ガイドを使って体の一部のみにほかの部分よりも長い日長を与えるという巧妙な実験が行われ，**複眼**（compound eye）ではなく脳が光周性のための光受容器であることが示された．さらに，タバコスズメガ（*Manduca sexta*）において，培養条件下で脳に与えた光周期が有効であることが1984年に示されて，脳が光周性のための光受容器としてはたらくことは決定的になった[1]．一方，複眼を光周性のための主要な光受容器として用いる昆虫もたくさんいることが筆者らの研究によって明らかになっている[2]（**表1**）．また，チャバネアオカメムシ（*Plautia stali*）の成虫では複眼が光周性における主要な光受容器であるが，複眼除去後もある程度光周性が残るので，それ以外の光受容器（おそらく脳）もはたらいていることがわかる[3]．これらの研究をもとに，われわれはいったいどういう昆虫が光周性に脳を使いどういう昆虫が複眼を使っているのかを考えてみた．複眼をもたない完全変態昆虫の幼虫が複眼を使うことができないのは当然としても，それ以外には昆虫全体に適用できるような規則を見つけることはできなかった．現在は，「昆虫の脳は一般に光を受容する能力をもち，それによって光周性を示すこともできるが，特定の分類群だけではなくさまざまな昆虫が複眼からの情報を利用するようになった」と考えている．

光周時計は**測時機構**（time measurement system）と**計数機構**（counter

表1　昆虫の光周性における光受容器. 文献2, 3より改変引用.

(a) 脳を主要な光受容器とするもの

種	目	発達段階
ソラマメヒゲナガアブラムシ（*Megoura viciae*）	カメムシ	成虫
サクサン（*Antheraea pernyi*）	チョウ	蛹
タバコスズメガ（*Manduca sexta*）	チョウ	幼虫
オオモンシロチョウ（*Pieris brassicae*）	チョウ	幼虫
カイコ（*Bombyx mori*）	チョウ	幼虫

(b) 複眼を主要な光受容器とするもの

種	目	発達段階
ホソヘリカメムシ（*Riptortus pedestris*）	カメムシ	成虫
チャバネアオカメムシ（*Plautia stali*）*	カメムシ	成虫
アカスジキンカメムシ（*Poecilocoris lewisi*）	カメムシ	幼虫
マダラスズ（*Dianemobius nigrofasciatus*）	バッタ	成虫
エゾホソナガゴミムシ（*Pterostichus nigrita*）	コウチュウ	成虫
ルリキンバエ（*Protophormia terraenovae*）	ハエ	成虫

＊複眼除去後も光周期に対する感受性が残る.

system）に分けることができる．測時機構とは実際に日長を測るしくみで，ほとんどの場合に明るい時間ではなく連続した暗い時間の長さを測っている．したがって，短日の効果をもつ長い暗期を短い持続時間の光で中断すると，長日の効果が得られる．また，光周性においては1サイクルの長日もしくは短日が効果をもつことはまれで，通常何サイクルかの光周期情報が蓄積されてから，次の段階である内分泌効果器が作動する．この光周期情報を蓄積しておくしくみのことを「長日もしくは短日の数を数える」という意味で，計数機構とよぶ．

　光周性において日長を測定する際に，概日時計（circadian clock）がかかわっていることは1936年にErwin Bünningによって最初に指摘された[1]．「環境の明暗サイクルに同調した概日時計の決まった位相に光が当たるかどうかで日長が測定される」という考え方である．わかりやすくいうと，光周性を示す生物の体のなかにある時計が決まった時刻を指すときに周りが明るいと長日，暗

いと短日，と判定するのである．この考えは，提唱者にちなんで **Bünning の仮説**（Bünning's hypothesis）とよばれている．当初提唱された Bünning の仮説は単純なものであったので，そのままの形では多くの生物の日長測定のしくみを説明できなかった．しかし，この仮説の最も重要な「日長測定に概日時計がかかわる」という指摘を支持する証拠は，さまざまな生物で次々と得られていった[1]．一方，ソラマメヒゲナガアブラムシの光周性には概日時計は一切関与しないという証拠が Lees によって報告されていた[1]．この昆虫の光周性は，暗期が始まると砂時計を逆さにし，砂がすべて下に落ちたときに明るいかどうかで日長を測定するという単純な**砂時計モデル**（hourglass model）で説明できる．したがって，1980 年代までは，光周性には概日時計が関係するものと砂時計モデルで説明できるものの 2 種類があると考えられていた．

　その後，光周性に概日時計がかかわることは，さらに広範囲の生物で明瞭な実験結果によって示されていった[1]．そして，Lees の後継者である Jim Hardie らによる綿密に計画された複雑な光周期を与える実験によって，ソラマメヒゲナガアブラムシにおいても光周性には概日時計がかかわっている証拠が 1993 年に示された[1]．光周性にかかわる概日時計は全暗におかれると自律振動しながら減衰していく．「この減衰の最も著しい場合，すなわち 1 回振動するだけで衰えてしまう場合に砂時計のような性質を示す」と考えることで，すべての生物の光周性を統一的に解釈できるからである[1]．したがって，現在では光周性一般に概日時計がかかわると考えられている．

　しかし，必ずしも光周時計のうち測時機構に概日時計が関係していると結論することはできないようである．なぜならば，どこからどこまでが「1 日」として日長を測定するのかという「枠」を決めるのに概日時計が使われており，その枠のなかで，暗期の長さは砂時計のようなしくみで測定されているという考えもあり，ナミハダニ（*Tetranychus urticae*）の光周性は，その考えでうまく説明ができる[4]．この場合には，「計数機構に概日時計が関与する」と説明する．したがって，**図 1** における概日時計からの矢印は，測時機構ではなくそれと計数機構をひとくくりにした光周時計全体に向けて示してある．

2 光周性における日長

　日長の天文学的な定義は，太陽が地平線の上に出ている時間の長さである．太陽は地球から遠く離れているが，それでも地球からみた太陽は点ではなく大きさがあるので，太陽の上の端が地平線の上に出る時刻が日の出，地平線の下に落ちる時刻が日の入りである．さらに，光は大気によって屈折するので太陽が地平線の少し下にあるときから太陽が見える．したがって，太陽の天文学的な日長は，春分の日，秋分の日には 12 時間より少し長いことになる．東京（北緯 35 度 40 分）では，春分の日，秋分の日の天文学的な日長は 12 時間 8 分で，昼と夜がまったく同じ時間になる日，つまり天文学的な日長がちょうど 12 時間になる日は，春分の日ではなくその 3 日前，秋分の日ではなくその 3 日後である[5]．

　生物にとっての日長はさらに長い．なぜなら，以上で定義した日の出よりも少し前から空は明るくなり，日の入りの少しあとまで明るいからである．このような時間帯のことを，それぞれ薄明（dawn），薄暮（dusk）とよんでいる．生物が光周性を示す際には，天文学的な日長ではなく，それに薄明と薄暮の時間を加えたものを「明るい時間」と感じてその長さに反応している．生物が薄明と薄暮をどのくらいまで明るい時間だと判定しているのかについては，詳細な研究が乏しい．

　今から約 30 年前に，竹田真木生と正木進三は，戦後アメリカから日本に侵入して街路樹などの害虫として有名になったアメリカシロヒトリ（*Hyphantria cunea*）というガにおいて，薄明と薄暮の読みとり時間を検討した[6]．アメリカシロヒトリは，幼虫のときに短日を経験すると蛹の時期にいったん成虫の形態形成を停止する休眠（diapause）に入るという光周性を示す．秋田県大曲市（現在は合併して大仙市の一部）で採集したアメリカシロヒトリを，26℃の実験室で蛍光灯をタイマーによって点けたり消したりすることでつくり出した光周期のもとで飼育すると，短日と認識して休眠に入る条件と，長日と認識して休眠に入らない条件の境目で休眠率がちょうど 50% になる日長は，14 時間 35 分であった．この日長のことを臨界日長（critical daylength）とよぶ．弘前大学の構内にある 26℃ 一定で自然の光の差し込む部屋で，日長が臨界日長より

もずっと長い 6 〜 7 月に飼育容器に黒い箱をかぶせて明るい時間の長さを決まった値に調節しても，臨界日長は同じ値を示した．

　薄明と薄暮の読みとり時間を調べる実験も，この自然光の差し込む部屋で行われた．薄明の読みとりを調べる一連の実験では，昆虫を夜明け前からこの部屋で自然光にさらしておき，日の出から一定（X）時間後に黒い箱をかぶせて昆虫に当たる光を遮断した．そして夜の間に箱を取り除いておき翌日には再び朝の薄明を感じられるようにした．毎日の日の出時刻に合わせて箱をかぶせる時刻をずらして，薄明を含めて一定時間の明期を与えるようにした．日の出前の薄明のうちで，この昆虫が明期と認識している時間をYとすると，X+Y=14時間35分のときに休眠率が50％となるはずである．この実験によって，アメリカシロヒトリは日の出前約40分を明るい時間と認識していることがわかった．薄暮の読みとりを調べる実験は，これとは反対に日の入りの一定時間前に箱を取り除いて，夜の間に箱をかぶせるという手順で行われた．同様にして，日の入り後約20分を明るい時間と認識していることがわかった．したがって，アメリカシロヒトリの光周性においては，弘前の日長変化のもとで，天文学的な日長よりも約1時間長いと読み取っていることになる（**図2**）．

　さらに，薄明と薄暮では「明」と読み取っている時間が大きく異なることもこの実験によるもう1つの重要な発見である．上述の自然光の差し込む実験室では日の出の40分前の照度は0.1ルクス，日の入りの20分後の照度は1ルク

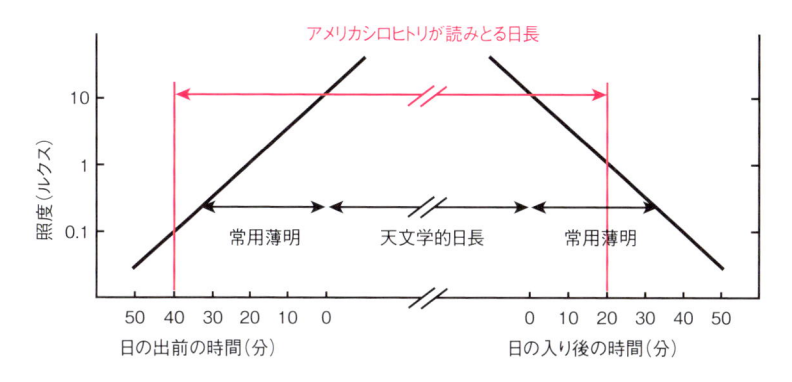

図2　アメリカシロヒトリの光周性における薄明と薄暮の読みとりの模式図
文献6より改変引用．

スであった．この違いは，夕方にはそれまで光にさらされていたことで光に対する感受性が低くなっており，明け方にはそれまで暗い条件におかれていたために光に対する感受性が高くなっていたためでないかと竹田・正木は推定した．すなわち，視覚における**明暗順応**（light and dark adaptation）と同じようなしくみである．実際，約 200 ルクスの蛍光灯の光に 14 時間さらしたあとで 1 時間 0.5 ルクスにさらすという条件では約 40％だけが休眠した，約 9000 ルクスの蛍光灯の光に 14 時間さらしたあとで 1 時間 0.5 ルクスにさらすとすべての個体が休眠した．すなわち 200 ルクスのあとの 0.5 ルクスは多くが「明」と読み取ったのに対し，約 9000 ルクスのあとの 0.5 ルクスは「暗」と読み取ったことになる．

　光周性の実験は，多くの場合蛍光灯をタイマーで調節してつくり出した光周期のもとで行われる．すなわち，自然の光の変化とは波長や照度が異なるばかりではなく，明から暗および暗から明への変化が一瞬にして起こるという点が大きく異なっている．それにもかかわらず，竹田・正木の実験のような複雑な手順を行うことを避け，通常の実験室の結果をもとに野外で起こっていることを推定して議論するのが一般的である．そのような場合，**常用薄明**（civil twilight）を天文学的な日長に追加して議論したり，あるいは単純に天文学的な日長に 1 時間を足したりして，光周性における日長として扱っている．常用薄明とは太陽の上端が地平線の下 6°以内にある時間帯のことで，別名**市民薄明**ともよばれる[5]．私たちの感覚として明け方に「もう明るい」，あるいは夕暮れどきに「まだ明るい」と思う時間帯にほぼ対応しており，太陽の上端が地平線の下 6°は肉眼で一等星が見える限界の明るさといわれている．筆者自身も，疑問を感じながらもこれまで常用薄明を使ったり単純に天文学的な日長に 1 時間を足したりして議論してきた．結果として，竹田・正木の実験は単純に天文学的な日長に 1 時間を足すのでさほど問題がないことを示している．弘前におけるこの時期の常用薄明は朝と夕方それぞれ 33 分であり，これともほぼ一致する（**図2**）．

　しかし，薄明と薄暮の時間が異なることから考えるとこれは単なる偶然といえる．実際，この実験で用いた実験室の外で測定した場合，照度はおよそ 10 倍であったので，もしアメリカシロヒトリの幼虫が完全に太陽光に露出した環

境に生息しているなら，読みとる薄明と薄暮の長さは合わせて1時間よりずっと長くなるかもしれない．このように，その動物がどのようなところに生息しているのか，たとえば同じ昆虫でも葉の表にいるか葉の裏にいるかで薄明と薄暮の時間は変わってくるはずである．さらに，動物によって違うこともちろん考えられる．同じ昆虫のなかでも脳が光受容するものと複眼が光受容するものでは光に対する閾値は大きく異なると想像することができる．しかし，残念なことにそのような比較はこれまでに行われていない．また，緯度が異なれば，明るさの変化のしかたが違う．高緯度に行くほど太陽は空の低い所を移動するために，薄明と薄暮の時間は長くなる．たとえば，7月1日の屋久島（北緯30度）における常用薄明は27分であるのに対し，稚内（北緯45度）では37分である．この時期の両地点における天文学的な日長の違いは1時間30分であるが，仮に，ある生物が常用薄明を含む日長に反応しているならば，その生物の感じとる日長の違いは1時間50分と，差はずっと大きくなる．したがって，光周性をもつ動物の生活史を厳密に議論するためには，その動物の住んでいる場所における太陽の動きにあわせて，その動物がどのくらい薄明と薄暮を明るいと読み取っているのかという情報が必要となる．あるいは，従来の蛍光灯をタイマーでオンオフする条件ではなく，野外でみられる光の変化をシミュレートした条件で実験する必要があるが，そのような研究は非常にまれである．

3 光周性と光の強さ

　光周性において重要なのは，光合成のように光の絶対的エネルギーではなく，明るい時間（厳密には暗い時間）の長さである．一般には，明期の明るさは光周性に影響しない．しかし，すべての動物で光の強さが光周性にまったく影響しないわけでもない．これまでに，同じ光周期でも高い照度では長日の効果が強く，低い照度で短日の効果が強いことがイエバエの一種 *Musca autumnalis* で報告されており，タテハチョウの一種，コヒオドシ（*Aglais urticae*）では10000ルクス以上の非常に高い照度を与えると短日の効果が完全に打ち消される[7]．

　ここで，筆者らの行った実験について紹介しよう．われわれはルリキンバエ

(*Protophormia terraenovae*)における光周性のしくみを研究している．このハエは，長日のもとで育つと成虫は速やかに卵巣を発達させて産卵するが，短日を経験すると卵巣の発達を抑制して脂肪体に栄養を蓄え，休眠に入る．実験には，帯広市で採集したものを実験室で累代飼育して使っている．このなかに，あるとき白眼の突然変異体が現れた．ハエの複眼には光を感じる**オプシン**（opsin）以外に，**オモクローム**（ommochrome）と**プテリン**（pterin）という色素が存在する．オモクロームやプテリンのおもな役割は複眼を構成する個眼に入る余分な光を遮蔽することだと考えられているが，これらの色素の存在によってそれぞれの種に特有の複眼の色を呈している．ルリキンバエの場合には，野生型は暗赤色の複眼をもっている．オモクロームやプテリンの合成過程の酵素に異常があると眼の色の突然変異体となる．このような突然変異体は目立つこともあって頻繁に報告されている．1910 年に Thomas H. Morgan によって発見された最初の突然変異体も，キイロショウジョウバエの白眼であった．これは X 染色体上の遺伝子の突然変異体であり，伴性遺伝するものであった．

さて，われわれのルリキンバエの白眼突然変異体は常染色体上の遺伝子の1個の突然変異によるもので，劣性であった[7]．ところが，このルリキンバエの突然変異体がいつも光周性の実験を行っている短日で飼育しても休眠に入らなかったことから，この系統の光周性をより詳細に検討することにした．通常筆者らが光周性の実験に使っているボックスは，白色の蛍光灯によって明期には数百ルクスの照度になっている．まず，できるだけ正確に 500 ルクスになるよう調節し，25℃の長日（明期 18 時間暗期 6 時間）と短日（明期 12 時間暗期 12 時間）で飼育した．野生型は，長日ではほとんどすべてが休眠に入らなかったが，短日では大部分のものが休眠に入った（**図 3** 中）．しかし，白眼のハエはいずれの条件でもまったく休眠に入らなかった．白眼のハエでは休眠に入るために必要な過程にも異常が生じているのだろうか．強い光が複眼に入りすぎて異常が起こっているのだろうか．そこで，明期の照度を 0.5 ルクスまで落として，両系統を長日，短日条件で飼育した．すると，野生型は，長日でもいくらか休眠するものが現れたが，短日では大部分のものが休眠に入った．そして白眼のハエもほとんどこれと変わらない反応を示した（**図 3** 左）．このことから，明期の照度が低いと白眼のハエも光周性を示すことがわかった．逆に照度

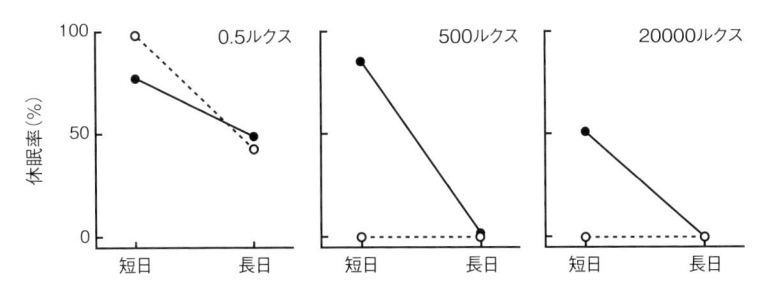

図3 ルリキンバエの野生型(●)および白眼突然変異体(○)の光周性と明期の照度の関係
文献7より改変引用.

を高くすれば,野生型も白眼のハエのように休眠しなくなるのだろうか.そこで温度が上がらないように工夫して明期の照度を20000ルクスまで上げた.その結果,白眼のハエは500ルクスの場合と同様にいずれの条件でもまったく休眠に入らなかった.そして,野生型は短日では約50%にまで休眠率は低下し,長日ではまったく休眠に入らなかった.

野生型の結果から,ルリキンバエの光周性には光の強さがある程度影響することがわかった.長日でも照度を0.5ルクスまで下げると休眠率が上昇し,短日では照度を20000ルクスまで上げると休眠率が低下した.ここに示した実験とは別に,銀を含む塗料で野生型の複眼を覆うと光周性において全暗と同じ効果が得られるが,複眼以外の頭部を覆っても正常に光周性を示すことがわかっている.したがってルリキンバエは光周性における光受容に複眼を使っていると考えられる[2].白眼のハエが通常の照度の短日で休眠に入らないという結果を,白眼のハエでは複眼に入る光を遮蔽する色素がないために,野生型を高い照度にさらしたときと同じ効果が得られた,と解釈することができる.しかし,筆者らの実験室では温度を上昇させずにこれ以上高い照度を得ることは不可能だったので,さらに高い照度の短日のもとでは野生型が,白眼のハエと同様にまったく休眠に入らないかどうかはわからない.

4 光周性と光の波長

　光周性にはどのような波長の，すなわち何色の光が有効であろうか．古くから昆虫の光周性における光の波長に対する作用スペクトル（action spectrum）を調べる実験が行われてきた[1]．ほとんどの場合，最も有効な光は青（波長450 nm）から黄緑（波長550 nm）の範囲にあり，短波長側の限界はだいたい

表2　昆虫の光周性における赤色光（波長600 nm以上）の有効性．文献1より改変引用．

(a) 赤色光が無効なもの

種	目	発達段階
ソラマメヒゲナガアブラムシ（Megoura viciae）	カメムシ	幼虫
ヨコバイの一種 Euscelis plebejus	カメムシ	幼虫
ワタミゾウムシ（Anthonomus grandis）	コウチュウ	幼虫
フサカの一種 Chaoborus americanus	ハエ	幼虫
ニクバエの一種 Sarcophaga argyrostoma	ハエ	幼虫
カイコ（Bombyx mori）	チョウ	卵・幼虫
ナシヒメシンクイ（Grapholitha molesta）	チョウ	幼虫
ヨーロッパマツカレハ（Dendrolimus pini）	チョウ	幼虫
オオモンシロチョウ（Pieris brassicae）	チョウ	幼虫
サクサン（Antheraea pernyi）	チョウ	蛹
コドリンガ（Cydia pomonella）	チョウ	幼虫
リンゴノコカクモンハマキ（Adoxophyes orana）	チョウ	幼虫

(b) 赤色光が有効なもの

種	目	発達段階
コロラドハムシ（Leptinotarsa decemlineata）	コウチュウ	成虫
ナシケンモン（Acronycta rumicis）	チョウ	幼虫
ワタアカミムシガ（Pectinophora gossypiella）	チョウ	幼虫
キョウソヤドリコバチ（Nasonia vitripennis）	ハチ	成虫
ヒメバチの一種 Pimpla investigator	ハチ	幼虫

紫（波長400 nm）である．しかし，長波長側で有効な範囲は種によって大きく異なる．すなわち，橙〜赤（波長600 nm以上）にほとんど感受性のないものと，あるものに分けることができる（表2）．しかし，この表からどういう昆虫が赤色光に感受性をもつのかという規則は見つけられない．

　1981年に，Leesは，ソラマメヒゲナガアブラムシの光周性において有効な波長を非常に詳細に検討した[8]．13.5時間の明期と10.5時間の暗期を組み合わせるとこの昆虫は短日と判定するが，この暗期開始の1.5時間後から1時間光を照射すると長日と判定する．同様に暗期開始の7.5時間後から1時間光を照射しても長日と判定する．そこで，13.5時間の明期の間は通常の白色光を照射し，暗期を中断する1時間の間のみ，決まった強さのさまざまな波長の光を照射した．その方法は，アブラムシの幼虫のついているソラマメの葉の表（虫のついている側）に，自動車のヘッドライトやプロジェクター用のタングステンランプあるいはハロゲンランプと干渉フィルターを使って狭い波長範囲に限定した光（単色光）を，NDフィルターを使って一定の強さにして照射し，アブラムシがどのような反応を示すかを調べるというものである．

　その結果を図4に示す．照度とは，ヒトの眼に感じられる光（ある範囲の波長の電磁波）がその面にどのくらい当たっているのかを示す値である．同じ光源を使っている限り照度は相対的な明るさを示すが，ヒトの眼とは異なる感受性をもつ光受容器の波長に対する作用スペクトルを議論する際には照度とい

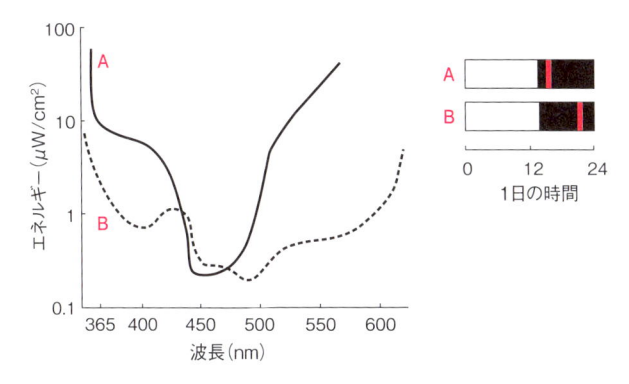

図4　ソラマメヒゲナガアブラムシの光周性における光の波長に対する作用スペクトル
　　暗期の前半（A）もしくは後半（B）にさまざまな波長の光を照射した．文献8より改変引用．

う値には意味がない．したがって，この図では縦軸に光のエネルギー量をとっている．その波長において50%が長日と判定した，すなわち照射した1時間の単色光が有効であるぎりぎりのエネルギー量（閾値）を線で結んである．この線が下にある波長ほど，低いエネルギーでも有効であった，すなわち感度が高かったことになる．暗期の前半に1時間さまざまな波長の光を照射した場合に，最も感度が高かったのは，波長450〜470 nmの青色光であった（図4 A）．これより短波長側では感受性は低かったが，波長400 nmの近紫外光にもある程度反応した．長波長側でも緑から黄緑へと波長が長くなるに従って感受性は低くなっていき，波長550 nm以上の黄〜赤色光には事実上感受性がなかった．一方，暗期の後半に1時間さまざまな波長の光を照射した場合には，少し結果が異なった（図4 B）．青色光に対する感受性は，暗期の前半と同様に高かったが，それより短波長側でも長波長側でも感受性は著しく低くはならず，ある程度感度の高い波長は近紫外から黄色まで広範囲にわたっていた．

　暗期の前半と後半で光の波長に対する作用スペクトルが異なることは興味深い．しかし，現在に至るまで暗期の前半と後半で光の波長に対する作用スペクトルが異なることの明確な理由は明らかになっていない．有効な光のエネルギー量が暗期の前半と後半で違うのであれば明暗順応のようなしくみでも説明できるが，最も有効な光エネルギーの閾値は両者でほとんど変わらない．Leesは，みずからの提唱する砂時計モデルに基づいて，砂時計を反転させるのに必要なのは青い光であり，砂がなくなったときに明るいかどうかを判定するときには広い範囲の波長の光が有効であると考えた．しかし，この虫の光周性にも概日時計が関係していることがわかった現在では，違った説明が必要である．

　現在は，非常に明るく，またさまざまな波長の光を発する発光ダイオードが容易に手に入る．そのため，Leesが行ったようなタングステンランプやハロゲンランプと干渉フィルターを使った大がかりな装置を作ることなく，容易に光周性の作用スペクトルを調べることができる．今後の研究の発展に期待したい．

5 脳の光受容物質

　光周性のための光受容を複眼が行っている昆虫でも，視細胞のオプシン（1-1参照）が関与している証拠は得られていない．脊椎動物の概日リズムの光同調において網膜の神経節細胞にあるメラノプシンがはたらいているように，視覚とは別の細胞，別の分子がはたらいている可能性も否定できない．まして，脳が光周性のための光受容を行っている昆虫では，そのしくみはまったくの謎である．しかし，多くの昆虫やダニが光周性を示す際に，幅広い範囲の波長の光に感受性をもつこと，また脳が光周性における光受容を行っているカイコやオオモンシロチョウ，眼のないカブリダニの一種 *Amblyseius andersoni* などでは餌からカロテノイド（carotenoid）を除くと光周性が失われることから，光周性においてはレチナール（retinal）を発色団としてもつオプシンのような分子が脳の光受容器ではたらいているのではないかと考えられている[1]．

　近年になって Hardie のグループによって，脳が光周性における光受容器であるソラマメヒゲナガアブラムシの脳に，脊椎動物や昆虫のオプシンに対する抗体に反応する部分があることが示された[3]．したがって，オプシンとよく似た分子がこの昆虫の脳内にあることになる．さらに，清水 勇らによって，やはり脳が光周性における光受容器であるカイコの脳から，オプシン様タンパク質の mRNA がクローニングされ，この mRNA およびその産物であるタンパク質が脳内の特定の細胞で発現していることが示された[3]．そして，この分子はカイコ（*Bombyx*）の脳（cerebral）のオプシン（opsin）ということから，ボセロプシン（boceropsin）と名づけられた．しかし，これらの分子が実際に何のはたらきをしているのかはまったくわかっていない．

おわりに

　光周性の研究は，自然条件下での生活史の研究に向かう生態学的な方向と，しくみを深く追究する生理学的な方向に分けられる．これらの今後の展開を，光周性における「光」という観点から考えてみよう．生態学的な方向に進めるには，蛍光灯をタイマーでオンオフしてつくり出した実験室の結果で，そのま

ま野外の生活史を議論するのは不正確である．野外における光の強さや波長の変化を考慮に入れたきめ細やかな対応が必要である．一方，生理学的な方向に関しては，複眼あるいは脳が光受容器としてはたらいているいずれの場合においても，光受容分子が何かを明らかにすることが，次の段階へ進むために必須と考えられる．

引用文献

1) Saunders, D. S.（2002）*Insect Clocks*, 3rd edn. pp. 560, Elsevier
2) Numata, H., Shiga, S. and Morita, A.（1997）Photoperiodic receptors in arthropods. *Zool. Sci.*, **14**, 187-197
3) Shiga, S. and Numata, H.（2007）Neuroanatomical approaches to the study of insect photoperiodism. *Photochem. Photobiol.*, **83**, 76-86
4) Veerman, A.（2001）Photoperiodic time measurement in insects and mites: a critical evaluation of the oscillator-clock hypothesis. *J. Insect Physiol.*, **47**, 1097-1109
5) 長沢 工（1999）『日の出・日の入りの計算 —天体の出没時刻の求め方』，pp.160，地人書館
6) Takeda, M. and Masaki, S.（1979）Asymmetric perception of twilight affecting diapause induction by the fall webworm, *Hyphantria cunea*. *Emtomol. Exp. Appl.*, **25**, 317-327
7) Numata, H. Shiga, S.（1996）A white-eye mutant of *Protophormia terraenovae*（Diptera: Calliphoridae）: Mode of inheritance and photoperiodic response. *Ann. Entomol. Soc. Am.*, **89**, 573-575
8) Lees, A. D.（1981）Action spectra for the photoperiodic control of polymorphism in the aphid *Megoura viciae*. *J. Insect Physiol.*, **27**, 761-771

参考文献

七田芳則・深田吉孝 編，沼田英治・志賀向子 著（2007）「光周性・概年リズム」，『動物の感覚とリズム』，21世紀の動物科学 **9**，148-176，培風館

■■■ 第3章 光と多様な生体応答 ■■■

1 光による体色のコントロール

小島大輔・白木知也

　さまざまな動物において，体表の色や模様が周囲の環境に応じて素早く変化することが知られている．このような「体色変化」において，光は最も主要な環境因子の1つである．変温脊椎動物の体色変化では，眼球の光受容が大きな役割を果しており，その光情報は神経系や内分泌系を介して，間接的に体表の色素顆粒の運動性を制御する．また，色素細胞自身が光感受性をもち，細胞中の色素顆粒の運動を制御する場合もある．これらの体色変化の光制御には，視物質に類似したオプシン型の光受容分子が関与することが示唆されている．

はじめに

　動物の体表はさまざまな色・模様（体色）を呈しており，なかでも硬骨魚類などの変温脊椎動物や，甲殻類・頭足類はさまざまな環境刺激に応答して体色を素早く変化させることが知られている．たとえばヒラメやカメレオンは体色を背景そっくりに変化させることにより，捕食者や被食者から自己をカモフラージュ（隠蔽）する．体色変化は隠蔽以外にも，婚姻色に代表される同種異個体間でのコミュニケーション，有害な紫外線の遮蔽，赤外線の吸収による体温維持などに重要な役割を果たすと考えられている[1]．

体色変化は，そのメカニズムから大きく2種類に分類される．1つは「形態学的」体色変化とよばれ，色素細胞の増殖・分化・アポトーシスなどを介して，組織内の色素細胞密度や色素沈着量の変化により，比較的長期にわたり進行する反応である．ヒトの日焼けはその一例であり，黒色素細胞（メラノサイト）の増殖や，メラノサイトから表皮へ分泌される色素顆粒の増加によりひき起こされる（**コラム**参照）．もう1つが本稿で詳述する生理学的な体色変化であり，色素細胞中での色素運動により，秒・分スケールの比較的速いスピードで起こる．前述のヒラメやカメレオンのカモフラージュがこれに相当する．

変温脊椎動物や無脊椎動物（甲殻類・頭足類など）の皮膚には色素胞（**Key Word**参照）が散在し，これら色素胞の状態変化が個体レベルでは体色変化として観察される．変温脊椎動物の生理学的な体色変化の場合，色素胞の細胞形態（輪郭）が変化するのではなく，細胞内の色素顆粒が移動することにより，色素胞の色調変化が起こる（図1）．色素胞は通常，皮膚表面に平行に樹枝状突起を伸展させた，平たい細胞形態をもつ．色素胞の中心部から周辺部へは多数の微小管が放射状に伸びており，色素顆粒はこの微小管に沿って中心部と末端とを行き来する．すなわち，色素顆粒が細胞の中心部に凝集（aggregation）すると色素の占有面積が減少し，逆に色素顆粒が細胞全体に拡散（dispersion）すると色素の占有面積が増大する．これにより細胞全体の色調が変化する．たとえば黒色素胞において，メラニンを含む黒色素顆粒が細胞内を拡散すると細胞の黒化度が増し，体色が黒く変化する（図1）．ただし虹色素胞の場合には，これとは異なる反応様式により，細胞の色調変化が起こる（**Key Word**参照）．

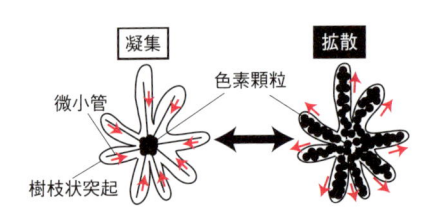

図1 色素胞における色素顆粒の運動性
色素顆粒は，細胞の中心部と樹枝状突起の先端の間を微小管に沿って移動する．色素顆粒が凝集すると色調は薄れ，拡散すると色調は増強される．

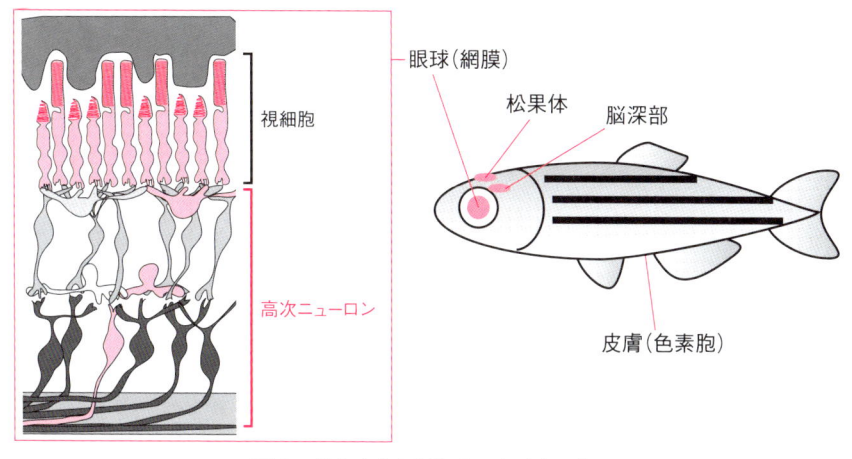

図2　体色変化を制御する光受容器官

　動物の体色,すなわち色素細胞の色調はさまざまな環境因子により影響を受けるが,そのなかでも光は最も主要な因子の1つである.変温脊椎動物の体色変化において最も重要な光受容器官は**眼球**であるが,松果体などの脳内光受容体や色素胞自体の光感受性の寄与も知られている(**図2**).本稿では変温脊椎動物(特に硬骨魚類)の生理学的な体色変化に焦点を絞り,どのような光受容体により体色が制御されているか,また,どのような経路で光情報が色素胞に伝達されるか,について概説する.

1 眼球の光受容による体色の制御

1.1 背地適応を制御する光受容体

　体色の背地適応(background adaptation)は先述したヒラメやカメレオンのカモフラージュをはじめ,爬虫類・両生類・硬骨魚類のさまざまな動物種において観察される.これらの生物において背地適応を制御する光受容体は,眼球に存在することが知られている.歴史的には20世紀初頭,ミツバチの行動生理学で広く名を知られるvon Frischが,硬骨魚類の一種,アブラハヤ(*Phoxinus laevis*)を用いて行った実験が最初である.すなわち,背地適応を

示す正常な個体から両眼を切除すると，背地適応が起こらなくなることから，アブラハヤの背地適応には眼球における光受容が必要であると考えられた[2]．背地適応における眼球の重要性は，その後，ほかのさまざまな種類の硬骨魚類でも確かめられた．さらに，爬虫類や両生類（グリーンアノールやサンショウウオなど）でも同様に，眼球が背地適応に必要であることがわかっている[3,4]．

眼球には視覚の光受容細胞である視細胞が存在することから，上述の背地適応を光制御するのは視細胞であると考えられてきた．しかし最近のゼブラフィッシュを用いた研究から，「背地適応に視細胞は必要でない」という興味深い仮説が導かれた[5]．すなわち，ゼブラフィッシュの視覚行動を指標にした大規模変異体スクリーニングにおいて，視細胞を欠損した変異体が複数同定されたが，これらの変異体のほとんどが正常な背地適応を示したのである．視神経を欠損した変異体，つまり網膜から脳への神経連絡がない個体は背地適応を示さないこととあわせて，視細胞以外の何らかの網膜ニューロンが体色変化を光制御することが示唆された．実際，ゼブラフィッシュ網膜の高次ニューロンの一部は，視物質に類似したオプシン型の光受容分子を発現することが，筆者らの研究により明らかになっている[6,7]．これらを総合して考えると，網膜の高次ニューロンに発現するオプシンが体色変化の光受容体の分子実体である可能性が高い（図2）．

ただしこれらの研究により，視細胞の背地適応への関与が否定されたわけではない．視細胞を含む複数の光受容細胞が背地適応を制御する「機能重複」の可能性も残されている．

1.2 背地適応のメカニズム

背地適応には入射光と背地からの反射光との強度比が重要であり，一定範囲の光強度のもとでの背地適応は，絶対的な光強度には依存しないと考えられている（図3）[8]．このモデルによれば，上方から眼球に差し込む入射光は網膜の腹側が受容し，逆に背地で反射する光は網膜の背側が受容することにより，入射光と反射光の比を感知することが可能である．こうして得られた視覚情報は中枢神経系で統合され，内分泌系あるいは神経系を介して色素胞へと伝達されると考えられている．

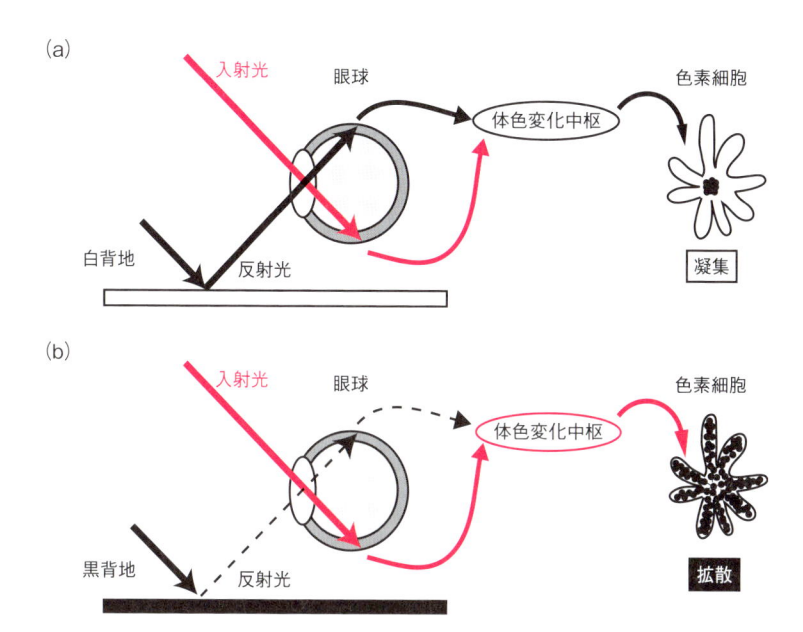

図3 背地適応の光受容モデル
黒い背地（b）では入射した光が吸収されるために反射光は弱く，逆に白い背地（a）では反射光が強い．このため（a）と（b）では網膜の背側と腹側で受容される光量の「比」が異なる．この光量比の違いにより，白背地では色素胞が凝集し（a），黒背地では色素胞が拡散する（b）と考えられる．

 ヒラメやカレイの場合，体色を背地の明暗に合わせるだけでなく，さらに背地の模様に似た斑模様を体表に形成することは有名である．この現象は上述のような入射光と反射光の相対強度比という単純な機構だけでは説明できない．1つの可能性として，異なる模様に反応する機構が複数種存在し，これらの組合せにより背地に合わせた体色パターンを形成するとも考えられるが，その正否は現在のところ定かでない[9]．

1.3 眼球から色素細胞への情報伝達

 眼球から色素細胞への光情報の伝達は，神経系や内分泌系を介して行われる．硬骨魚類においては主として神経系を利用し，爬虫類や両生類では内分泌系がメインルートであることが多い．

 神経経路による光情報伝達経路は，von Frischによる別の実験により提唱

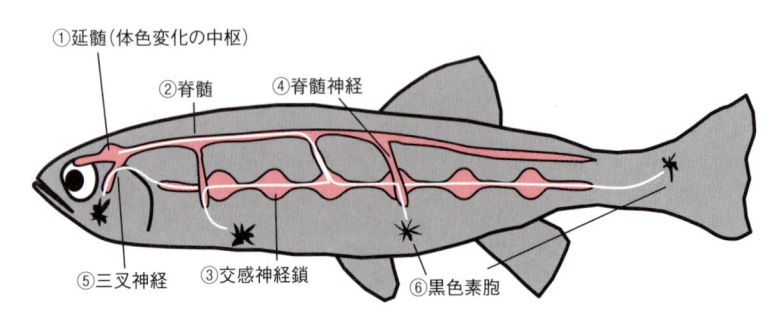

図4　硬骨魚類の神経経路による光情報伝達経路．文献8より改変引用

された（図4）[2]．アブラハヤの延髄を切除すると背地適応が起こらなくなることから，体色の神経支配の中枢は延髄中にあると推測された（図4①）．この中枢から伸びた神経繊維は脊髄を通って（②），その途中から交感神経鎖に入り（③），別の神経細胞とシナプスを形成する．この神経細胞は，脊髄神経（④）や三叉神経（⑤）に混入し，最終的には体表の色素胞に到達する（⑥）．この経路は硬骨魚類の間では広く保存されていると考えられている[8]．

一方，両生類では脳下垂体切除により背地適応が起こらなくなることが知られている．脳下垂体は内分泌器官であり，脳下垂体‐中葉からは黒色素胞の黒色化をひき起こす黒色素胞刺激ホルモン（α-melanophore-stimulating hormone：α-MSH）が分泌される．また，α-MSHの分泌量は黒背地下では高く，白背地下では低くなることがわかっている．これらのことから両生類においては，眼球からの光情報がα-MSHを介して色素細胞に伝達されると考えられている[10]．

2 「眼外」光受容体の寄与

これまでの研究から，少なくとも硬骨魚類においては，眼球に加えて松果体や脳深部にも体色の光受容体が存在すると考えられる（図2）．これを初めて示したvon Frischの実験（図5）[2]では，眼球を切除したアブラハヤは，奇妙なことに，背地適応とは異なる体色変化を示す（図5b）．すなわち，眼球切除個体を明条件下におくと体色が黒くなり，逆に暗条件下におくと体色が白

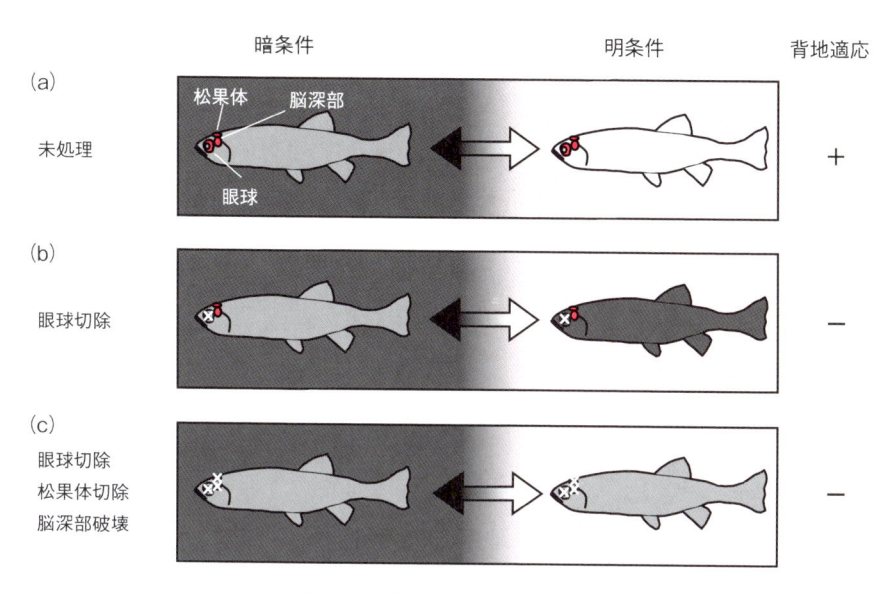

	暗条件	明条件	背地適応
(a) 未処理	松果体 脳深部 眼球		+
(b) 眼球切除			−
(c) 眼球切除 松果体切除 脳深部破壊			−

図5 アブラハヤの体色変化における器官切除の影響
von Frisch の行った実験[2]を模式的に示した.

くなる.さらに眼球とともに脳深部の一部と松果体の両方を切除すると,この奇妙な光応答が失われることから,松果体と脳深部における光受容がこの光依存的な体色変化にかかわることが示唆された(**図5c**).

これらの器官のうち松果体の寄与に関しては,ほかの変温脊椎動物においても同様の報告がある[11].松果体は光受容能をもつ内分泌器官であり,黒色素胞の凝集反応をひき起こすメラトニンを分泌する(**2-2**参照).また,松果体におけるメラトニンの分泌は光により抑制されることが知られている.つまり,暗所では血中のメラトニン濃度が上昇することにより体色が白くなり,明所ではメラトニン濃度の低下により体色が黒化していると考えられる.このような体色変化は光により制御されているが,背地の色には依存せず,どのような生物学的意義をもっているのかは不明である.

硬骨魚類を含む種々の脊椎動物において,視物質と類似したオプシン型光受容分子が松果体や脳深部に発現することが確認されている[12].これらの脳内光受容分子も体色変化に関与する可能性がある.

3 色素胞の光感受性

　色素胞自体が光感受性をもつ例が，さまざまな動物において報告されている（図2，表1）．これらの色素胞のなかには，光依存的に色素が凝集するものと拡散するものの両方があり，いずれの光応答性を示すかは動物種や色素胞の種類により異なる．特殊な例として，ティラピア赤色素胞の場合，1つの細胞が光の波長により異なる応答を示すことが知られている[13]．アフリカツメガエル幼生の黒色素胞の場合には，発生時期に依存して異なる光応答を示す．すなわち，発生後期のアフリカツメガエル幼生の尾部に光を照射すると，黒色素胞は凝集応答を示すが[14]，初期幼生に由来する培養黒色素胞は拡散型の光応答を示す．また，ネオンテトラの体側に存在する虹色素胞（反射性色素胞）においては，反射光の色調が光依存的に長波長方向へと変化する．

　これらの色素胞の光感受性の分子実体の候補として，ロドプシンなどのオプシン型の光受容分子があげられる．前出のネオンテトラ虹色素胞はロドプシン抗体に対して陽性であることから，ロドプシン様の分子が色素胞の光受容に関

表1　色素胞における内在性の光応答．文献13より改変引用．

動物種	色素胞の種類	色素顆粒の移動方向	刺激光の極大波長（nm）
硬骨魚類			
プラティ（*Xiphophorus maculatus*）	黒色素胞	凝集	410〜420
バラタナゴ（*Rhodeus ocellatus*）	黒色素胞	拡散	420
カワムツ（*Zacco temmincki*）	黒色素胞	拡散	525
メダカ（*Oryzias latipes*）	黒色素胞	拡散	415
	白色素胞	拡散	
	黄色素胞	凝集	410〜420
ショウワギス（*Trematomus bernacchii*）	黄色素胞	拡散	
ティラピア（*Oreochromis niloticus*）	赤色素胞	凝集	400〜440
		拡散	470〜530
		凝集	550〜600
ネオンテトラ（*Paracheirodon innesi*）	虹色素胞		550
両生類			
アフリカツメガエル（*Xenopus laevis*）	黒色素胞		
幼生初期		拡散	460
幼生後期		凝集	500

与することが示唆された[15]．実際，この色素胞を含むネオンテトラ皮膚試料において，ロドプシン mRNA やロドプシン類似の錐体視物質 mRNA が検出されている[16]．アフリカツメガエルの初期幼生に由来する培養黒色素胞は，先述のように「拡散型」光応答を示し，光応答の作用スペクトルは 460 nm に

Key Word

色素胞

変温脊椎動物や無脊椎動物の色素細胞は「色素胞」(chromatophore)とよばれる．鳥類や哺乳類の色素細胞（メラノサイト）とは異なり，色素胞は色素物質を分泌せず，細胞内の色素物質が運動性をもつ．変温脊椎動物においてはこれまで6種類の色素胞が同定されており，その細胞が発現する色調を冠した名称が与えられている（表）．これらのうち黒色素胞・赤色素胞・黄色素胞・白色素胞においては，色素物質は一重の限界膜に囲まれて，細胞小器官(色素顆粒)として存在している．これらの色素胞においては，細胞内を色素顆粒が移動することにより，色調の変化が起こる(本文参照)．比較的最近になって発見された青色素胞も，光吸収性の色素顆粒を含有すると考えられている．一方，虹色素胞はほかの色素胞とは異なり，反射小板という色素器官を含有する．この反射小板の集合体における薄膜干渉現象により，反射光が鮮やかな構造色を呈する．また，反射小板の移動などにより，反射光の色調が大きく変化する[24]．変温脊椎動物の皮膚には通常複数種の色素胞が存在し，その色素胞の組合せにより多様な体色を呈する．

表　色素胞の種類．文献 26 より改変引用．

名称	性質	色素物質	色素器官
黒色素胞 (Melanophore)	光吸収性	メラニン	色素顆粒
赤色素胞 (Erythrophore)	光吸収性	プテリジン カロテノイド	色素顆粒
黄色素胞 (Xanthophore)	光吸収性	プテリジン カロテノイド	色素顆粒
白色素胞 (Leucophore)	光反射性	プリン	色素顆粒
青色素胞 (Cyanophore)	光吸収性？	不明	色素顆粒
虹色素胞 (Iridophore)	光反射性	プリン	反射小板

極大波長をもつ[17]．近年この培養黒色素胞から，無脊椎動物の視物質に類似したオプシン型光受容分子，メラノプシンがクローニングされた[18]．メラノプシンはこの「拡散型」黒色素胞の光センサーであると考えられる．一方，アフリカツメガエル後期幼生の「凝集型」黒色素胞においては光応答の極大波長（～500 nm）がロドプシンの吸収極大波長に近いので，ロドプシンに類似した光受容分子が凝集反応をひき起こしているのではないかと考えられている[19]．

　これらの光感受性色素胞ではどのようなシグナル分子が光応答に関与しているのだろうか．一般に色素胞の凝集・拡散応答においては，サイクリックAMP（cAMP）がおもなセカンドメッセンジャーであり，細胞内cAMP濃度の上昇により拡散応答が，逆にcAMP濃度の低下により凝集応答がひき起こされる[20]．また，細胞内カルシウムイオン濃度の変化が色素運動にかかわることもある[20]．光感受性色素胞の場合も同様に，細胞内のcAMPやカルシウムイオンの濃度変化が光シグナル伝達に関与する例が知られている．たとえばアフリカツメガエル初期幼生の黒色素胞における「凝集型」光応答は，cAMPを介したシグナル経路が駆動すると考えられている[21]．この光応答は，Gi型Gタンパク質の阻害剤（百日咳毒素）やcAMPアナログの投与により阻害される．一般にGi型Gタンパク質（1-1参照）はアデニル酸シクラーゼを阻害して細胞内cAMP濃度の低下を導くことから，この凝集型光応答はGiを介してcAMP濃度が低下することによりひき起こされると考えられる[21]．硬骨魚類の光感受性色素胞においてもcAMPが光シグナル伝達へ関与することが示唆されている[13]．これとは対照的に，アフリカツメガエル培養黒色素胞における「拡散型」光応答は，細胞内カルシウムイオン濃度が上昇することによりひき起こされると考えられている[22]．この拡散型の黒色素胞では光刺激によってイノシトール3リン酸（IP_3）濃度が上昇し，また，光応答がホスホリパーゼC（PLC）阻害剤，カルシウムイオンキレーターおよびプロテインキナーゼC（PKC）阻害剤によりブロックされる．このことからこの黒色素胞における光シグナル伝達には，PLC活性化・IP_3濃度上昇・カルシウムイオン濃度上昇を経てPKC活性化をひき起こす経路が関与すると考えられる[22]．このことはまた，この黒色素胞において発現しているオプシン型光受容分子，メラノプシンがGq-PLC経路を活性化しうることとも符合する[23]．

表1に示した脊椎動物以外に，ウニ・クダクラゲ類・甲殻類などの無脊椎動物においても，色素胞が光に直接応答する例が知られている．色素胞の光応答は現存の生物では限られた動物でしか報告されていないが，かつては多様な動物種において色素胞自身が光感受性をもっていたとも想像される．一方，変温脊椎動物では特に，神経系や内分泌系の発達が十分でない幼生，あるいは神経やホルモンによる制御のない皮膚断片や培養色素胞において，色素胞が光に直接反応する例が多い．脊椎動物の場合，進化の過程で眼球が発達するとともに，内分泌系・神経系を介した色素胞の制御が強まった結果，色素胞の光感受性は徐々に失われたのかもしれない．

column コラム

光と日焼け

直射日光下で長時間過ごすと，肌が赤くなったり，黒くなったりするのは誰しも体験したことがあるだろう．このような日焼けは，日光に含まれる紫外線によりひき起こされる．紫外線は波長の長い順に，UVA（400〜315 nm）・UVB（315〜280 nm）・UVC（280〜100 nm）に分けられる．UVCはオゾン層でカットされるため，実際に地上に届く紫外線はUVAとUVBの2種類である．

UVBは肌が赤くなる日焼け（サンバーン）のおもな原因であり，一方UVAは肌が黒くなる日焼け（サンタン）をひき起こすとされてきた．後者のサンタンは，紫外線が直接皮膚に作用して，メラノサイトの増殖およびメラノサイトによるメラニン合成の促進をひき起こすために起こると考えられていた．しかし最近の研究から，少なくともマウスでは紫外線を皮膚に直接受けなくても，眼球に受けるだけで同様の反応がみられることがわかってきた[25]．

この研究ではマウスを3群に分け，UVBの照射なし（#1），耳の皮膚にのみUVB照射（#2），眼のみにUVB照射（#3），という処理を行い，一定時間後に耳のメラノサイト数をカウントした．すると#3群の耳でも，#2群と同程度のメラノサイトの増加が観察された．この#3群のマウスでは血中のα-MSH量が増加すること，また下垂体を切除あるいは三叉神経を切断したマウスでは，眼球にUVB照射してもメラノサイト数が増加しないことがわかった．紫外線（UVB）は角膜に炎症をひき起こすことから，この炎症の情報が三叉神経を通じて下垂体に伝わり，その結果下垂体から分泌されたMSHの作用により，メラノサイトの増殖がひき起こされたと考えられている．

おわりに

現在に至るまで,光による体色の制御に関して多くの研究が報告されており,体色変化を制御する光受容分子の候補もいくつか同定されている.今後,これら候補分子の役割を機能阻害実験などにより証明する必要があるだろう.また動物が背地に順応する際に,上からの入射光と下からの反射光の光量比をどのように認識しているのか,つまり光情報を統合して内分泌系・神経系を制御するメカニズムはまったくわかっておらず,今後の研究の進展に期待したい.

引用文献

1) 日高敏隆（1983）『動物の体色』,UPバイオロジー **52**,東京大学出版会
2) von Frisch, K.（1911）Beiträge zur Physiologie der Pigmentzellen in der Fischhaut. *Pflüger's Arch.*, **138**, 319-387
3) Kleinholz, L. H.（1938）Studies in reptilian colour changes. II. The pituitary and adrenal glands in the regulation of the malanophores of *Anolis carolinensis*. *J. Exp. Biol.*, **15**, 474-491
4) Laurens, H.（1914）The reactions of normal and eyeless amphibian larvae to light. *J. Exp. Zool.*, **16**, 195-210
5) Muto, A., *et al.*（2005）Forward genetic analysis of visual behavior in zebrafish. *PLoS Genetics*, **1**, 575-588
6) Kojima, D., *et al.*（2000）Vertebrate ancient-long opsin: a green-sensitive photoreceptive molecule present in zebrafish deep brain and retinal horizontal cells. *J. Neurosci.*, **20**, 2845-51
7) Kojima, D., *et al.*（2008）Differential expression of duplicated VAL-opsin genes in the developing zebrafish. *J. Neurochem.*, **104**, 1364-71
8) Fujii, R.（2000）The regulation of motile activity in fish chromatophores. *Pigment Cell Res.*, **13**, 300-319
9) Burton, D.（2002）The physiology of flatfish chromatophores. *Microsc. Res. Tech.*, **58**, 481-487
10) Roubos, E. W.（1997）Background adaptation by *Xenopus laevis*: a model for studying neuronal information processing in the pituitary pars intermedia. *Comp. Biochem. Physiol. A Physiol.*, **118**, 533-550
11) Bagnara, J. T.（1960）Pineal regulation of the body lightening reaction in amphibian larvae. *Science*, **132**, 1481-1483
12) 小島大輔・深田吉孝（1999）「新規オプシンの同定 ―ロドプシンファミリーの多様性」,『細

胞工学』，**18**，1196-1204
13) Oshima, N.（2001）Direct reception of light by chromatophores of lower vertebrates. *Pigment Cell Res.*, **14**, 312-319
14) Bagnara, J. T.（1957）Hypophysectomy and the tail darkening reaction in *Xenopus*. *Proc. Soc. Exptl. Biol. Med.*, **94**, 572-575
15) Lythgoe, J. N., *et al.*（1984）Visual pigment in fish iridocytes. *Nature*, **308**, 83-84
16) Kasai, A. and Oshima, N.（2006）Light-sensitive motile iridophores and visual pigments in the neon tetra, Paracheirodon innesi. *Zool. Sci.*, **23**, 815-819
17) Daniolos, A., *et al.*（1990）Action of light on frog pigment cells in culture. *Pigment Cell Res.*, **3**, 38-43
18) Provencio, I., *et al.*（1998）Melanopsin: An opsin in melanophores, brain, and eye. *Proc. Natl. Acad. Sci. U. S. A.*, **95**, 340-345
19) 津田基之 編，宮下洋子・森谷常生 著（1999）「体色変化と光センサー」，『生物の光環境センサー』，53-67，共立出版
20) Nery, L. E. and Castrucci, A. M.（1997）Pigment cell signalling for physiological color change. *Comp. Biochem. Physiol. A Physiol.*, **118**, 1135-1144
21) Rollag, M. D.（1993）Pertussis toxin sensitive photoaggregation of pigment in isolated *Xenopus* tail-fin melanophores. *Photochem. Photobiol.*, **57**, 862-866
22) Isoldi, M. C., *et al.*（2005）Rhabdomeric phototransduction initiated by the vertebrate photopigment melanopsin. *Proc. Natl. Acad. Sci. U. S. A.*, **102**, 1217-1221
23) Nayak, S. K., *et al.*（2007）Role of a novel photopigment, melanopsin, in behavioral adaptation to light. *Cell Mol. Life Sci.*, **64**, 144-154
24) 松本二郎 他 編，大島範子・杉本雅純 著（2001）「魚類における色素細胞反応と体色変化」，『色素細胞』，161-176，慶応義塾大学出版会
25) Hiramoto, K., *et al.*（2003）Ultraviolet B irradiation of the eye activates a nitric oxide-dependent hypothalamopituitary proopiomelanocortin pathway and modulates functions of alpha-melanocyte-stimulating hormone-responsive cells. *J. Invest. Dermatol.*, **120**, 123-127
26) 松本二郎 他 編，松本二郎 著（2001）「変温脊椎動物の色素細胞」，『色素細胞』，135-150，慶応義塾大学出版会

参考文献

藤井良三（1976）『色素細胞』，UPバイオロジー**10**，東京大学出版会

第3章 光と多様な生体応答

2 光る構造色

針山孝彦

　タマムシの鞘翅を電子顕微鏡で観察すると，最外層の表角皮の多層膜が規則性のあるナノ構造を示していることがわかる．層の厚みを測定し，電子染色による濃淡が屈折率に相関があるものと仮定して多層膜干渉のコンピュータシミュレーションを行うと，実測による鞘翅のスペクトル反射の測定結果と一致し，多層膜干渉によって色を創出している構造色であることがわかった．タマムシの鞘翅でつくったモデルを寄主木の上に置くと，飛翔している個体がモデルに接近する．物理現象による発色のしくみをもつ鞘翅は，タマムシ自身の情報発信であり，情報受信者である飛翔しているタマムシは，同種が示す構造色を識別して接近する．

はじめに

　広辞苑で「体色」を引いてみると，「生物体の表面の色．おもに色素によるが，タマムシの甲など反射光線の干渉に起因する場合もある」とある．体色にはどうも，色素によるものと，色素以外のしくみによるものがあるようだ．
　色素による色は，色素色とよばれる．植物の場合，葉や花の色はフラボノイド，カロチノイド，ベタレイン，クロロフィルのいわゆる4大色素によって決められている．ベタレインは，アカザなどのごく限られた植物だけがもつが，

ほかの3つはほとんどの植物に含まれる．動物のもつ色素の種類は植物より多く，その性質，生合成，存在様式などは多岐にわたっている[1]．動物が植物を餌とした結果，植物の色素がそのまま，あるいは一部改変されて利用されるものと，動物が独自に合成する色素があるためである．たとえばβ-カロチンは動物の体色の起源となる色素として重要だが，これは植物由来のものである．動物は植物から得たβ-カロチンを体内で酸化し，動物特有のものに改変することができる．アスタキサンチン，ゼアキサンチン，クリプトキサンチンなどがそれである．動物ではカロチノイドに比べてフラボノイドはあまり多くはない．ただ，チョウやガにはフラボノイドの仲間のアントキサンチンが広く分布している．メラニンは動物独自のもので，ユーメラニン，フェオメラニンといったチロシン由来のもので黒色，黄褐色などを呈し，動物の体色変化（**3-1** 参照）に深く関与している．

色素以外のしくみで表出する色は，先述の色素色に対して構造色とよばれる．これは光の波長あるいはそれ以下の細かな構造が色を表出する現象で，光の干渉や回折，散乱によって説明され，物体そのものには色（色素）がない．たとえば石けん水には色はついていないが，シャボン玉には色がつく．これは，石けん水の薄い膜の両面で反射した光が干渉しあう薄膜干渉という現象による．CDに色がつくのは，円盤上に並んだ無数の突起列が回折格子としてはたらいた結果である[2]．空が青いのは，大気中では波長の短い光ほど散乱されやすい「レイリー散乱」という現象で説明される．生物の体色にも構造色は多い．広辞苑にも記載されているタマムシのように，キラキラした色はたいてい構造色である．本稿では，甲虫の鞘翅を題材にして，輝く色の起源（しくみ）と輝く理由の2つの不思議について考えてみよう．

1 ハムシの鞘翅の多層膜干渉

甲虫の一種であるスゲハムシ（*Plateumaris sericea*）の鞘翅は，同種個体内に黒から青，そして緑から黄色，赤と，可視光域に多様な色をもっている（色多型；color polymorphism）．この鞘翅の反射スペクトルを測定してみると，ほとんど反射しないものから短波長光，そして長波長光にかけての反射スペク

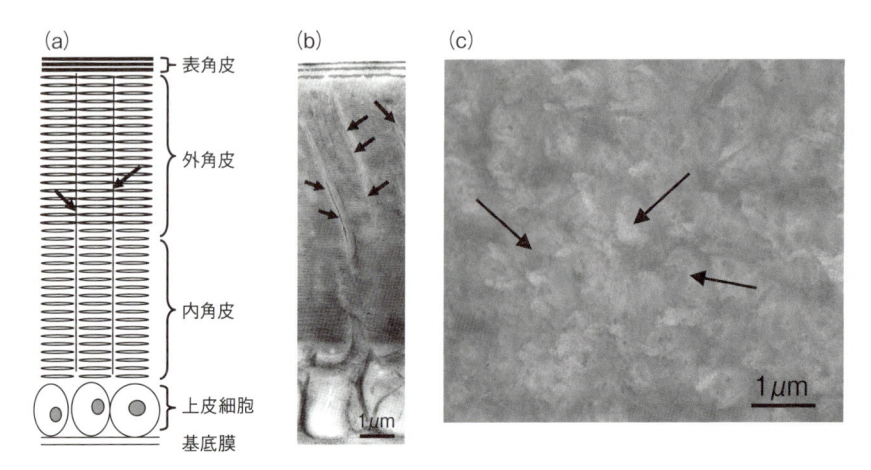

図1 ハムシの鞘翅クチクラ
(a) 模式図．光の入射側から，表角皮，外角皮，内角皮と続く．(b) 模式図と同じ面で作成した透過型電子顕微鏡像．模式図の矢印で示した単位が電子顕微鏡像でも確認される（矢印）．
(c) 外角皮の層を輪切りにしたもの．矢印で示した所に渦状の単位構造が観察される．

トルが別々の個体で観察された[3]．甲虫の鞘翅では，**真皮細胞**（epidermis）が体表面に原クチクラを分泌し，その一部が硬化して外皮を形成する．最外側から，**表角皮**（epicuticle），**外角皮**（exocuticle），**内角皮**（endocuticle）と続き真皮細胞に至る（**図1a，b**）．原クチクラは糖タンパク質であり，完全に硬化した外側が外角皮となり，硬化が完全でない内側が内角皮となる．外角皮では，**キノン硬化**[4,5]とよばれる酵素反応により糖タンパク質分子が交叉するように架橋し**図1c**のような渦状構造が形成され，硬化が起こると考えられている．

同種内に多様な色を示しているスゲハムシの鞘翅を詳細に見ていけば，色の創出のしくみがわかる．色素があれば，鞘翅を表面からカミソリなどで削り，削りかすの色を比べればそれぞれの色がそのまま見えるはずであるが，削りかすに色の違いを見ることはできない．スゲハムシの鞘翅の色は色素によるものではない可能性が高くなった．そこで透過型電子顕微鏡を用いて各体色の鞘翅における断面を観察したところ（**図2**），外角皮と内角皮には違いが認められなかったが，表角皮の各層の厚みに顕著な違いがあった（**図2b，c**）．表角皮はナノ構造であり，各層の厚みは各体色によって50〜150 nmと異なり，体

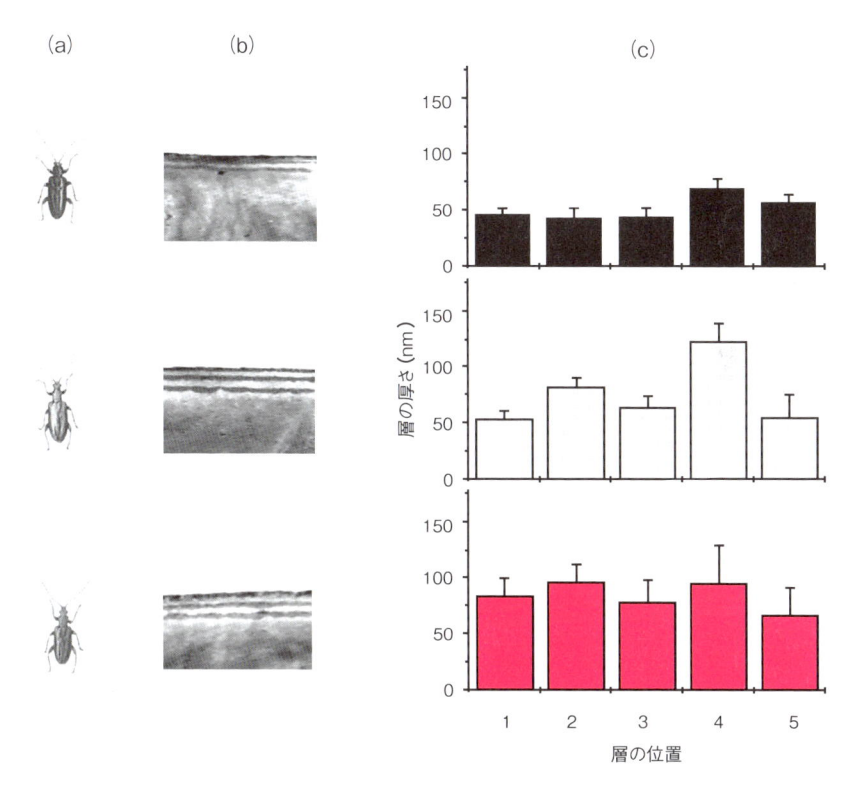

図2 スゲハムシ鞘翅の構造と層の厚み
(a) さまざまな体色をもつスゲハムシの例. (b) 表角皮付近の透過型電子顕微鏡像. 上部の5層が表角皮. (c) 電子顕微鏡像により, 厚みを測定し体色と層の厚さの関連を調べた. 1は最外層の黒く染まっている部分, 2は続く白い層, 3以下同様.

色が短波長（青）から長波長（赤）になるに従って厚くなっていることがわかった. この厚みで起こる**多層膜干渉**（multilayer interference）の結果を計算してみると, 鞘翅の反射スペクトルの実測値と一致する[6]. これらの結果からスゲハムシの翅の反射は, 表角皮による多層膜干渉によるものであることがわかった.

2 タマムシの鞘翅の多層膜干渉

ヤマトタマムシ（*Chrysochroa fulgidissima*）も輝く色をもつ甲虫で, **図3**

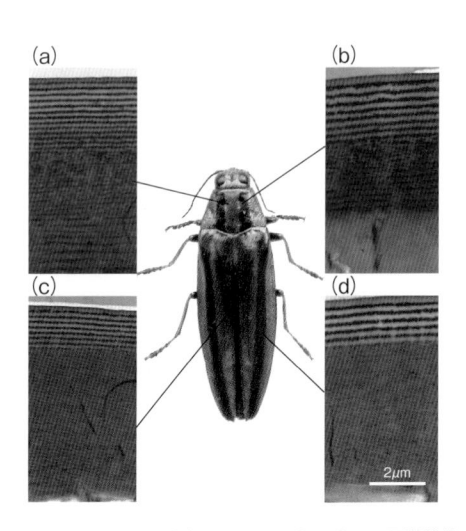

図3 タマムシの体色を決定している表角皮周辺の透過型電子顕微鏡像
体の各部分によって表角皮の層の数が異なるが,緑色のほうが赤色に比べて層の厚みが薄い.
→口絵6参照

の中央で示されているように,大きく分けて緑色部分と赤色部分からなっている.これらの輝く色も表角皮の多層膜干渉による.透過型電子顕微鏡による観察により,鞘翅の場所によっては10から20もの層が規則正しく配列していることがわかった.胸部の緑色部分(図3a)と赤色部分(図3b)の表角皮の層の数のほうが,腹部の緑色部分(図3c)や赤色部分(図3d)よりも多く,また,緑色のほう(図3a,c)が赤色(図3b,d)よりも層間の幅が狭いことがわかる.これが多層膜干渉を起こして鮮やかに発色する[7].

緑色部分と赤色部分における反射スペクトルを顕微分光反射光度計で測定した結果を図4に示す.肉眼観察から予測されるとおり,緑と赤の波長域に反射スペクトルのピークが観察された.胸部(図4d)と腹部(図4f)の背側の緑色部分では,ピークは550 nm付近にある.また,赤色部分では700〜900 nmの範囲にピークがみられた(図4a〜c, e).図3に示すように,胸部の表角皮の層数は腹部のそれに比べて多く,このためにおそらく緑色部分(図4d, f)も赤色部分(図4a, e)も胸部の反射率が腹部に比べて高いのだろう.ここでは,1匹のタマムシからのデータを示しているが,雌雄による違いは観察されなかった.

電子顕微鏡で観察された電子密度の違いが各層を構成する物質の屈折率を反映しているものと仮定して，薄層による多層膜干渉のシミュレーションを行い，実際の反射スペクトルの測定値と一致するかどうかを検討した．図 5a は，図 5c で示した電子顕微鏡写真をもとに各層の電子密度の濃淡を測定したものである．この濃淡が表角皮の屈折率と線形な相関をもっていると仮定して行なったシミュレーション結果が，図 5b である．図中の黒い実線は図 5c の付近の反射スペクトルの実測値で，4 例のシミュレーションによるスペクトル曲線にピーク値は，すべてこの実測値とよく一致した．これらから，タマムシの鞘翅がもつ色は多層膜干渉によるものであるといえるだろう．ただし，ここで 1 つだけ問題が残っている．実測値と一致させるには，層を形成しているものの屈折率を 1.8 付近という非常に高い値に設定しなければならない（図 5a）．生物

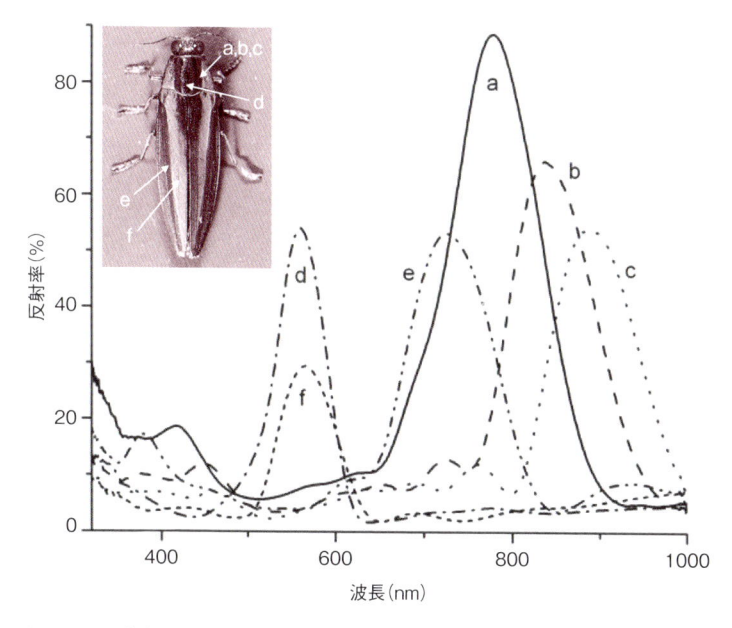

図 4　タマムシの各部の反射スペクトル
　　　胸部赤色部分（a, b, c）は一見すると赤い線に見えるが，虫眼鏡などで拡大して観察すると，赤い線の最も外側は a のような反射スペクトルを示し，赤い線の中央にいくに従い b のようになり，中央部分ではヒトの眼では黒と見えるはずの c のような反射スペクトルであることがわかる．d は胸部の緑色に見える部分で，f は鞘翅の緑色の部分である．e は，鞘翅の赤い線の中央である．

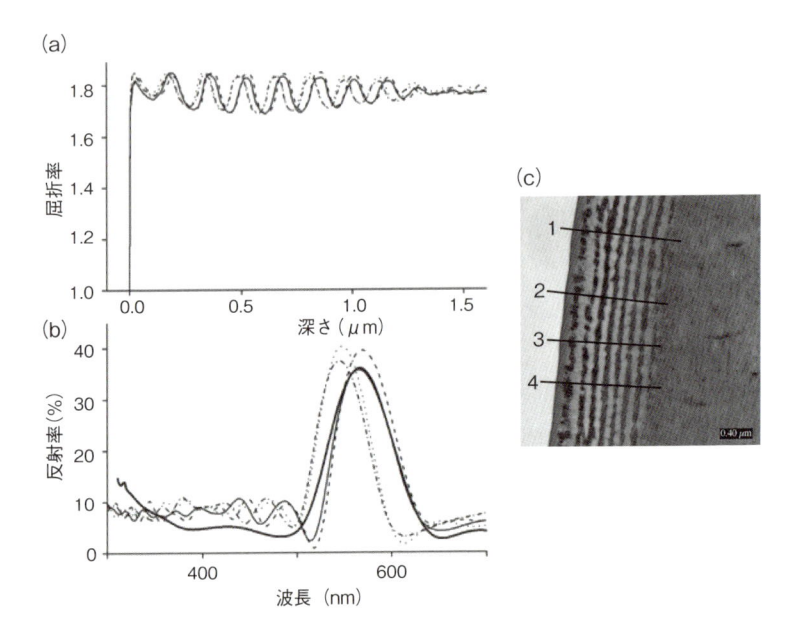

図5 表角皮の各層の厚みと屈折率に基づく反射スペクトルシミュレーション
鞘翅の緑色部分の透過型電子顕微鏡像から，表角皮（c）の層の濃淡をそれぞれ任意の4点で測定し（a），その濃度を屈折率と相関のあるものとしてシミュレーションした結果が（b）である．（b）の黒い実線で描かれた曲線は，実測値であり，多層膜干渉モデルによるピーク周辺の小さな山の波は観察されない．ここで示した4例のシミュレーション結果のピーク値は，ともに実測値によく一致した．

を構成する物質の屈折率として1.8付近という値は一般的でなく，この高い値の起源を探らなくてはならない．

3 タマムシの生殖行動と翅色

　ヤマトタマムシは，7月中旬から8月中旬にかけて繁殖シーズンを迎える．このおよそ1ヵ月の間，成虫はエノキやケヤキなどの寄主木の葉を食べ，寄主木の樹上を飛翔する．葉上で異性を見つけて交尾し，そのあと雌は枯れた枝などに卵を産みつける．

　1日を通して飛翔個体数の増減を観察してみると，午後1時から午後5時ごろにかけて飛翔する個体数が多く，特に午後3時ごろに飛翔個体数がピークを

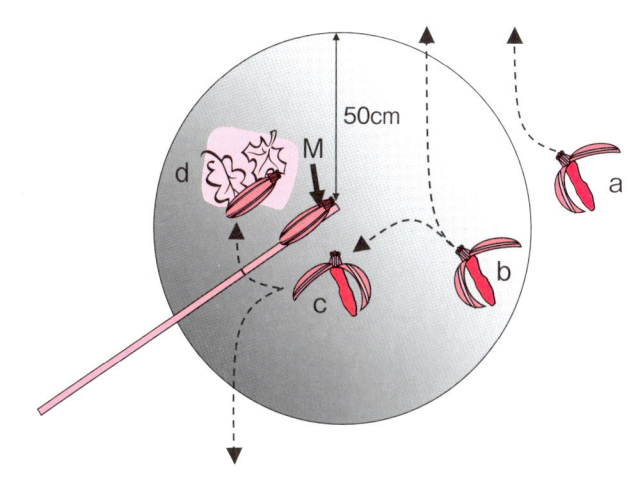

図6 タマムシ交尾行動の数値化法
モデル（M）を長い竿の先端につけ，タマムシが飛翔する寄主木の樹上に置く．半径50 cmの球を想定し，球内に飛翔進入したもの（b）を数えた．（a）のように球内に入らないものはカウントしない．（b）の進入個体は，モデルの周辺をホバリングするもの（c）と，そのまま球外へ飛翔していくものがある．ホバリングした個体のなかでも，モデル（M）に直接あるいは近くの葉上にランディングしてモデルにアプローチするもの（d）と球外へ飛翔していくものがある．それらの数を数えてプロットした結果が図8である．

迎えていた．飛翔している個体を採集すると，ほとんどが雄であった．雌は，葉の表側に鞘翅を閉じた形で静止しており，探索飛翔していた雄が，雌を発見すると周辺にランディングし（降り立って）樹上を歩いて雌に接近するか，直接雌個体にランディングして交尾行動に至る（**図6**，**7a**）．雄は，樹上にいる雌を何らかの**手がかり**（cue）によって同じ緑色をした寄主木の葉から識別して飛翔接近しなければならない．はたして，雄は雌の何を手がかりとしているのだろうか．遠くからアプローチできるということは視覚情報を用いているのだろうか．すなわち，雌雄を視覚により識別してアプローチしているのだろうか．

そこで，まず雄の雌探索行動がどのような手がかりによって行われているかを解析するために，鞘翅のみあるいは鞘翅に似せたモデルを作成し，雄が多く飛来する寄主木の樹上に提示し（**図6**），飛翔している雄がどのような行動をとるかを観察した．高さ5mほどの寄主木の横から3mの竿の先に**図7b**のようにモデルをつけ樹上に設置したのち，横から行動観察する．飛翔している

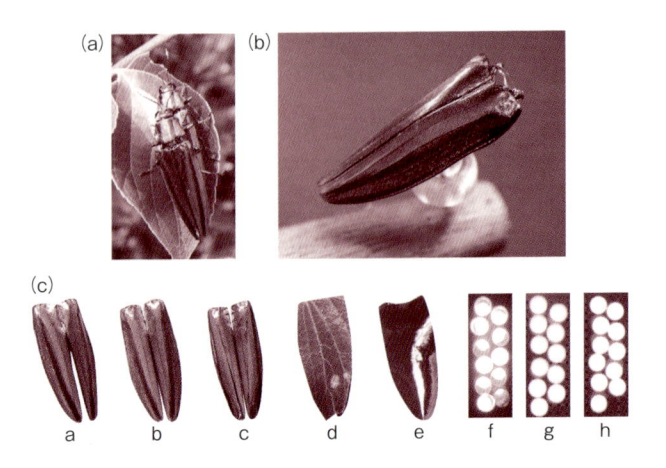

図7 モデル呈示実験
(a) エノキの葉の上で,交尾行動を行っている雌雄のタマムシ.(b) 実際に用いたタマムシの鞘翅のみのモデル.(c) 8種類のモデル,a:雄鞘翅,b:雌鞘翅,c:雄の緑の部分を切り取り,雄鞘翅の赤いストライプを接着剤で隠したもの,d:寄主木(エノキ)の葉,e:ラッピングペーパー,f:520 nmのフォトダイオード(LED),g:555 nmのLED,h:590 nmのLED.→口絵7参照

雄のうち,竿に接近した多くのものは雌の翅で作ったモデルに気づくとその周囲で数秒間回り込むようにホバリングするなどをし,その後モデルあるいはその近傍にランディングしてモデルに接近する行動を示した.そこでモデルの周囲に半径およそ50 cmの球を想定し,その球の中に飛翔進入したもの(図6b)を「観察個体(n)」とし,ホバリングしてモデルに近づいたもの(図6c)を「モデル認識アプローチ」個体,周辺あるいはモデルにランディングしたもの(図6d)を「交尾行動開始」個体として,それぞれの個体数を数えた.使用したモデルは,すべてタマムシの2枚の鞘翅(図7b)とほぼ同じサイズとした.図7cには,雄(a)と雌(b)の鞘翅だけを用いてモデルにしたもの,雄の鞘翅の赤いストライプを緑色部分で覆ったもの(c),そして寄主木のエノキの葉(d)と緑色を基調とした輝くラッピングペーパー(e),およびタマムシの鞘翅の反射スペクトル光に近い520 nm(f)と555 nm(g)と590 nm(h)を発光するフォトダイオード(LED)を用いて実験を行った.すると鞘翅で作ったモデルには,雄雌の区別なく高い頻度でアプローチを示し,「モデル認識ア

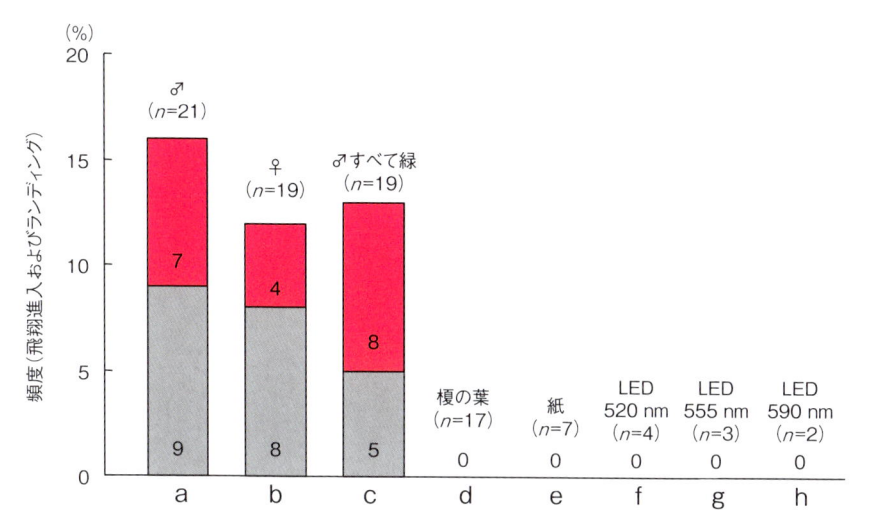

図8 提示されたそれぞれのモデルに対する飛翔雄個体の行動結果

雌雄それぞれの鞘翅で作ったモデル（a, b）には，ほとんど同様の雄の行動が観察された．赤いストライプを消したもの（c）では，赤で示したカラムのようにホバリングするがアプローチしない個体が多かった．鞘翅以外で作ったモデル（d〜h）には，まったく飛翔接近した個体を観察できなかった．灰色で示したカラムは「交尾行動開始」個体数，赤で示したカラムは「モデル認識アプローチ」のみ示した個体数，それぞれのカラム全体が「モデル認識アプローチ」個体数である．nは半径50 cm空間内に進入した個体数．

プローチ」個体のなかの半数以上が「交尾行動開始」を示した（図8a, b）．また赤いストライプを消してすべて緑にしたモデルに対しても高い頻度でアプローチしたが，「交尾行動開始」に至る個体数は赤いストライプをそのまま残したモデルに比較して少なかった（図8c）．寄主木の葉で作ったモデル，ラッピングペーパーのモデル，およびすべての種類のLEDのモデルでは，誘引された個体がまったく観察されなかった．

雌雄の鞘翅モデルに対してほぼ同様の行動が観察されたことは，雌雄の鞘翅の反射スペクトルに違いがないこととあわせて考えると，鞘翅には少なくとも離れた距離からの交尾を誘発するようなフェロモン（pheromone）などの化学物質が含まれていることはないといえるだろう．つまり，タマムシは同種の個体がもつ鞘翅の構造色に誘引されて飛翔してくる可能性が示唆されたのである．寄主木の周辺を飛翔する個体数は，1匹の飛翔が始まることに伴って徐々に数が増していくことが観察されている．飛翔している個体のほとんどが雄で

あることを考えると，樹上に残っている個体のほとんどは雌であると考えられる．視覚による雌雄弁別（識別）の機能がなくとも交尾行動に支障は生じないことになる．では，構造色が反射している波長域と同じ発光をするLEDのモデルに対してなぜ飛翔行動が観察されなかったのだろうか．これには，LEDのモデル実験が晴天下での実験であるので，LEDの輝度の問題が1つある．しかし，その問題とは別にタマムシが他個体を識別するときに多層膜干渉による「見る角度によって色が変化する」ということを情報として捉えている可能性も考えられる．動物がどのように世界を知覚し，どのような情報を捉えて行動を制御しているのか．ひょっとするとタマムシは，宝石のように見る角度によって色が変わることを，行動決定の情報として利用しているのかもしれない．

4 タマムシの視覚器

　タマムシは頭部に1対の複眼をもつ．体色を含めた外見に雌雄差を認めることのできないタマムシだが，頭部に対する複眼の大きさや，複眼の形に雌雄差があることがわかる（図9）．雄の複眼は雌のそれに比べて大きく，また両眼の間は雄のほうが狭い（図9b 白両矢印）．一般に，個眼の大きさが同じであれば，複眼が大きいほど情報をより多くとらえることができる．また，両眼間が狭ければ，それぞれの複眼がもつ視角が重なることになり両眼視できる角度（巾）が広くなる．飛翔しながら対象物である同種の雌を，環境のなかから確実に情報抽出するために雄の複眼のほうがより大きくなり両眼の間が狭くなったのかもしれない．

　複眼は多数の個眼から形成されている．図10aは複眼の切片を光の入射軸に対して平行に作成したもので，1つの個眼は幅約$7\,\mu m$，長さ約$20\,\mu m$の柱状の角膜をもち，それに続いて$5\,\mu m$程度の短い円錐晶体があることがわかる．その下には数百μmの長い光受容部が続いている．このように，角膜および円錐晶体のつくる屈折光学系（dioptric apparatus）が短い複眼のことを連立像眼（apposition eye）といい，昼行性の節足動物の特徴とされる（1-4参照）．複眼を輪切りにすると，角膜，円錐晶体および視細胞をみることができる（図10b，c）．

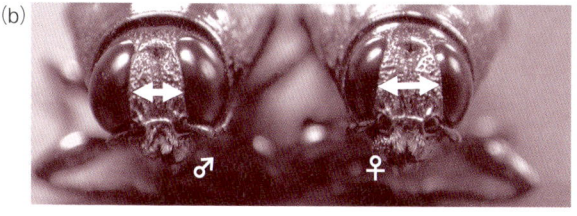

図9 複眼外部形態の性的二型
(a) 頭部および胸部の背側からの像．雄の複眼が雌の複眼に比べて大きいことがわかる．(b) 雌雄頭部の正面からの像．白矢印で示した両眼間の距離が雌のほうが広い．

　1つの個眼には複数の視細胞が含まれており，これらの視細胞が別々のスペクトル応答を示せば色識別能をもつ可能性がある．タマムシが色を識別する可能性があるかどうかを調べるために，網膜電図法（ERG法）と選択光順応実験法を組み合わせて実験した．図11aのようにキセノンランプを光源として光路を2系統に分け，片方は順応光（図11aの上の光路），片方は刺激光（図11aの下の光路）とした．順応光のほうは，つねに複眼に光照射を続け，刺激光は干渉フィルタを用いて短波長側から順に20 nmずつ波長を変化させて，250ミリ秒だけ光を照射し30秒後に別の波長光の刺激を行った．この方法では，もしも複眼の中の個眼に別々の波長特性を示す視細胞が含まれていれば，順応光の波長に対して大きな応答を示す特定の視細胞のみが明順応の状態を維持されることになる．明順応状態になった視細胞は，光刺激に対して応答をほとんど示さなくなり，ほかのスペクトル応答帯域をもつ視細胞は応答を続ける．そのため，順応光の波長によって網膜電図法によるスペクトル応答波形が異なる

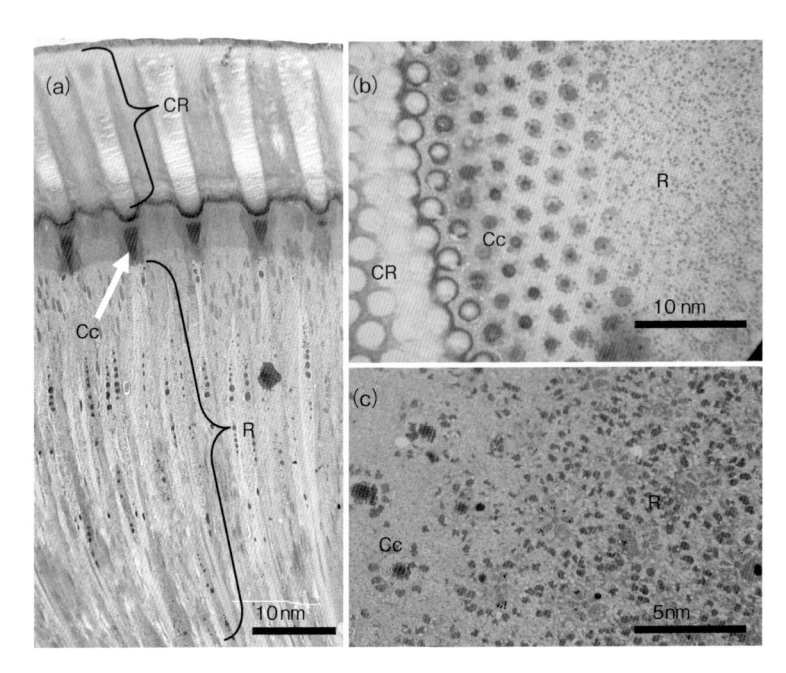

図10 タマムシ複眼の光学顕微鏡像
(a) 角膜付近の長軸切片像．CR：角膜，Cc：円錐晶体，R：視細胞．(b) 角膜付近の横断切片像．左側に角膜の層が輪切りの状態で観察でき，右側にいくに従って多数の個眼の中に視細胞が観察される．(c) 円錐晶体と視細胞付近の像．

ものになることが期待される．暗順応の結果，および紫外（360 nm）あるいは赤色（650 nm）の光で明順応した結果を，それぞれ■，●，▲の曲線で図11bに示している．紫外光で順応したスペクトル応答曲線は紫外部域の応答がほとんどなくなり，赤色光順応では全体の応答が減少するが，特に長波長帯域の応答が減少した．この選択光順応実験の結果から，390 nm と 550 nm 付近にピークをもつ少なくとも2つの別々の視細胞が存在していることが明らかになった．暗順応によるスペクトル応答曲線では，550 nm と 390 nm に顕著なピークがみられるほかに，450 nm，510 nm などに小さな瘤のようなピークがみられることから，390 nm と 550 nm の2つの視細胞だけでなく，別々の色に反応極大をもつ視細胞が存在することが示唆され，タマムシは色を識別できる可能性が高いと考えられる（1-4，1-5参照）．

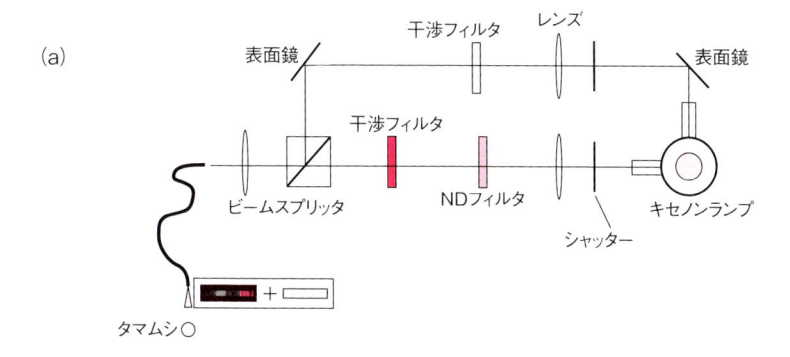

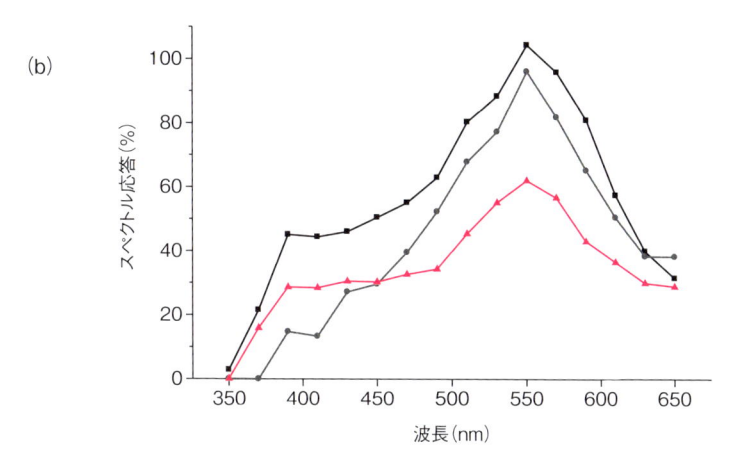

図 11 選択光順応実験の方法（a）とスペクトル応答曲線（b）
(a) キセノンランプは太陽光に近いスペクトル光を出す光源である．この光源からの光を2系統に分け，片方(図の上側)を選択光順応のために，360，530，650 nm の3種の干渉フィルタをそれぞれ用いて順応させる．もう一方（図の下側）の光路には，350～650 nm まで20 nm ごとの干渉フィルタを置き，各波長の光を等光量子数にしたのち刺激光とする．2つの光路は，ビームスプリッタによって1つの光路とし，レンズによって最終的にライトガイドに集光し，実験台のなかにもち込み，タマムシの複眼に照射する．(b) 紫外光（360 nm）および赤色光（650 nm）の選択光によって順応させた結果，それぞれ異なったスペクトル応答曲線が得られた．この結果から，異なった波長に極大をもつ別々の視細胞が存在することが強く示唆される．

おわりに

　構造色の物理的現象を実現するには，規則性をもったナノ構造が必要であり，生物が自身の体の一部にこの構造をもつことができるように進化してきたことは非常におもしろい．生物はいかにナノ構造を実現しているのだろうか．私たちの日常生活に応用するためにも，昆虫に学ぶ数々のナノマテリアル研究が進展している．構造色研究は，情報の発信者と受信者の関係を探るという純粋科学とともに，応用科学をも牽引していく分野となっている．

引用文献

1) Fox, D. L.（1976）*Animal Biochromes and Structural Colours*, Univ. of California Press
2) 木下修一（2005）『モルフォチョウの碧い輝き ―光と色の不思議に迫る』，化学同人
3) Kurachi, M., et al.（2002）The origin of extensive colour polymorphism in Plateumaris sericea (Chrysomelidae, Coleoptera). *Naturwissenschaften*, **89**, 295-298
4) Suderman, R. J., et al.（2006）Model reactions for insect cuticle sclerotization: Cross-linking of recombinant cuticular proteins upon their laccase-catalyzed oxidative conjugation with catechols. *Insect Biochem. Mol. Biol.*, **36**, 353-365
5) Andersen, S. O.（2007）Involvement of tyrosine residues, N-terminal amino acids, and β-alanine in insect cuticular sclerotization. *Insect Biochem. Mol. Biol.*, **37**, 969-974
6) Hariyama, T., et al.（2005）The leaf beetle, the jewel beetle, and the damselfly; Insects with a multilayered show case, in *Structural Colors in Biological Systems*（eds. Kinoshita S. & Yoshioka S.）. 153-176, Osaka Univ. Press
7) 針山孝彦（2008）「昆虫の彩り」，『昆虫ミメティックス ―昆虫の設計に学ぶ』（下澤楯夫・針山孝彦 監修），エヌティーエス

参考文献

木下修一（2005）『モルフォチョウの碧い輝き ―光と色の不思議に迫る』，化学同人
針山孝彦（2007）『生き物たちの情報戦略 ―生存をかけた静かなる戦い』，化学同人
下澤楯夫・針山孝彦 監修（2008）『昆虫ミメティックス ―昆虫の設計に学ぶ』，エヌティーエス

索引

【数字】

4色性 ································ 75
(6-4)光回復酵素 ····················· 123
8の字ダンス ·························· 91
8 ヒドロキシデアザフラビン ········· 118

【欧文】

BLUF ドメイン ······················ 101
Bmal1 ····························· 158
Bünning の仮説 ····················· 197
cGMP 依存性陽イオンチャネル ········ 44
Clock ······························ 158
FAD ································ 118
GCAP ······························· 47
Go 共役型ロドプシン類 ··············· 11
GPCR ··························· 15, 53
Gq 共役型ロドプシン類 ················ 9
Gt 共役型ロドプシン類 ················ 7
Gt の活性化 ·························· 44
G タンパク質 ······················· 4, 41
G タンパク質共役型受容体 ···· 15, 53, 108
ipRGC ····························· 167
Pax6 ······························· 26
Period ····························· 158
RGR ································ 12
RGS9 ······························· 46
RNA 干渉 ······················ 101, 188
SCN ···························· 156, 157
S-モジュリン／リカバリン ············ 46
TMT オプシン ························ 8
Y 迷路 ······························· 85

【あ行】

アリルアルキルアミン N-アセチル転移酵
素 ································ 149

アレスチン ·························· 46
暗順応 ······························ 234
アンテナ色素 ······················· 119
位相調節 ··························· 155
位相同型 ···························· 88
遺伝子重複 ·························· 32
色対比 ······························ 83
色の恒常性 ·························· 81
色モンドリアン ······················ 82
色誘導 ······························ 83
円錐晶体 ······················ 59, 62, 232
エンセファロプシン ·················· 8
オプシン ··············· 2, 39, 70, 202, 207
オプシンの進化 ······················ 31
オモクローム ······················· 202
オルソロガス ·························· 6
温度補償性 ························· 177

【か行】

カートリッジ ························ 60
外角皮 ····························· 224
回折 ······························· 223
概日時計 ··············· 154, 157, 196, 197
概日光受容 ························· 162
概日光受容体 ······················· 126
概日リズム ···················· 154, 176
学習 ···························· 79, 80
角膜 ··························· 59, 232
形の一般化 ·························· 88
過分極 ··························· 42, 59
過分極性応答 ······················· 142
カメラ眼 ···························· 23
カロテノイド ······················· 207

感桿	58, 60, 67, 70, 182
感桿型視細胞	9, 30
感桿型光受容細胞	27
感桿周囲色素	72
感桿分体	60, 62
眼球	39, 211
環境世界	78
感色性応答	148
干渉	223
桿体	38, 50
眼点	25, 65, 103
帰巣行動	92
基底膜	60
キノン硬化	224
旧口動物	28
吸収スペクトル	6
休眠	185, 198
休眠率	198
極性コンパス	129
グアニル酸シクラーゼ	47
グアニル酸シクラーゼ活性化タンパク質	47
空間分解能	68, 84
屈折型	63
屈折光学系	232
屈折率	60
クラミドモナス	97, 103
クリプトクロム	115, 179
クリプトクロムの分子構造	116
クリプトクロム4	124
蛍光	73
蛍光個眼	76
経時的色対比	83
計数機構	195
結像機能	65
原クチクラ	224
コアループ	159
光周性	194
光周測時機構	187
光周時計	194
構造色	223
公転	185
個眼	58, 67, 85
五感	78
個眼間角度	69, 84
痕跡器官	179

【さ行】

彩度	79
作用スペクトル	97, 204, 206
作用世界	78
散乱	223
紫外線	70, 73, 81
磁界センサー	129
視角度	85
時間のすみわけ	174, 175
時間的適応	174
色覚	34, 48, 69, 79
色素	222
色相	79
色素顆粒	210
色素色	222
色素胞	210
色多型	223
視交叉上核	156, 157
自己フィードバック	178
視細胞	38, 58, 232
視髄	60
磁性細菌	129
シッフ塩基結合	17
自転	185
視物質	1, 30, 38, 59, 70
市民薄明	200
自由継続	127, 176
主観的昼	178
主観的夜	178

受容角 …………………………… 86	太陽子午線 …………………………… 92
松果体 ………………… 134, 169, 214	多層膜干渉 ………………………… 225
松果体細胞 ……………………… 141, 142	脱分極 ……………………………… 60
松果体窓 ………………………… 140	タルマワシ ………………………… 63
松果体光受容細胞 ………………… 141	単為生殖 …………………………… 194
鞘翅 ……………………………… 223	単眼 ……………………………… 65
照度 ………………………… 199, 205	短日 ………………… 189, 196, 198, 202
視葉板 …………………………… 60	単純連立型 ………………………… 60
情報伝達メカニズム ……………… 42	
常用薄明 ………………………… 200	知覚世界 ………………………… 78
視力 …………………………… 68, 84	昼行性 …………………………… 185
新口動物 ………………………… 27	中心複合体 ……………………… 182
神経重複型 ……………………… 62	中枢時計 ………………………… 157
振動面 …………………………… 90	中性フィルター …………………… 80
真皮細胞 ………………………… 224	重複像眼 ……………………… 60, 66
錐体 ………………………… 38, 50	対イオン ………………………… 17
錐体視物質 ……………………… 39, 48, 50	
錐体視物質の吸収スペクトル ……… 49	手がかり (cue) …………………… 229
ステップアップ光驚動反応 ……… 99	典型的光受容細胞 ……………… 143
ステップダウン光驚動反応 ……… 99	電子移動 ………………………… 119
砂時計モデル …………………… 197	転写調節因子 …………………… 26
	テンプレート仮説 ………………… 86
正立像 …………………………… 65	
脊椎動物型クリプトクロム ……… 127	同時色対比 ……………………… 83
セロトニン ……………………… 149	同調 ……………………………… 178
選択的順応 ……………………… 83	同調因子 ………………………… 177
選択光順応実験法 ……………… 233	頭頂眼 …………………………… 138
繊毛型視細胞 ……………………… 11	透明層 …………………………… 63
繊毛型光受容細胞 ………………… 27	透明連立型 ……………………… 63
	倒立像 …………………………… 65
走光性 …………………………… 99	時計遺伝子 ……………… 158, 177, 188
測時機構 ……………………… 195, 197	時計ニューロン ………………… 182
	トランスデューシン …………… 7, 41, 170
【た行】	
退色 ……………………………… 19	【な行】
体色変化 ………………………… 209	内角皮 …………………………… 224
体内時計 ………………………… 175	内分泌効果器 …………………… 194
第2発色団 ……………………… 118	長日 ………………… 189, 196, 198, 202
太陽コンパス ………………… 91, 180	縄張り行動 ……………………… 175

二系統進化説	28
日長	193, 196
ニューロプシン	13
ノイズ制限モデル	74
脳	194
脳深部	194

【は行】

背縁部	182
背地適応	211
白眼	202
薄暮	198, 200
薄明	198, 200
波長分布特性	80
波長弁別能	74
発色団	2, 117
パラピノプシン	144
パラロガス	6
半月周リズム	184
反射型	65
反射スペクトル	82, 83, 223, 226
伴性遺伝	202
光異性化酵素	12
光運動反応	96
光回復酵素	115
光感受性神経節細胞	167
光驚動反応	103
光再生	19, 144
光周期	194
光受容器	194
光退色過程	41
光同調	178
光反応	119
光ファイバー	60
非感色性応答	147
非視覚性光受容	162
微絨毛	59, 181
日の入り	198

日の出	198
ピノプシン	169
表角皮	224
ピリオド遺伝子（*Per*）	125
ピリミジン2量体	116
フィルター効果	68, 73
フェロモン	231
フォトリアーゼ	115
複眼	24, 57, 58, 179, 195, 201, 203, 232
副松果体	138
副鞭毛体	99
不対電子	129
伏角コンパス	129
プテリン	202
負のフィードバックループ	159
フラビンアデニンジヌクレオチド	118
フリッカー仮説	86
分光感度	70
分散感桿型	62
分子系統樹	4, 32, 48, 121
ペロプシン	13
偏光	90, 92, 180
偏光アナライザー	182
偏光フィルター	91
変性光受容細胞	143
訪花性	79
方向定位	182
放物面型	65
ホスホジエステラーゼ	44
ボセロプシン	207
ホモロガス	6

【ま行】

マグネタイト	129
マグネトソーム	129
マスターコントロール遺伝子	26
末梢時計	157

| 蜜標 ･････････････････････････ 81
| ミドリムシ ･･････････････････ 97
|
| 無限焦点型 ･･････････････････ 62
| 無脊椎動物型クリプトクロム ････ 124, 125
|
| 眼 ･････････････････････････ 23
| 明暗順応 ･･･････････････････ 200
| 明順応 ･････････････････････ 233
| 明度 ･･･････････････････････ 79
| メタロドプシンⅡ ････････････ 41
| メテニルテトラヒドロ葉酸 ･･････ 118
| メラトニン ････････ 135, 136, 149, 169
| メラノプシン ･･･････ 9, 30, 165, 207
| 免疫組織化学 ･･･････････････ 182
|
| 網膜（脊椎動物の） ･･････････ 38
| 網膜電図法 ･････････････････ 233

【や行】

| 夜行性 ･････････････････････ 185
| ヤドカリ ･･･････････････････ 65
|
| 幼若ホルモン ･･･････････････ 180
| 幼虫単眼 ･･･････････････････ 179

【ら行】

| ラジカルペア ･･･････････････ 129
| 両性生殖 ･･･････････････････ 194
| 臨界日長 ･･･････････････････ 198
| リン酸化 ･･･････････････････ 45

| レチナール ･･･････････ 2, 39, 103, 207
| レチノクロム ･････････････････ 12
| 連立像眼 ･･････････････ 60, 66, 232
|
| ロドプシン ･･････････ 1, 38, 50, 103
| ロドプシンキナーゼ ･･････････ 45
| ロドプシンの吸収スペクトル ････ 40
| ロドプシンの結晶構造 ･･･････ 10
| ロドプシンの光反応過程 ･･････ 41
| ロドプシンの不活性化 ････････ 45
| ロドプシン類 ･･･････････････ 2, 23
| ロドプシン類の光反応 ･･･････ 19

【わ行】

| 渡り ･･･････････････････････ 92
| ワタリガニ ･････････････････ 65

【Key Word】

| CRY-DASH ･････････････････ 123
| EST ･･･････････････････････ 105
| RNA干渉 ･･･････････････････ 105
| 作用スペクトル ･････････････ 105
| 色素胞 ････････････････････ 217
| 自由継続リズムと主観的昼・夜 ････ 164
| ディファレンシャルディスプレイ法･･ 164
| 時計遺伝子 ･････････････････ 181
| ノイズ制限モデル ･･･････････ 74
| 半月周リズム ･･･････････････ 181
| 光運動反応 ･････････････････ 105
| 偏光 ･･････････････････････ 181

MEMO

MEMO

MEMO

[担当編集委員]

寺北 明久（てらきた　あきひさ）
1989年　大阪大学大学院理学研究科 修了(理学博士)
現　在　大阪市立大学大学院理学研究科 教授
専　門　動物生理化学，分子生理学
主　著　『動物の感覚とリズム』（培風館）

蟻川 謙太郎（ありかわ　けんたろう）
1984年　上智大学大学院理工学研究科 修了(理学博士)
現　在　総合研究大学院大学葉山高等研究センター 教授
専　門　神経行動学
主　著　『行動とコミュニケーション』（培風館），『生き物はどのように世界を見ているか』（学会出版センター）ほか

動物の多様な生き方 1
Diversity of Animal Life 1

見える光，見えない光
動物と光のかかわり

Visible and Invisible Lights: Interaction between Animals and Light

2009年4月25日　初版1刷発行
2011年9月15日　初版2刷発行

編　者　日本比較生理生化学会　ⓒ 2009
発行者　南條光章
発行所　共立出版株式会社
〒112-8700
東京都文京区小日向4丁目6番19号
電話　(03)3947-2511（代表）
振替口座　00110-2-57035
URL http://www.kyoritsu-pub.co.jp/

印　刷
製　本　錦明印刷

検印廃止
NDC 480, 481.77, 464.9
ISBN 978-4-320-05687-9

社団法人
自然科学書協会
会員

Printed in Japan

JCOPY 〈(社)出版者著作権管理機構委託出版物〉
本書の無断複写は著作権法上での例外を除き禁じられています．複写される場合は，そのつど事前に，(社)出版者著作権管理機構（電話03-3513-6969，FAX 03-3513-6979，e-mail: info@jcopy.or.jp）の許諾を得てください．

日本比較生理生化学会 編

動物の多様な生き方 全5巻

小泉　修・酒井正樹・曽我部正博・寺北明久・吉村建二郎 編（50音順）

比べることでみえてくる，動物の多様な生き方・多彩な進化過程。その魅力を動物学に興味をもつ人たちに広く伝えたい —— 日本比較生理生化学会が総力をあげて編集したシリーズ。初学者でも読みやすいように重要な用語は Key Word として解説。また，関連の深いトピックスもコラムとして充実。

① 見える光，見えない光　動物と光のかかわり

担当編集委員：寺北明久・蟻川謙太郎　動物と光のかかわりに関する比較生物学。多くの動物にとって光は重要な情報源の1つである。本書『見える光，見えない光』では，さまざまな光情報が，どのような細胞や器官で，どのようなメカニズムで受容され，それがどのように行動に結びついているのかを，微生物から脊椎動物まで，さまざまな例を取り上げて解説する。・・・・・・・・・A5判・256頁・定価3,675円（税込）

② 動物の生き残り術　行動とそのしくみ

担当編集委員：酒井正樹　行動生物学・神経行動学のエッセンス。13の行動レパートリーとしくみを紹介。登場する動物はおもに節足動物である。彼らはシンプルな体制をもちながらも地球上で最も繁栄を誇っており，行動の多様性においてはほかを凌駕している。彼らから得られる知識は，ヒトを含む高等動物の行動メカニズム解明にも参考となり，工学的応用へのヒントにもなりうる。A5判・262頁・定価3,675円（税込）

③ 動物の「動き」の秘密にせまる　運動系の比較生物学

担当編集委員：尾﨑浩一・吉村建二郎　動物の最大の特徴はすばやい動きであり，それゆえに「動物」の名を授かっている。動物の動き方は，その生き物の生存戦略を映し出しているともいえるだろう。動物の動きは肉眼で見える動きにとどまらない。本書では，白血球，精子，単細胞生物，さらには細胞の中まで，大きさのレベルを問わず「動き」のさまざまな様式を紹介する。・・・・・・・A5判・246頁・定価3,675円（税込）

④ 動物は何を考えているのか？　学習と記憶の比較生物学

担当編集委員：曽我部正博　ヒトを頂点とする高度な知のはたらきは，記憶と学習なしには成立しない。本書『動物は何を考えているのか？』では，さまざまな動物の学習記憶に関する研究を，比較という視点から捉え，そのなかから人類究極の課題である心の謎に挑む。「動物はいったい何を学習・記憶し，何を考えているのだろうか？」の問いに，第一線の研究者の立場から迫る。・・・・・A5判・274頁・定価3,675円（税込）

⑤ さまざまな神経系をもつ動物たち　神経系の比較生物学

担当編集委員：小泉　修　世の中には，さまざまな計算機があると同様に，動物界にもさまざまな生体コンピュータが存在する。動物の神経系は多様性に満ちている。本書では，このようなさまざまな神経系をもつ動物について，その神経系と行動について解説する。登場する動物は多種多様であり，そこには膨大で多様性な神経系と行動の関係がみられることが実感できる。・・・・・・・A5判・254頁・定価3,675円（税込）

共立出版　http://www.kyoritsu-pub.co.jp/